「科学のキホン」シリーズ②

イラストでわかる

やさしい

生物学

ヘレン・ピルチャー［著］

日高翼［訳］

謝　辞

ケイト・ダフィーとリンゼイ・ジョンズの素晴らしい編集技術と芸術的センスに、そしてシンシア・フィルマンの専門的アドバイスに、大いに感謝します。エイミー、ジェス、サム、ヒッグスにもお礼を……ただそこに存在してくれることに。

ヘレン・ピルチャー

BIOLOGY IN GRAPHICS by Dr. Helen Pilcher

This translation originally published in English in 2021 is published by arrangement with UniPress Books Limited through Tuttle-Mori Agency, Inc., Tokyo.

「科学のキホン」シリーズ 2

イラストでわかる
やさしい生物学

BIOLOGY IN GRAPHICS

ヘレン・ピルチャー［著］
日高翼［訳］

創元社

目次

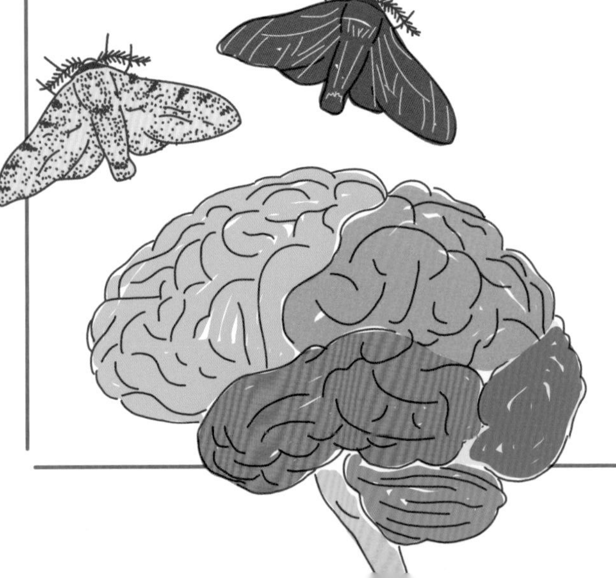

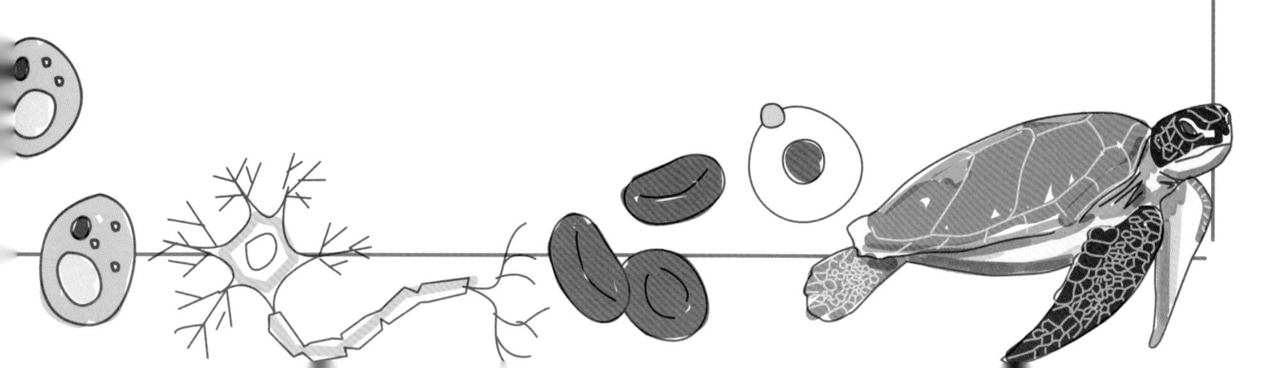

生物学の世界へようこそ！

本書は生物学全般、つまり生き物に関する学問を扱っている。最も乾燥した砂漠から最も降水量の多い熱帯雨林、深海から大気圏上層部に至るまで、私たちの惑星は生命に満ちている。生物は豊富に存在し、多種多様な形をしている。生物を学ぶことで、私たちが住んでいる地球や私たち自身について理解を深めることができる。

イラストたっぷりの本書を通して、生物学のさまざまな分野を探検しよう。きっとあなたの好奇心を刺激し、知識欲を満たしてくれるだろう。たとえば、オスがいなくても繁殖できるトカゲの種類（全部メス）がいることを知っているだろうか？　ページをめくれば、たくさんの宝石があなたを待ち受けている。

本書は、生物学やその周辺学問領域に関心を持つすべての人のために記したものである。複雑な内容はわかりやすくシンプルに、科学用語も丁寧に説明した。本書は、誰もが理解できるように、できる限り親しみやすい形で示した。

私たちは皆、異なる世界を生きている。そして、さまざまな学習スタイルを持っている。見て学ぶことが得意な人がいる。そういう人は、視覚的に情報が示されると、物事をより記憶できる。本書は、視覚から学ぶのが得意な人を特に対象としている。可能な限り事実とアイデアをイラストと図表にまとめた。長文は図やフローチャートに置き換えた。イラストは目を引くようカラフルに、凡例は有益で簡潔にしてある。

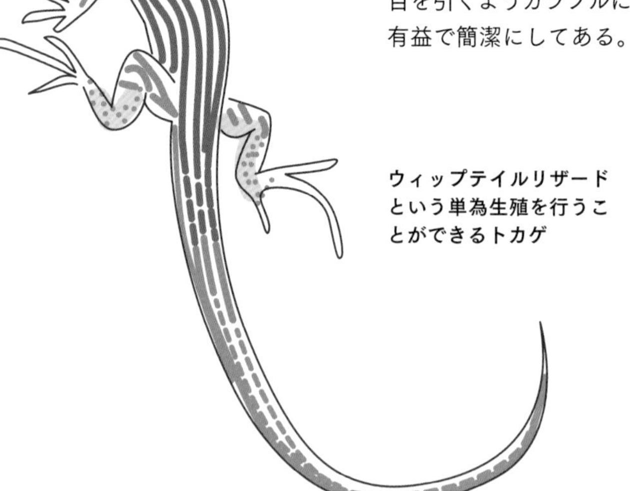

ウィップテイルリザードという単為生殖を行うことができるトカゲ

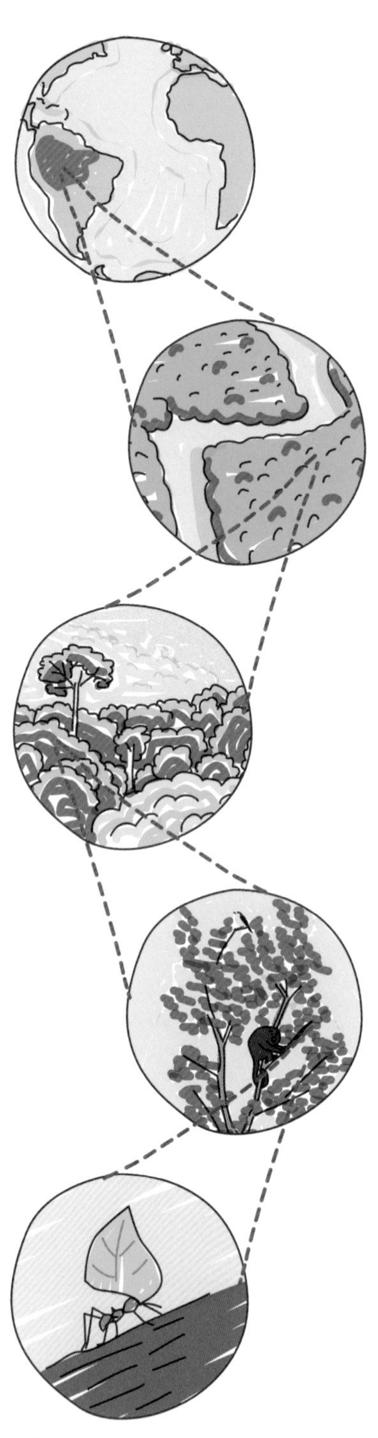

地球は多くの多様な生態系であふれている

本書は意図的に範囲を広げている。学校の生物の授業で扱われる主要な内容の多くをカバーしているが、まだ学校カリキュラムに組み込まれていないような最先端のものも含んでいる。たとえば、あなたは知っているだろうか？科学者らが絶滅したケナガマンモスを復活させようとしていることを。また、一卵性双生児が遺伝子発現の変化によって最終的に違うヒトになることを。これらのエピジェネティックな変化は、現在、いくつかのヒトの病気に光を当て、科学者らが新しい治療法を考案するのに役立っている。

チャールズ・ダーウィンは、自然選択（自然淘汰ともいう）による進化論を提案した

本書は11章に分かれている。「生物とは何か」という最も基本的な疑問を投げかけることから始まり、DNA、タンパク質、細胞などの構造について、生物の構成要素に関する学習から始まる。生物の多様性とそれらがどのように分類されるかを探り、いわずもがな史上最大の科学理論である自然選択による進化の理論を掘り下げていく。

一卵性双生児は、ほぼ同一のDNAが含まれている。しかし、全く違う人へと成長していく

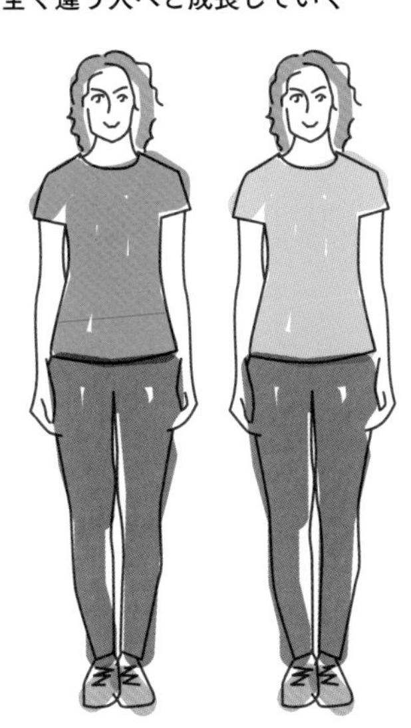

時がたつにつれて生物がどのように変化し、新たな種がどのように発生するか、そしてこの理論を裏づける多くの多様な証拠を学んでいこう。

また、人体のしくみや、細胞が正常に機能しなくなって病気になったときに何が起こるかについても学ぶ。植物の生活や、太陽エネルギーを利用できるようにするため高度に特殊化された植物の機能についても探っていこう。

最終章においては、より広い自然界に目を向け、すべての生物の相互関係を学習する。気候危機をはじめ、現在の地球は安定が脅（おびや）かされているが、そうした多くの危機についても、そのいくつかを強調して扱っている。

最後に、政府、地域社会、および個人が、これからの生物の多様性と生態を守っていくのに役立つさまざまな方法を探る。視覚的に学ぶ生物学の世界へようこそ！

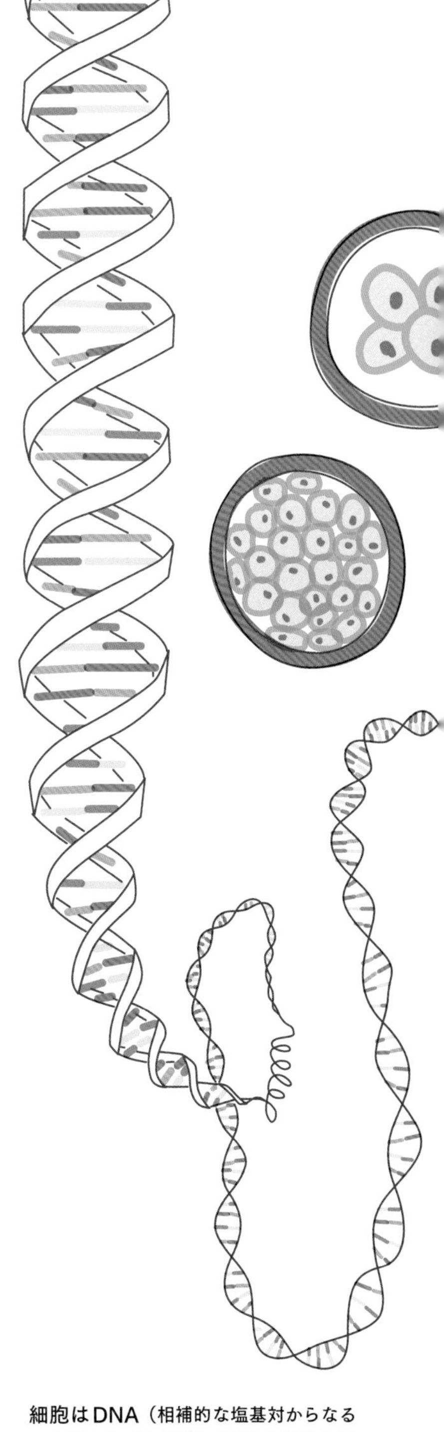

細胞はDNA（相補的な塩基対からなる二本鎖のらせん構造）の形で情報を持っている

Chapter

1

生物学の基礎

私たちの惑星にはたくさんの生物がいる。最も小さな細菌、最も背の高い木、そして最大のシロナガスクジラまで、色々な形と大きさの生物がいる。生物学は生き物に関する学問であり、注目すべき多様な領域である。生物学を意味するbiologyという語はギリシャ語に由来している。bioは生物を、logyは学問を意味する。では、いったい生物とは正確には何なのだろうか。そして生物とは何で作られているのだろうか。この章では、生物学の基礎を学んでいこう。

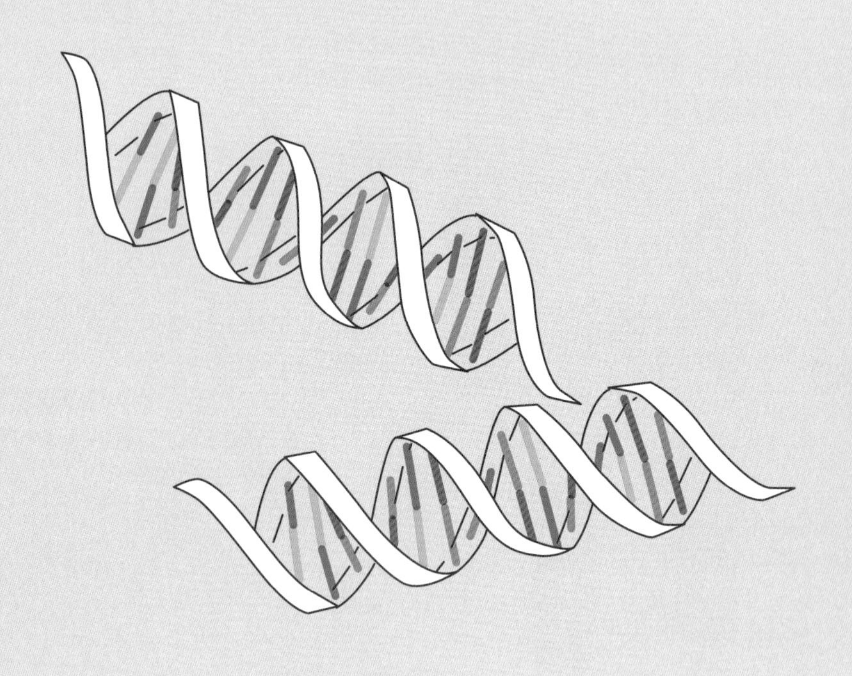

生物とは何か

ヒトや植物などの生物は、岩や水などの非生物と同様に化学物質から作られている。しかし、生物と非生物は全然違うものである。それが生きているかどうかを指摘するのは簡単だが、生物が何なのかを断定することは、実際には非常に難しいことである。いくつか定義はあるものの、それは「生物が何であるか」ではなく、「生物が何をするか」で説明している。生物の本質を突き止めるため、生物学者らは生物特有の性質についてリストアップした。

生物の特質

細胞　生物はデオキシリボ核酸（DNA）を含む細胞で構成される。

成長　生物は発展し、成長する。どんなに複雑な生物も最初は単一の細胞から始まり、大人の体になるために繰り返し細胞分裂する。

生殖　生物は子孫を残し、そのDNAを次世代に受け継いでいく。

応答　生物は刺激に対して反応する（例：タカがウサギを見つけると、ウサギは警戒しながらタカを見る）。

呼吸　この化学反応は生物が養分を分解してエネルギーを取り出すのに役立っている。

栄養　生物は有機分子やミネラルイオンなどの養分を取り込み、それらをエネルギー源として使用する（例：ウサギが草を食べる）。

排泄（はいせつ）　生物は老廃物や有害物質を排泄する。

運動　生物は動き、位置を変えることができる（例：ウサギは捕食者から逃げる。植物は太陽に向かって育つ）。

生物の化学

すべての生物は、「原子」と「元素」という同じ小さな化学的単位から作られている。炭素、酸素、水素などの化学物質は元素と呼ばれる。原子は、すべての元素に関する最小単位である。元素によって原子の量は異なるが、地球上のすべての生物が、この基本的な化学レベルを共有している。

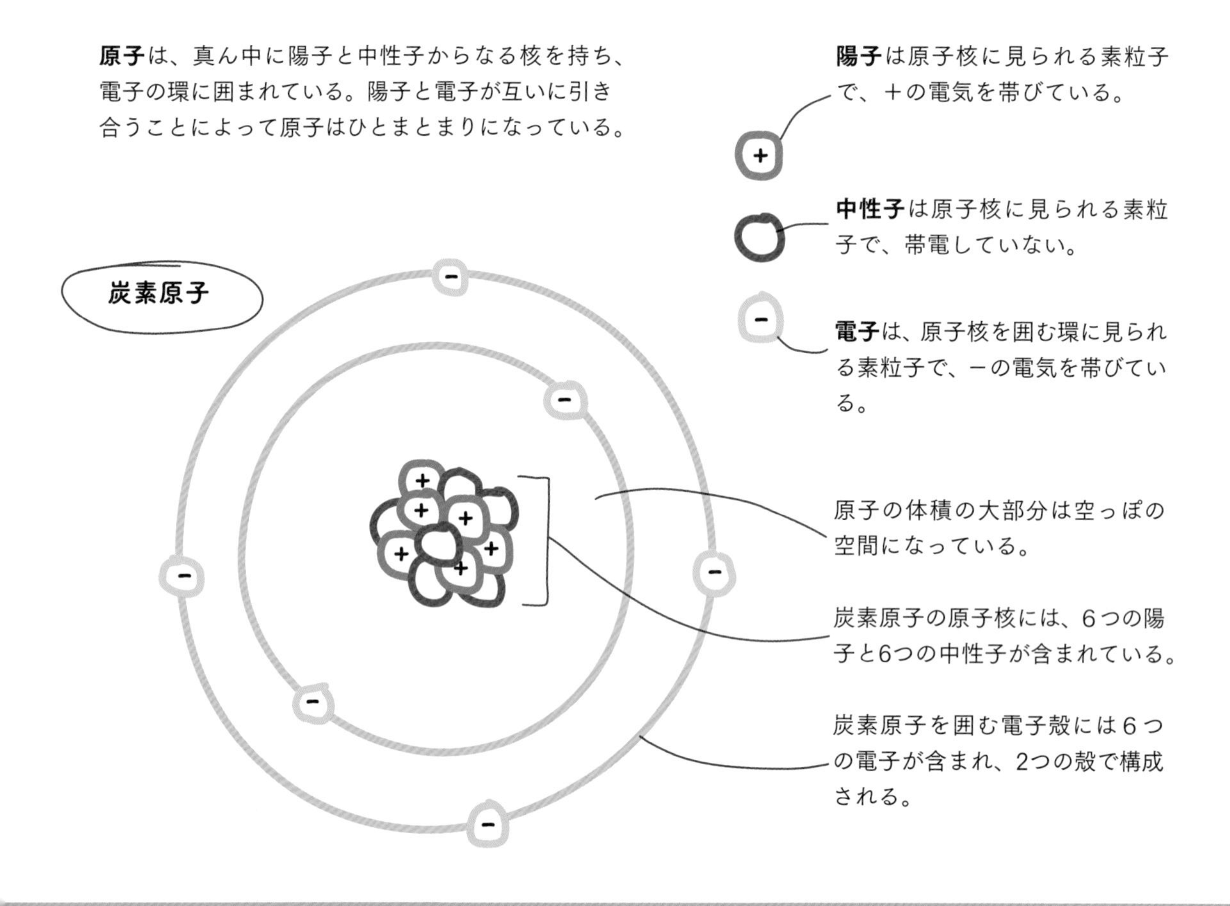

生物には膨大な数の原子が含まれている。たとえば、成人の体には約7×10^{27}個の原子が含まれている。7の後に27個のゼロが続く数である。

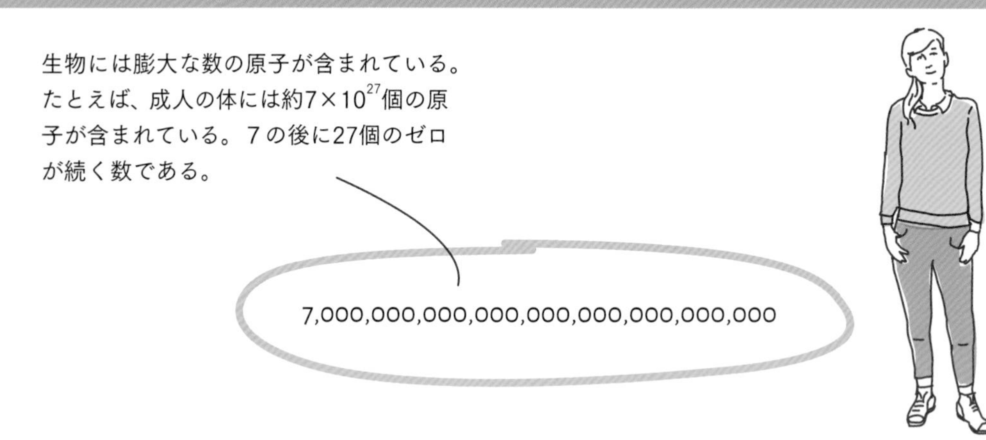

生物の原子

酸素、炭素、水素、窒素の4種類の元素はすべての生物に共通して含まれている。カルシウムやリンを含めると、これらの元素は私たちの質量の99%以上を占めている。残りの大部分は、カリウム、硫黄、ナトリウム、塩素、およびマグネシウムである。これら11種類の元素は、生命維持に必要不可欠なものであり、**主要元素**と呼ばれる〔訳注：ただし日本では鉄も含めた12種類を主要元素とすることがある〕。

鉄、マンガン、亜鉛などの**微量元素**も必要だが、非常に「微量」である。たとえば、鉄は微量元素であり、すべての生物種に必要なものである。哺乳類では、鉄はヘモグロビンというより大きな分子の一部となる。ヘモグロビンは、私たちの体内において、酸素を移動させるのに役立つ。

また別の微量元素として銅がある。100年ほど前、科学者らは、食事から摂取する銅の量が少なすぎるラットがなかなか赤血球を作れずにいることを発見し、その後に銅の重要性に気づいた。現代の私たちは、銅が体内で鉄を利用する際に役立つ元素であることを知っている。また、体が感染と戦うのを助けたり、タンパク質と結合して重要な酵素を作ったりするなど、多くの役割を担っている。

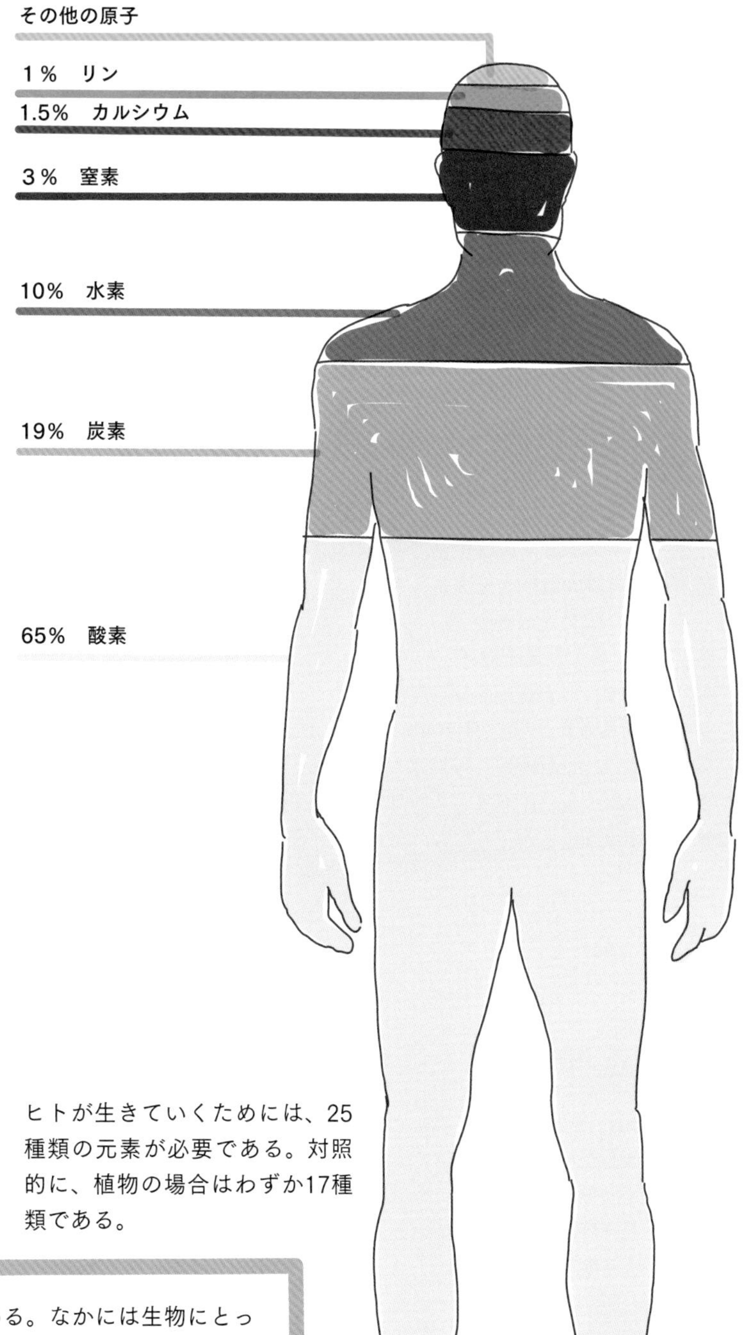

ヒトが生きていくためには、25種類の元素が必要である。対照的に、植物の場合はわずか17種類である。

約90種類以上の天然元素がある。なかには生物にとって有毒なものもいくつかある。たとえば、自然界においてヒ素は一部の岩石や土の中に存在する元素である。時にはヒ素がこれらから溶け出し、河川などに流れ込むことがある。ヒ素はヒトを死に至らしめる可能性があるため、これは大きな問題である。

生物に関する分子

原子や元素は、「分子」と呼ばれるより大きな構造に組み込まれる。分子とは、2つ以上の原子が化学的に結合してできた物質である。生物は「生体分子」でできている。

生体分子は、細胞や生物によって作られるさまざまな分子である。それらは多くの異なる重要な役割を担っている。主要なものとして、炭水化物、脂質、核酸、タンパク質の4種類がある(DNAやRNAなどの核酸については、第3章で扱う)。

たとえば、グルコースは分子である。細胞はグルコースをエネルギーとして利用する。グルコースの各分子は、6個の炭素原子、12個の水素原子、および6個の酸素原子で構成されている。炭素の元素記号はC、水素はH、酸素はOと記される。したがって、グルコースの分子式は$C_6H_{12}O_6$となる。

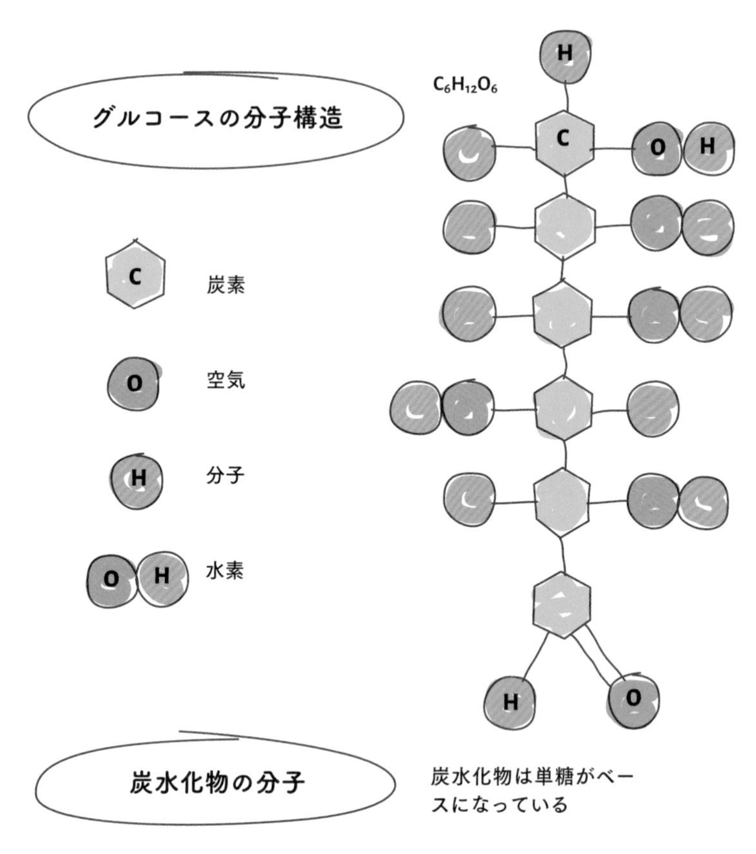

炭水化物の分子

炭水化物は単糖がベースになっている

炭水化物

炭水化物は、食物や生体組織にある生体分子の大きなグループである。炭水化物の分子には、炭素、水素、および酸素が含まれている。これらの元素で糖の分子を形作る。糖は鎖状に配列され、その長さはさまざまである。

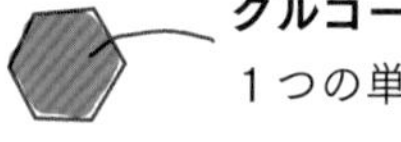

グルコースは単純炭水化物である。1つの単糖が含まれている。

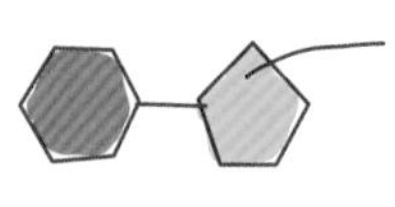

スクロースは単純炭水化物で、2つの異なる単糖が結合してできている。ちなみに、スクロースはお茶やコーヒーに入れる砂糖である。

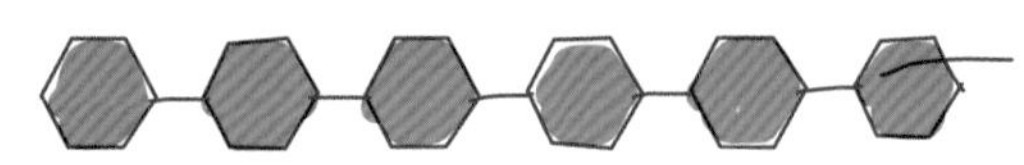

デンプンは複合炭水化物である。

炭水化物には2つの基本形がある。単純炭水化物は小さな分子である。複合炭水化物は、単純な単糖が化学的に結合して長い鎖になっている。

炭水化物は大事なエネルギー源である。炭水化物は重要な化学反応を行うために必要な燃料を細胞に提供している。私たちが食べる果物や野菜の多くは、単純炭水化物で構成される。

複合炭水化物は、ジャガイモ、パン、パスタなどから供給することができる。植物の細胞壁は、セルロースと呼ばれる複合炭水化物でできており、断熱材などとしても活用される。

脂質

脂質は、常温で固体の脂肪や常温で液体の油などの物質である。脂質の生体分子には、炭素、水素、および酸素原子が含まれている。脂質は水に溶けない。

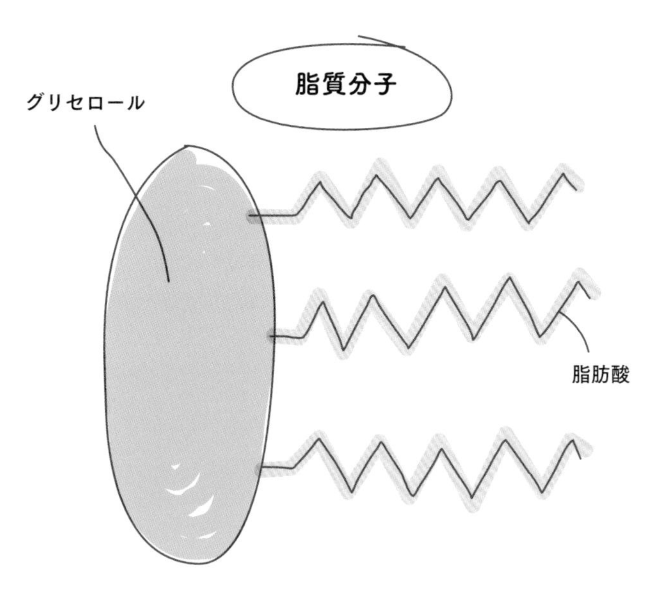

脂質は、グリセロールと脂肪酸という2つの基本的な成分で構成される。グリセロールの各分子には3つの脂肪酸が結合している。異なる脂質には、異なる種類の脂肪酸が含まれている。脂質が液体の油になるか固体の脂肪になるかは脂肪酸の種類によって決まる。

脂質は重要なエネルギー貯蔵庫である。バター、チーズ、ナッツ、種子、魚などの食品には脂質が含まれている。私たちの体は、蓄えていたグルコースをすべて使い切ると、最終的に脂肪を分解し始める。

哺乳類(ほにゅう)は、**脂肪細胞**と呼ばれる貯蔵庫に長期間エネルギーを蓄える。また、脂肪細胞は体を断熱するのに役立ち、心臓などの重要な臓器の周りに保護的なクッション層を形成する。

脂質は重要な分子である。**リン脂質**は脂質の一種である。それらは動物細胞の外側を包む細胞膜を作る上で役立つ。

細胞膜のリン脂質

水分があれば、リン脂質は自然に並んで二層構造を作る。

二層構造の内側に疎水性の尾部が隠れている。

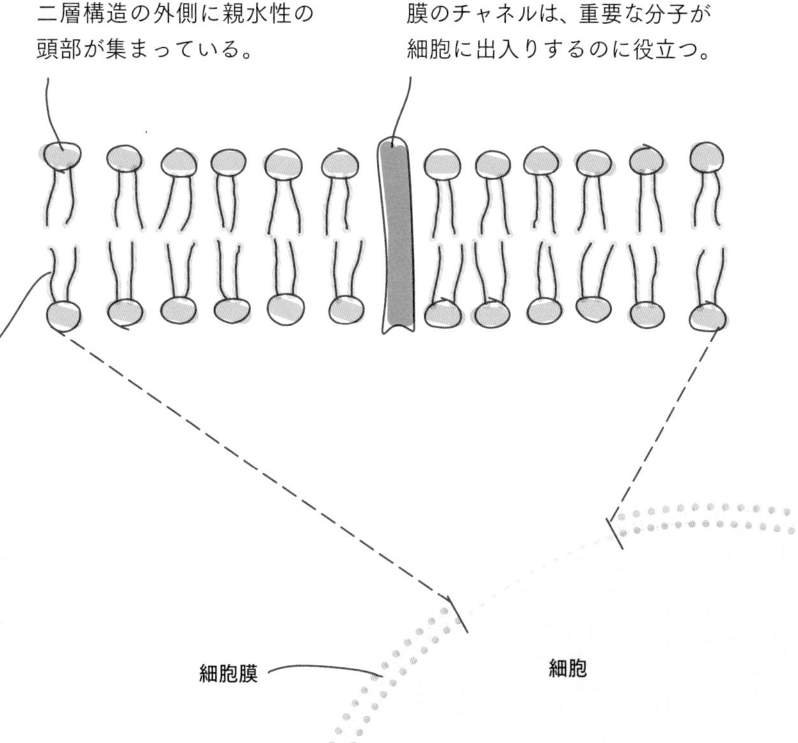

ステロイドはまた別の種類の脂質である。ステロイドは細胞膜の重要な構成要素であり、情報伝達分子としても機能する。コレステロールもテストステロンも、両方ともステロイドである。

タンパク質

タンパク質は大きく複雑な分子だが、**アミノ酸**と呼ばれる小さな分子から構成されている。特殊な結合によってアミノ酸が結合され、長い鎖が形成されている。

異なるタンパク質には、異なる順序で配置された異なるアミノ酸が含まれる。タンパク質には、炭素、水素、酸素、および窒素が含まれている。

ヒトの体重の約15%はタンパク質でできている。タンパク質が豊富な食品として、肉、チーズ、魚、ヒヨコマメやレンズマメなどの乾燥豆が含まれる。

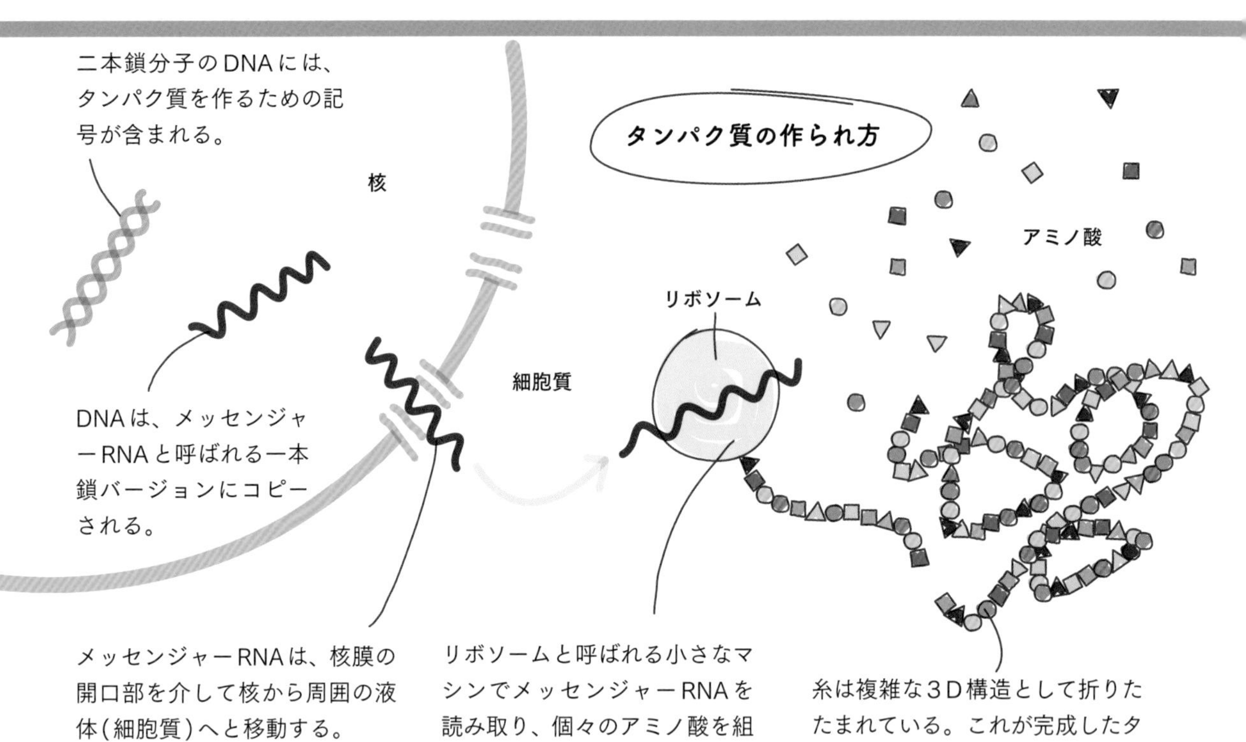

二本鎖分子のDNAには、タンパク質を作るための記号が含まれる。

DNAは、メッセンジャーRNAと呼ばれる一本鎖バージョンにコピーされる。

メッセンジャーRNAは、核膜の開口部を介して核から周囲の液体（細胞質）へと移動する。

リボソームと呼ばれる小さなマシンでメッセンジャーRNAを読み取り、個々のアミノ酸を組み立てて大きく長い糸を作る。

糸は複雑な3D構造として折りたたまれている。これが完成したタンパク質である。

タンパク質の機能

タンパク質は以下のような役割で多くの重要な仕事をする。

- **酵素**　化学反応を促進する。消化酵素は私たちの食べた物が分解されるのを助ける。
- **ホルモン**　インスリンは膵臓（すいぞう）から放出されるホルモンで、グルコースを他の組織に引き渡すのを促す。
- **貯蔵分子**　哺乳動物のミルクの主なタンパク質は、アミノ酸を貯蔵するカゼインで、哺乳動物の赤ちゃんはそのアミノ酸を利用することができる。
- **抗体**　タンパク質は、免疫系が病気を引き起こすもとになる微生物を見つけ出し、破壊するのを助ける。
- **トランスポーター**　ヘモグロビンなどのタンパク質は、体中の物質を移動させる。

乳房のカゼイン

血液中を循環する白血球によって、抗体が産生される

胃の消化酵素

膵臓のインスリン

同様に、血液中を循環する赤血球にヘモグロビンは含まれている

生物学に関する研究

分子レベルで生物を研究している生物学者もいる。たとえば、特定の脂質の分子構造や、特定のアミノ酸がどのように折りたたまれて特定のタンパク質を作るかを研究している。しかし、生物学はこれよりもさらに大きなものである。原子や分子は、細胞やより大きな組織構造を形成し、それらが結合して生物を形作る。生物は生態系の中で群れをなし、それらが組み合わさって自然界を構成している。生物学者は、この階層のあらゆる側面を研究している。

生物学的研究のレベル

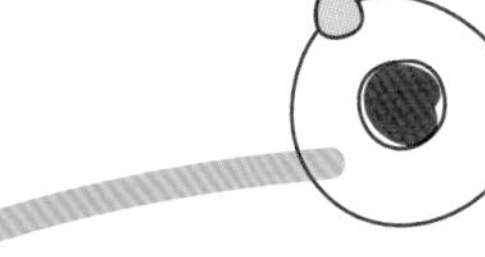

原子　すべての物質を構成する小さな粒子。

分子　結合した原子の集まり。

細胞小器官　細胞内に見られる、特殊な役割を担う小さな構造。

細胞　基本的な生体分子（タンパク質、脂質、DNAなど）を含む、膜で囲まれたひとまとまり。

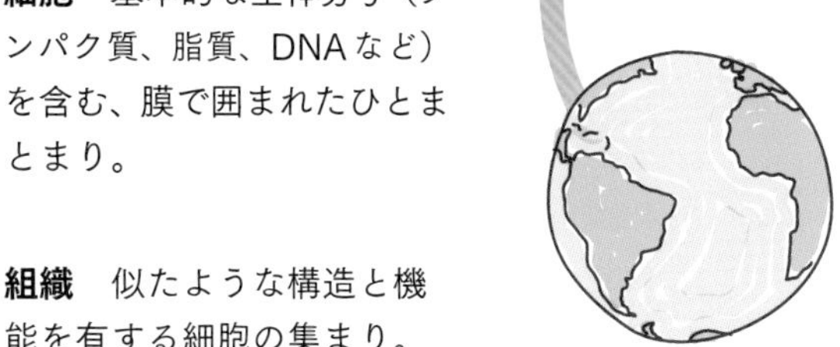

組織　似たような構造と機能を有する細胞の集まり。これらは協力して特定の仕事をする。

器官　特定の機能を実行するために連携して働く、さまざまな種類の組織から作られた構造。

器官系　特定の機能を実行するために連携して機能する、複数の器官を含む複雑な構造。

個体　個々の動物、植物、菌、その他の生物。

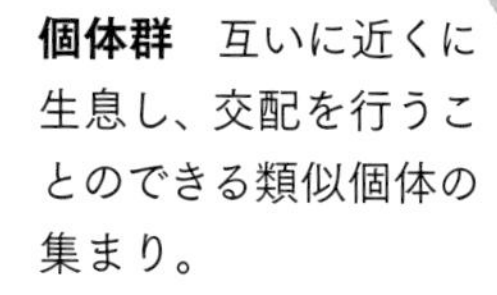

個体群　互いに近くに生息し、交配を行うことのできる類似個体の集まり。

種　繁殖力を持つ子孫を生み出すために交配を行うことのできる類似個体の集まり。この集まりは地理的に離れている場合がある。

生態系　生物のコミュニティと生物が生息する非生物的環境。

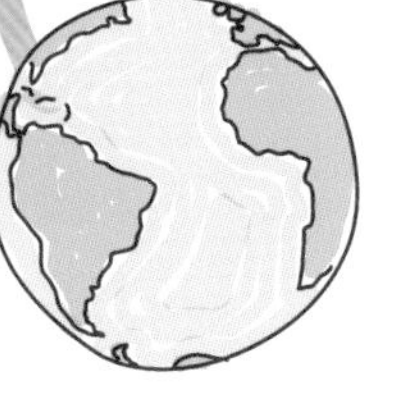

生物圏　生物が生息している地球の表面と大気の一部。

まとめ

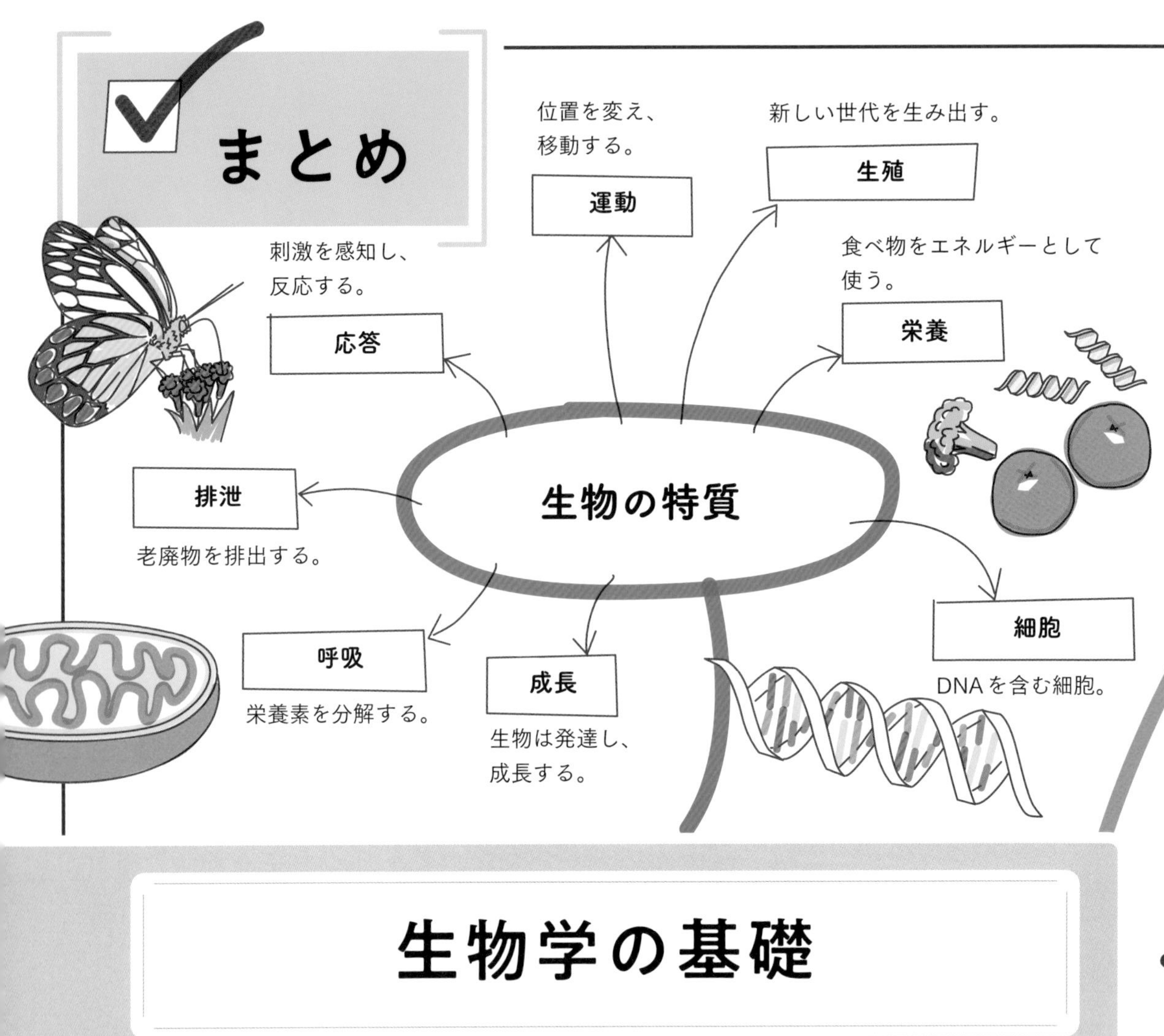
位置を変え、
移動する。
運動
新しい世代を生み出す。
生殖
刺激を感知し、
反応する。
応答
食べ物をエネルギーとして
使う。
栄養
排泄
老廃物を排出する。
生物の特質
細胞
DNAを含む細胞。
呼吸
栄養素を分解する。
成長
生物は発達し、
成長する。

生物学の基礎

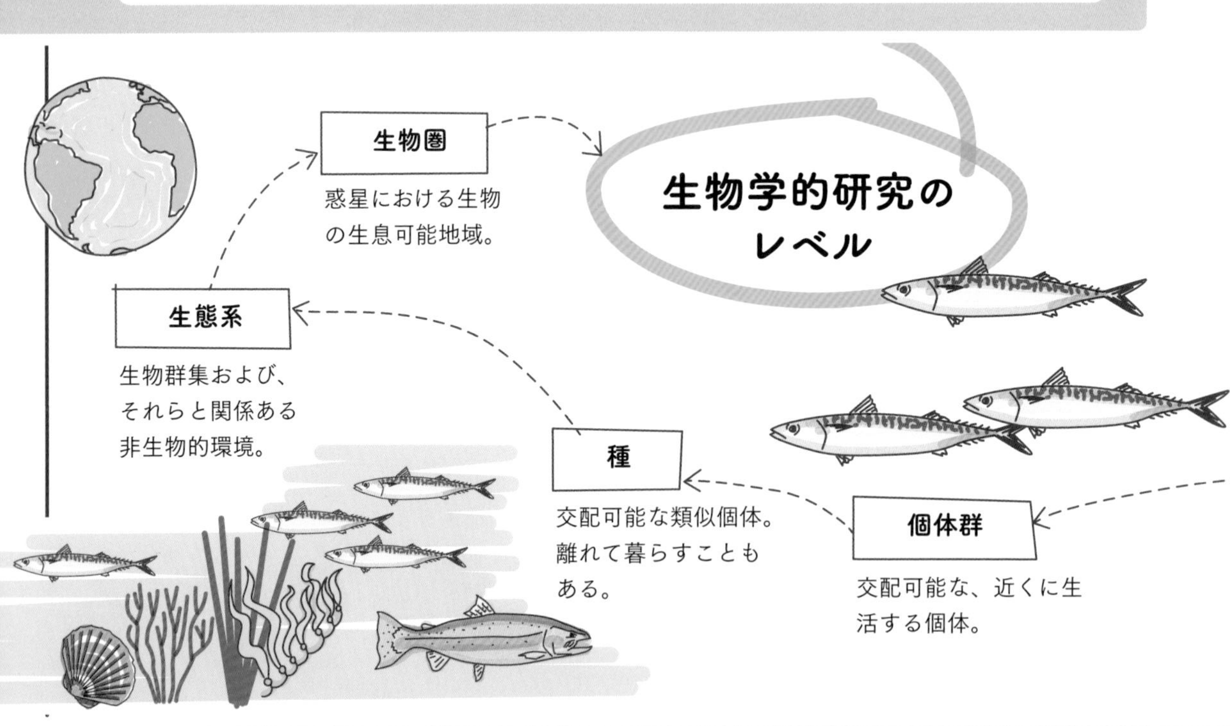
生物圏
惑星における生物
の生息可能地域。
生物学的研究の
レベル
生態系
生物群集および、
それらと関係ある
非生物的環境。
種
交配可能な類似個体。
離れて暮らすことも
ある。
個体群
交配可能な、近くに生
活する個体。

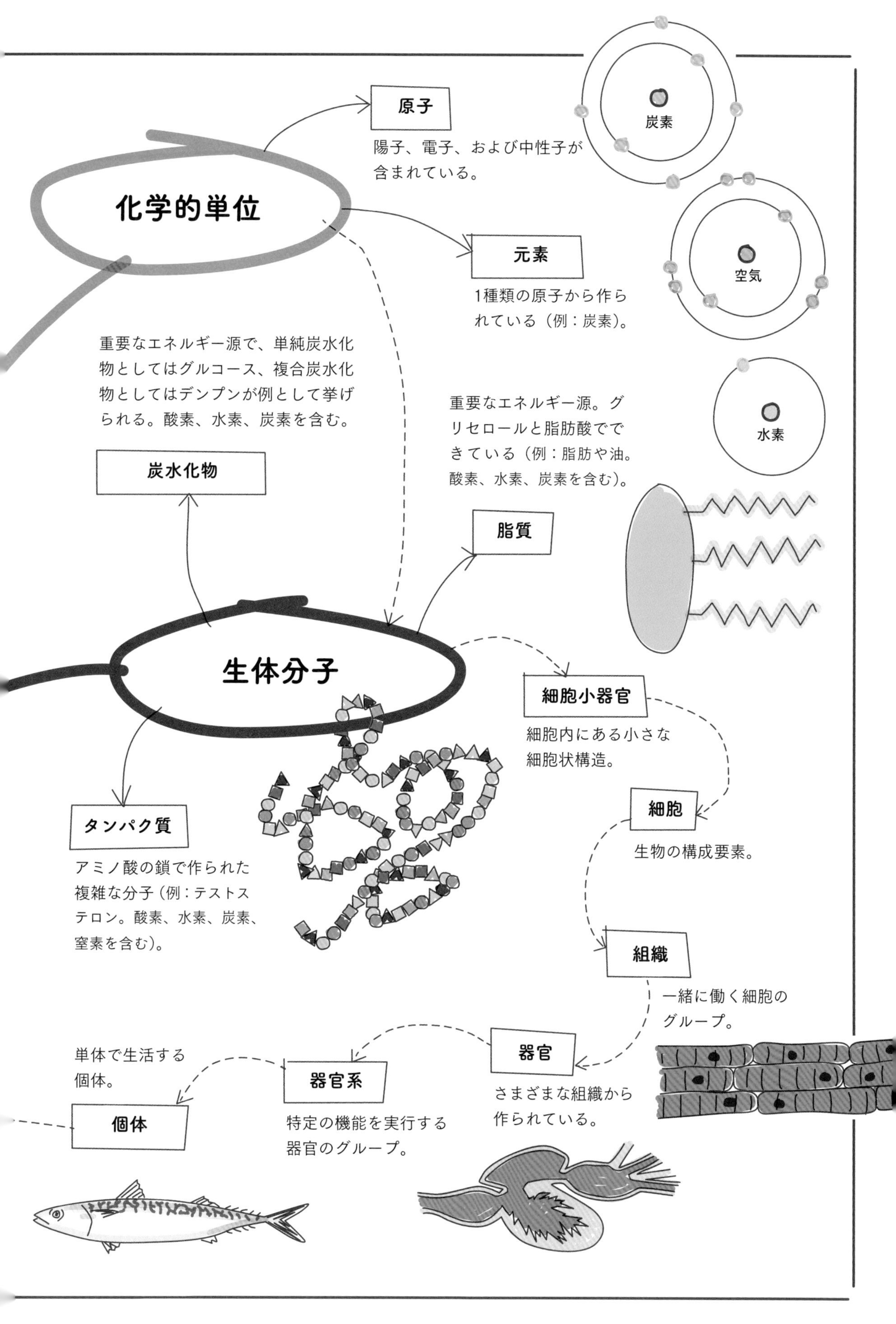
原子
陽子、電子、および中性子が
含まれている。
炭素
化学的単位
元素
1種類の原子から作ら
れている（例：炭素）。
空気
水素
重要なエネルギー源で、単純炭水化
物としてはグルコース、複合炭水化
物としてはデンプンが例として挙げ
られる。酸素、水素、炭素を含む。
炭水化物
重要なエネルギー源。グ
リセロールと脂肪酸でで
きている（例：脂肪や油。
酸素、水素、炭素を含む）。
脂質
生体分子
細胞小器官
細胞内にある小さな
細胞状構造。
細胞
生物の構成要素。
タンパク質
アミノ酸の鎖で作られた
複雑な分子（例：テストス
テロン。酸素、水素、炭素、
窒素を含む）。
組織
一緒に働く細胞の
グループ。
器官
さまざまな組織から
作られている。
器官系
特定の機能を実行する
器官のグループ。
単体で生活する
個体。
個体

Chapter

2

細胞

すべての生物は細胞でできており、細胞は生物の基本的な構成要素である。細胞には色々な種類がある。たとえば人体は、少なくとも200もの異なる種類の細胞が含まれ、それぞれの細胞のタイプは独自の重要な役割を果たすように特殊化されている。細胞は小さいが、信じられないほど複雑である。そこには細胞小器官と呼ばれる小さな構造体が含まれ、細胞小器官は小さなマシンのように働き、細胞がうまく動けるように助けている。さぁ、これらの構造を調べ、細胞内で何が起こっているかを学ぼう。

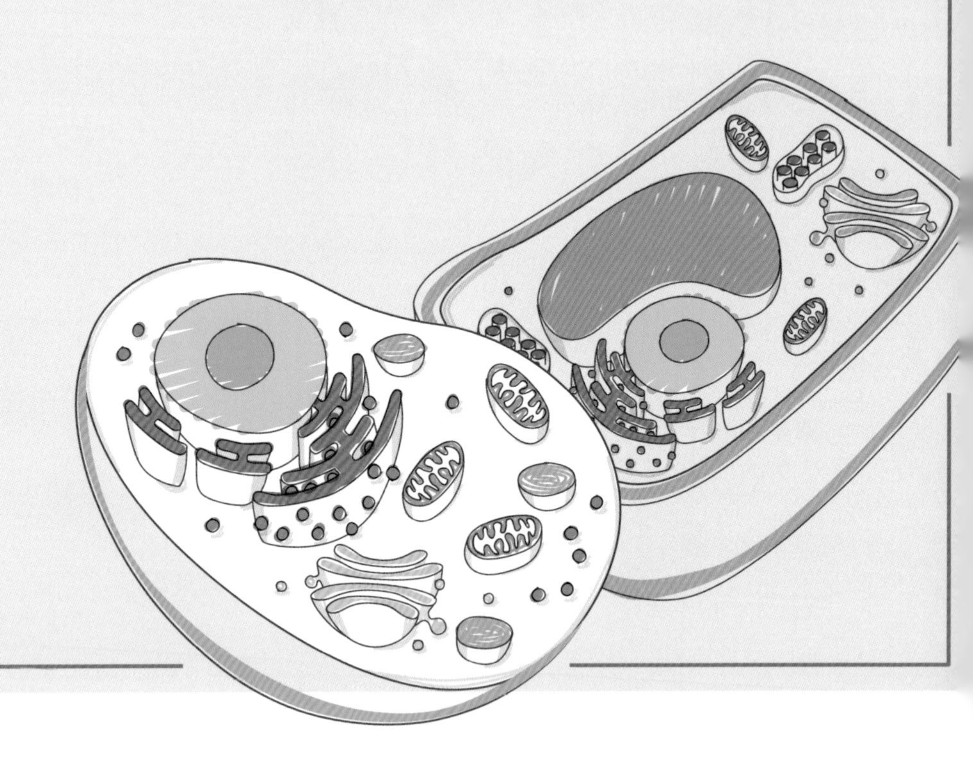

細胞の構成

細菌やアメーバなど、生物のなかには比較的単純で、単一の細胞でできているものもいる。動物や植物など、その他の生物は、さらに複雑で、異なる特殊な細胞が混ざってできている。

単細胞生物

単細胞生物は単一の細胞から作られており、色々な種類がいる。細菌、特定の菌、アメーバ（図参照）などの原生動物がここに含まれる。

細胞膜　外側の柔らかい層を通って、分子が出入りできる。

仮足　小さな突起は、アメーバが動いて食べるのに役立つ。

核　DNAはここにある。

食物の粒子　仮足は、アメーバが食物粒子を飲み込むのに役立つ。

細胞質　重要な化学反応がここで起こる。

多細胞生物

多細胞生物は複数の細胞からできている。複雑な多細胞生物が最初に出現したのは約6億年前である。細胞同士が結びつき、新たな機能を獲得し始め、進化した。最初の多細胞動物はカイメンのようにとても単純なものだったと考えられている。その後、多細胞生物はさらに複雑になっていき、現在の私たちの惑星に生息する多くの異なる生命体へと進化を遂げたのである。

カイメンは中が空洞になっている（図参照）。それは、食物を抽出するためにその空洞を通して水を汲み上げるためである。数は限定されるが異なる種類の細胞でできている。

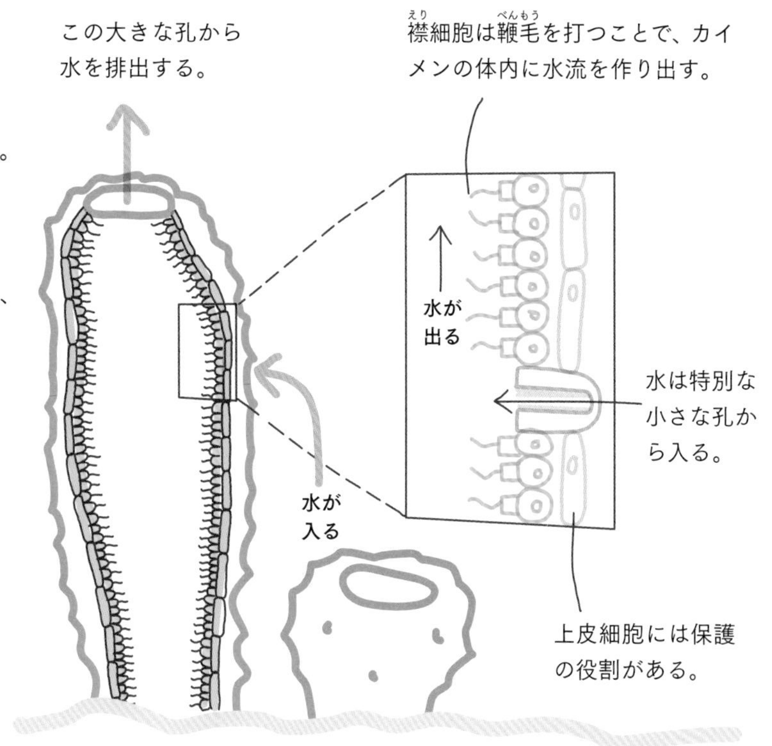

顕微鏡

ほとんどの細胞は非常に小さく、肉眼では見ることができない。それゆえ、生物学者は顕微鏡を使い、細胞を研究したり写真を撮ったりするのである。

顕微鏡は、数多くの細胞を見るときや、小さすぎるものを見るときなど、その他の方法では見るのが難しい物体を拡大する道具である。

細胞には色々な形と大きさがある。ヒトの卵細胞は、肉眼でかろうじて見える大きさである。

光学顕微鏡

初めて作られた顕微鏡は光学式だった。これは可視光とレンズを使用することで、物を大きく見るものである。初期の**光学顕微鏡**は、物体を数百倍に拡大していたが、現在のものは数千倍に拡大可能である。

光学顕微鏡を使えば、細胞とその中にある核などの大きな構造をいくつか見ることができる。光学顕微鏡は生きている細胞の研究にも使用できるので便利である。これは科学者が細胞分裂のような通常に機能している細胞を観察できることを意味している。

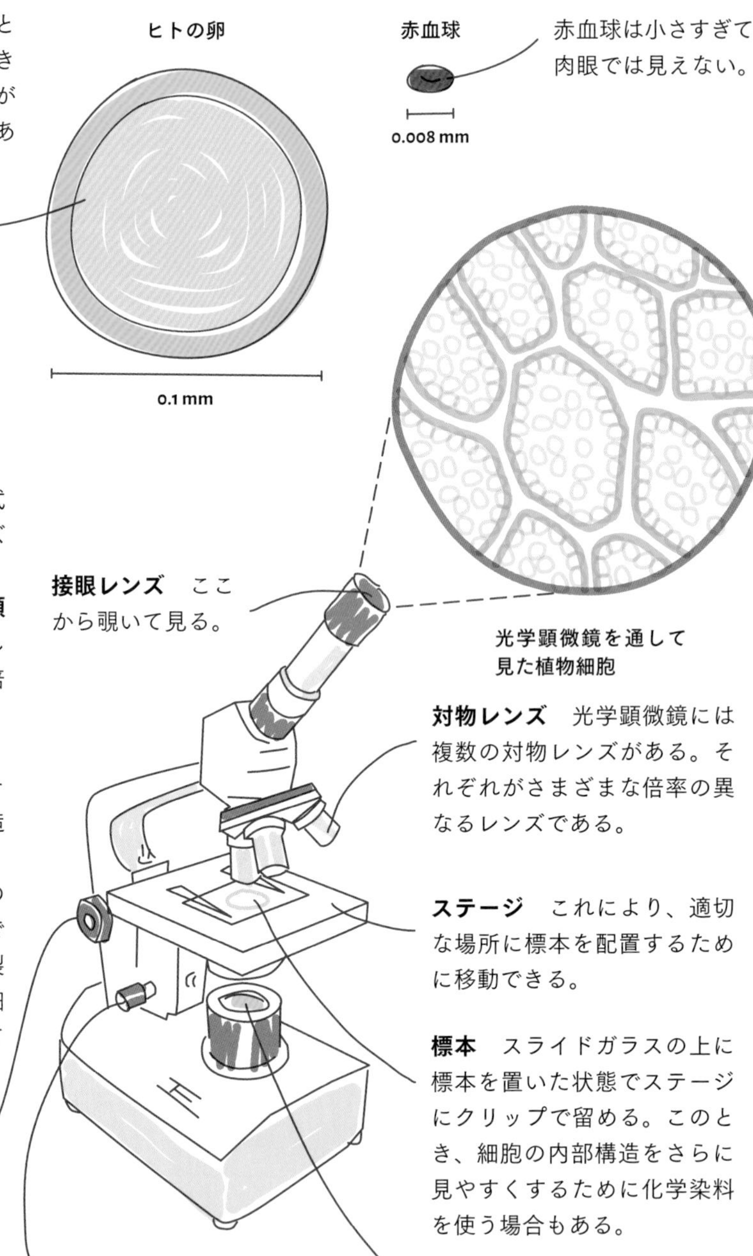

電子顕微鏡

電子線を使って画像を作る**電子顕微鏡**は1931年に発明された。対象物を最大約1000万倍に拡大できるので、細胞内にある微細な構造や、花粉粒のような小さな構造物について研究する際に用いられる。

電子顕微鏡は大きく高価である。光学顕微鏡とは異なり、サンプルを真空に保つ必要があるため、生きた細胞の研究には使えない。電子顕微鏡には主に2つの型がある。

走査型電子顕微鏡（SEM：Scanning Electron Microscopy）は、試料の表面上を前後に移動する電子線を使用する。それにより表面の拡大像を得られ、詳細な3D画像が作られる。

透過型電子顕微鏡（TEM：Transmission Electron Microscopy）は、標本を電子線が通過できるぐらい薄い切片にした状態で使われる。それにより、細胞内部の詳細な画像を作ることができる。

解像度とは、2つの離れた点を区別する機能である。それゆえ解像度が高いほど、より鮮明で詳細な画像が得られる。電子顕微鏡は光学顕微鏡よりも解像度が高い。

微視的測定

細胞とそれに含まれる構造は、通常、ミリメートル、マイクロメートルおよびナノメートルで測定できる。

1 cm =10ミリメートル（mm）

1 mm = 1,000マイクロメートル（μm）

1 μm = 1,000ナノメートル（nm）

大きさの問題

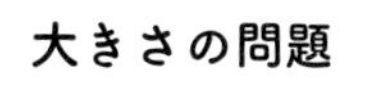

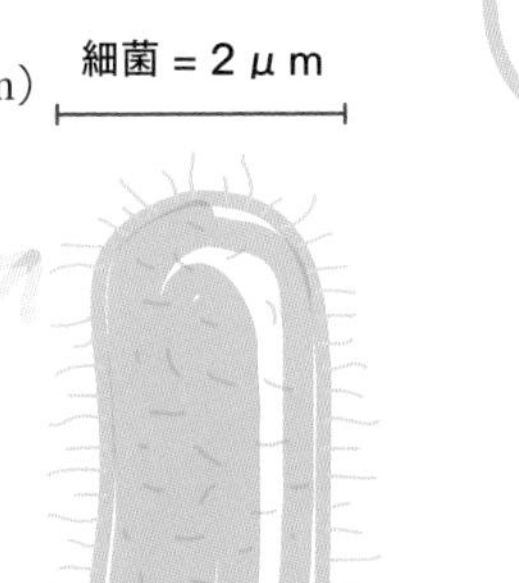

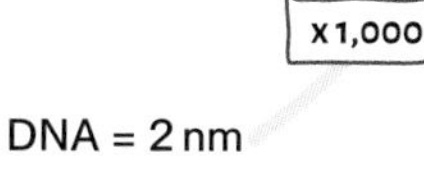

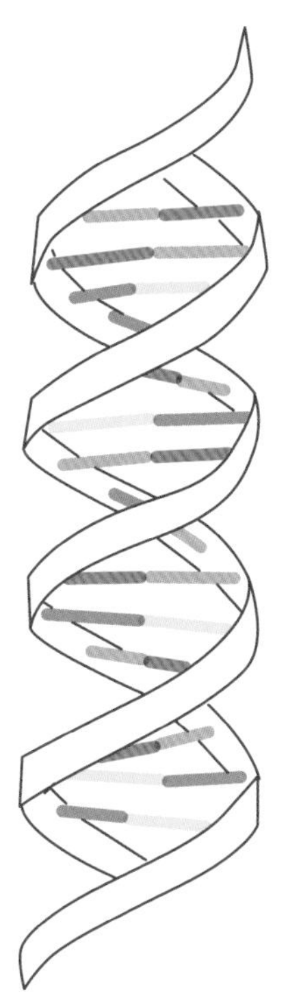

$$倍率 = \frac{画像のサイズ}{実際のサイズ}$$

よって

$$実際のサイズ = \frac{画像のサイズ}{倍率}$$

では、対物レンズの倍率が40倍で、観察中の細胞の画像サイズが1 mmのとき、あなたは細胞の直径を計算できるだろうか。

$$細胞の直径 = \frac{1}{40} \text{ mm}$$

= 0.025 mmまたは25μmとなる。

細胞構造

植物と動物は大きく異なるものの、それらを構成する細胞には多くの共通点がある。たとえば、遺伝物質は核に包まれ、細胞小器官は細胞質と呼ばれるゲル状の物質に収まっている。
細菌の細胞は、植物や動物の細胞と比べるとはるかに小さく、内部にある細胞小器官も少し異なる。遺伝物質は細胞質内を自由に浮遊し、標準的な動物や植物に備わっている細胞小器官の多くが、細菌の細胞には備わっていない。

動物の細胞

動物は**真核生物**である。動物の細胞（**真核細胞**）は膜で包まれた核をもち、さまざまな機能を実行するさまざまな細胞小器官を持っている。

細胞質は細胞の大部分を占める。そこに、核や細胞内に見られる他のすべての構造が収まっている。この細胞質内で細胞分裂や重要な化学反応など多くの重要な仕事が行われる。

核は小さな膜で包まれた構造である。細胞のDNAの大部分がここに含まれている。

細胞膜は、細胞質を包んでいる外層である。細胞内外への物質の移動をコントロールしている。

ミトコンドリアは小さく、まるで電池のような役割を果たしている。細胞質内に見られる構造である。ミトコンドリアは呼吸を行い、そこで生じたエネルギーを細胞に提供する。ミトコンドリアには微量だが独自のDNAが含まれている。

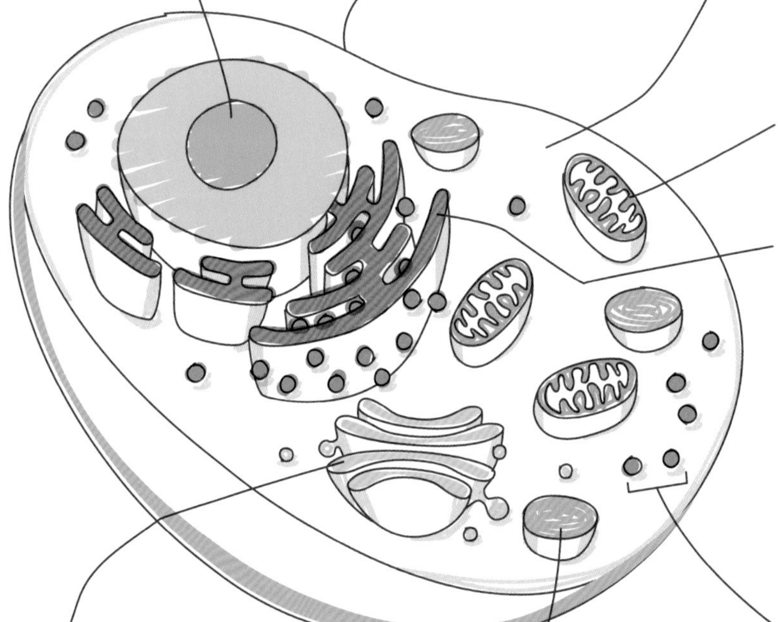

小胞体は、平べったい管のような形をしている。小胞体はその構造から2種類に分けることができる。粗面小胞体はリボソームに覆われていて、タンパク質をたくさん作っている。滑面小胞体はリボソームがなく、脂質の生成に関与している。

ゴルジ体は比較的大きな細胞小器官である。そこではさまざまな種類の分子を受け取り、酵素やタンパク質などの物質を、作成し、修正し、配布する。

リソソームは、大きな分子を小さな分子に分解するのに役立つ。

リボソームは小さなタンパク質製造工場である。ここでアミノ酸を結合させてタンパク質を作る。多くのタンパク質を作れる元気な細胞には、たくさんのリボソームがある。

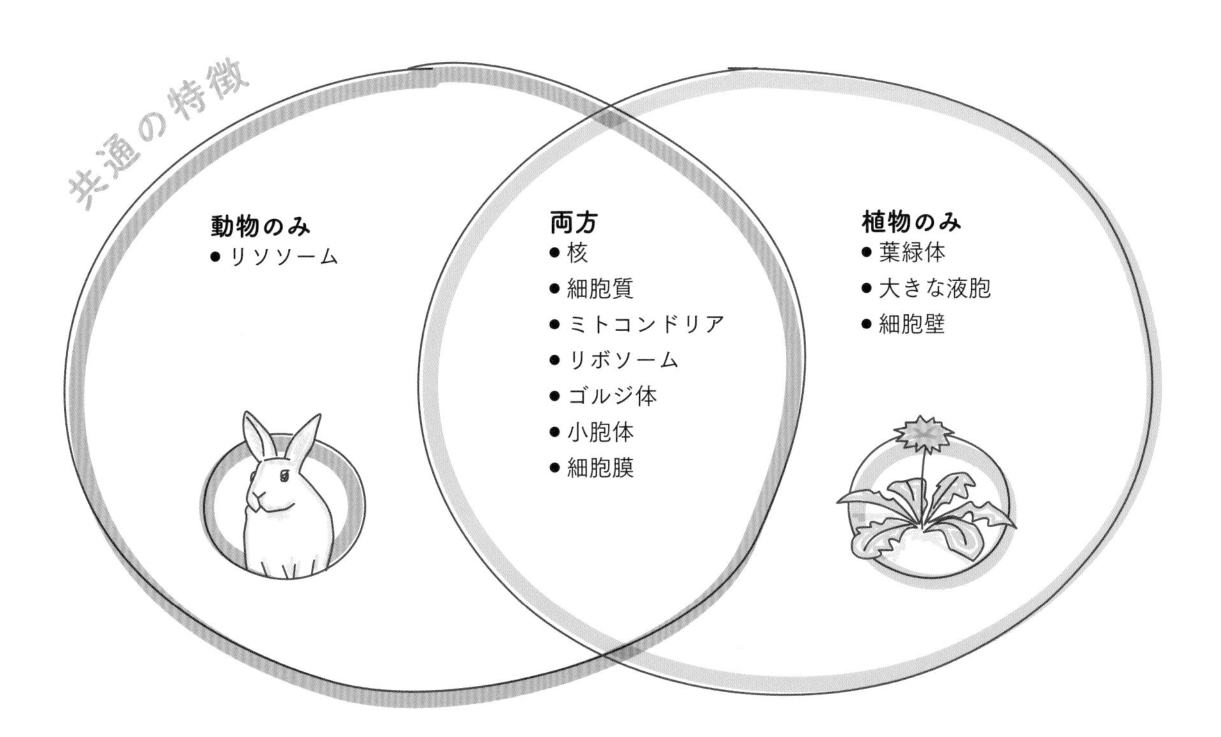

植物の細胞

植物も真核生物である。動物の細胞同様、植物の細胞は膜で覆われた核の中に大部分のDNAを保持し、細胞の働きを助ける特殊な細胞小器官を持っている。しかし、植物には動物細胞にはない構造もいくつか含まれる。

植物や藻類の細胞は、セルロースを含む厚く硬い**細胞壁**に包まれている。細胞壁があるからこそ、強度を有し、構造を保っていられる。

細胞質の真ん中には、**液胞**と呼ばれる大きなスペースがある。液胞は細胞液で満たされている。これにより、細胞の構造と体積が保たれ、植物が硬く曲がらないようにしてくれる。

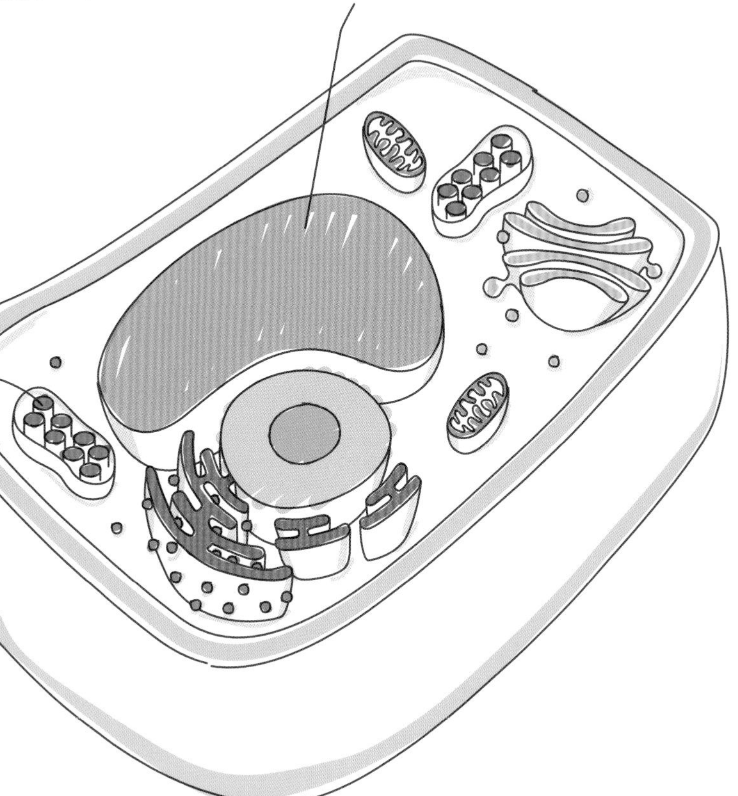

葉緑体は、**クロロフィル**と呼ばれる緑色の色素が詰まった小さな構造である。ここで光合成が行われる。新芽や葉など、葉緑体は植物のすべての緑色の部分にあるが、根（緑色でない）にはない。

細菌の細胞

細菌は**原核生物**である。細菌の細胞は**原核細胞**と呼ばれ、動物や植物の細胞とは共通する部分もあるが、大部分が異なる。細胞質には大きな膜で包まれた構造がない。

細胞膜は細胞質を包んでいる。リン脂質からできている。細胞内外への物質の移動をコントロールするのに役立つ。

細胞壁は細胞膜を保護するように包んでいる。この構造により、細菌は堅固な形状でいられる。細菌の細胞壁は、ペプチドグリカンと呼ばれる分子でできている。ペニシリンは、ペプチドグリカン分子とよく似ているため、酵素がうまく働かず、新しいペプチドグリカン分子を作れなくする。すると細菌は新しい細胞を作れないため、結果として細菌は自ら崩壊し、死んでしまう。

遺伝物質は一本鎖の環状DNAとして、細胞質内を自由に浮遊している。

細胞質はゲル状の物質である。細胞の活動のほとんどがここで行われる。

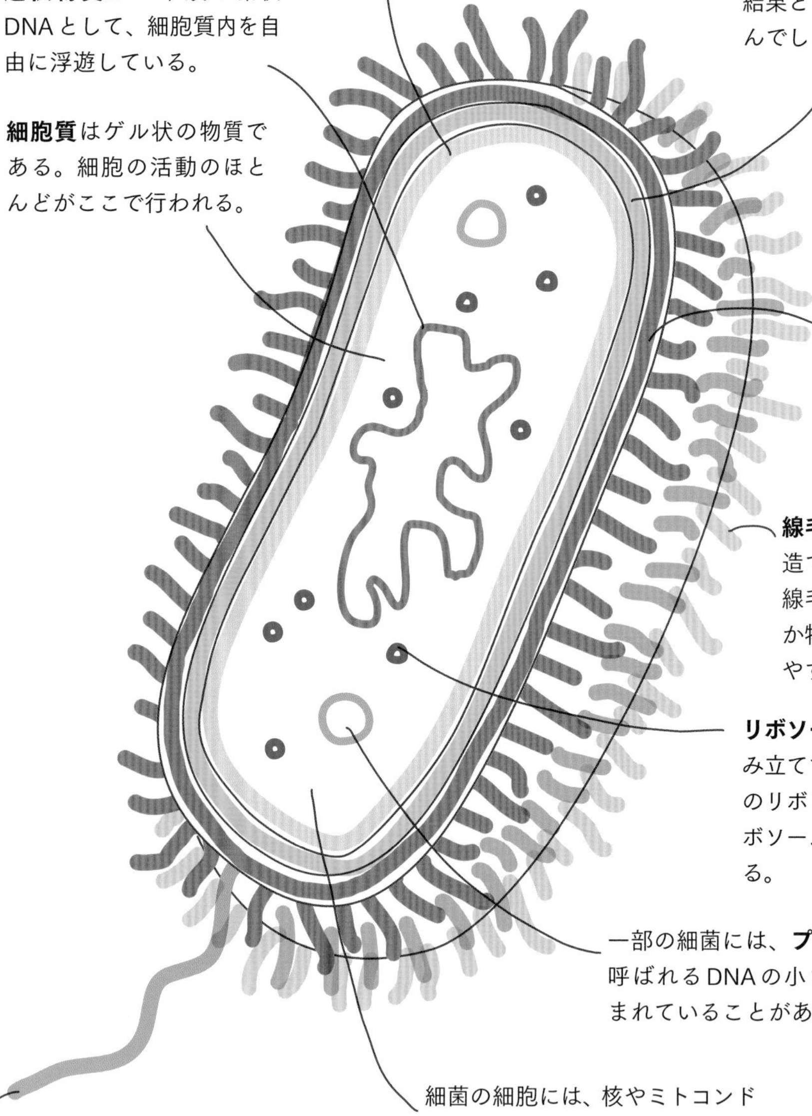

粘液が細胞壁を層状に包んでいることもある。これは細菌を保護するのにも役立つ。

線毛と呼ばれる毛のような構造で覆われている細菌もいる。線毛があることで、細菌が何か物体にくっついて動き回りやすくなっている。

リボソームは、アミノ酸分子を組み立ててタンパク質を作る。細菌のリボソームは、動物や植物のリボソームとは異なる構造をしている。

一部の細菌には、**プラスミド**と呼ばれるDNAの小さな輪が含まれていることがある。

細菌の細胞には、核やミトコンドリアなどの膜で包まれた細胞小器官がない。

一部の細菌には、**鞭毛**と呼ばれる尾がある。それらはバタバタと動き回り、細菌が移動するのに役立つ。

真核細胞か原核細胞か

地球上の生命は、真核生物と原核生物に分けることができる。真核生物には大きな膜で包まれた細胞小器官があるが、原核生物にはない。

真核生物は、原核生物よりも特殊化され、高度である。真核生物には、動物や植物などの多細胞性の生物もいれば、藻(そう)類や菌などの単細胞性の生物もいる。私たちの地球上には推定900万種の真核生物が存在する。

原核生物はあまり特殊化されていない。こうした単純で小さな単細胞生物について、熟知している人は少ない。

地球上には最大で1兆種もの異なる原核生物が存在する可能性があると、科学者らは考えている。

原核生物と、アメーバなどの一部の単純な真核生物は、**二分裂**によって子孫を増やす。二分裂は細胞分裂の単純な形態である。

二分裂

環状DNAとプラスミドが複製される。

細胞が大きくなり、環状DNAが細胞の両端に移動する。

細胞質が分裂し始め、新しい細胞壁が形成される。

2つの娘細胞が生成される。それぞれに1つの環状DNAと可変数のプラスミドが含まれている。二分裂は、条件が良ければ、原核生物が超高速増殖を可能にする。(例:大腸菌はわずか20分で複製できる)。

真核生物と原核生物の特徴

特徴	真核生物 動物	真核生物 植物	原核生物
DNA	✓	✓	✓
核	✓	✓	✗
細胞質	✓	✓	✓
リボソーム	✓	✓	✓
細胞膜	✓	✓	✓
細胞壁	✗	✓	✓
ミトコンドリア	✓	✓	✗
ゴルジ体	✓	✓	✗
小胞体	✓	✓	✗
葉緑体	✗	✓	✗
細胞液で満たされた液胞	✗	✓	✗

細胞分裂

多細胞生物の細胞には、分裂しなければならないときがある。それは、自分自身のコピーを作成するときか、新しく異なる種類の細胞を生成するときである。細胞分裂には、体細胞分裂と減数分裂の2種類がある。それらは、染色体と呼ばれる核内のDNAのカタマリが再編成され、新しい娘細胞が形成されるときに行われる。

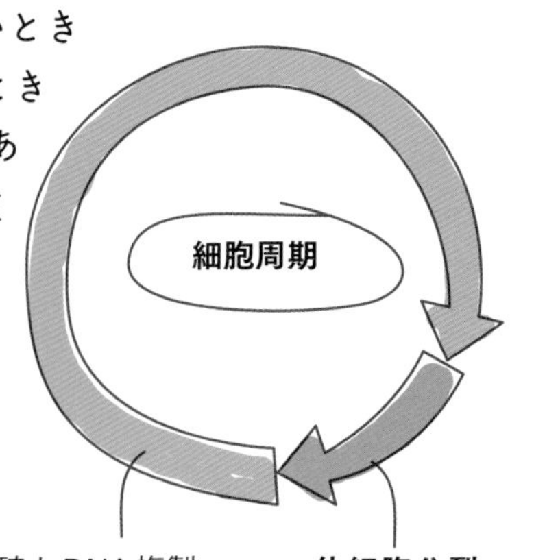

増殖とDNA複製。

体細胞分裂　ここは細胞周期の一段階で、細胞分裂が起きる時期。

体細胞分裂による細胞分裂

体細胞分裂による細胞分裂は、成長を促進し、体の損傷を修復するために行われる。その結果、遺伝的に同一の娘細胞を生成する。体細胞分裂は全身の細胞で起こる。分裂する細胞は、**細胞周期**と呼ばれる一連の段階を踏む。無性生殖の一形態である体細胞分裂はこの周期の一部である。

体細胞分裂

増殖とDNA複製

DNAが複製される。これは、新しく作る細胞にそれぞれ1セットの染色体が存在するようにするためである。その後、DNAは収縮し、Xのような形をした染色体に配置される。

体細胞分裂

通常の細胞において、核内のDNAは長く絡み合った糸のように配置されている。体細胞分裂の準備の際には、細胞は成長し、ミトコンドリアやリボソームなどの細胞小器官のコピーを作成する。

染色体は細胞の中央に並び、引き離される。染色体は1セットとして細胞の端に引っ張られる。

新しく分けられた染色体の周りには膜が作られる。これが2つの新しい細胞の核となる。細胞質や細胞膜も分裂する。

2つの新しい娘細胞が生成される。それらは元の母細胞とまったく同じDNAを含んでいるため、遺伝的に同一である。やがて、これらの娘細胞は体細胞分裂によって分裂し、また同一の細胞を生成する。

減数分裂による細胞分裂

減数分裂による細胞分裂は、精子、卵、胞子などの性細胞や**配偶子**を生成する。減数分裂の過程では２度分かれる。ヒトの場合、卵巣と精巣で減数分裂が起こり、配偶子と呼ばれる生殖細胞が作られる。有性生殖の重要な部分である。他の体細胞とは異なり、配偶子は各染色体を２組ではなく１組しか持っていない。ヒトの場合、体細胞の染色体が23対46本であるのと対照的に、配偶子には対のない23本の染色体しかない。これは、２つの配偶子が結合したときに、最終的に正しい数の染色体を持つ細胞が得られるようにするためである。

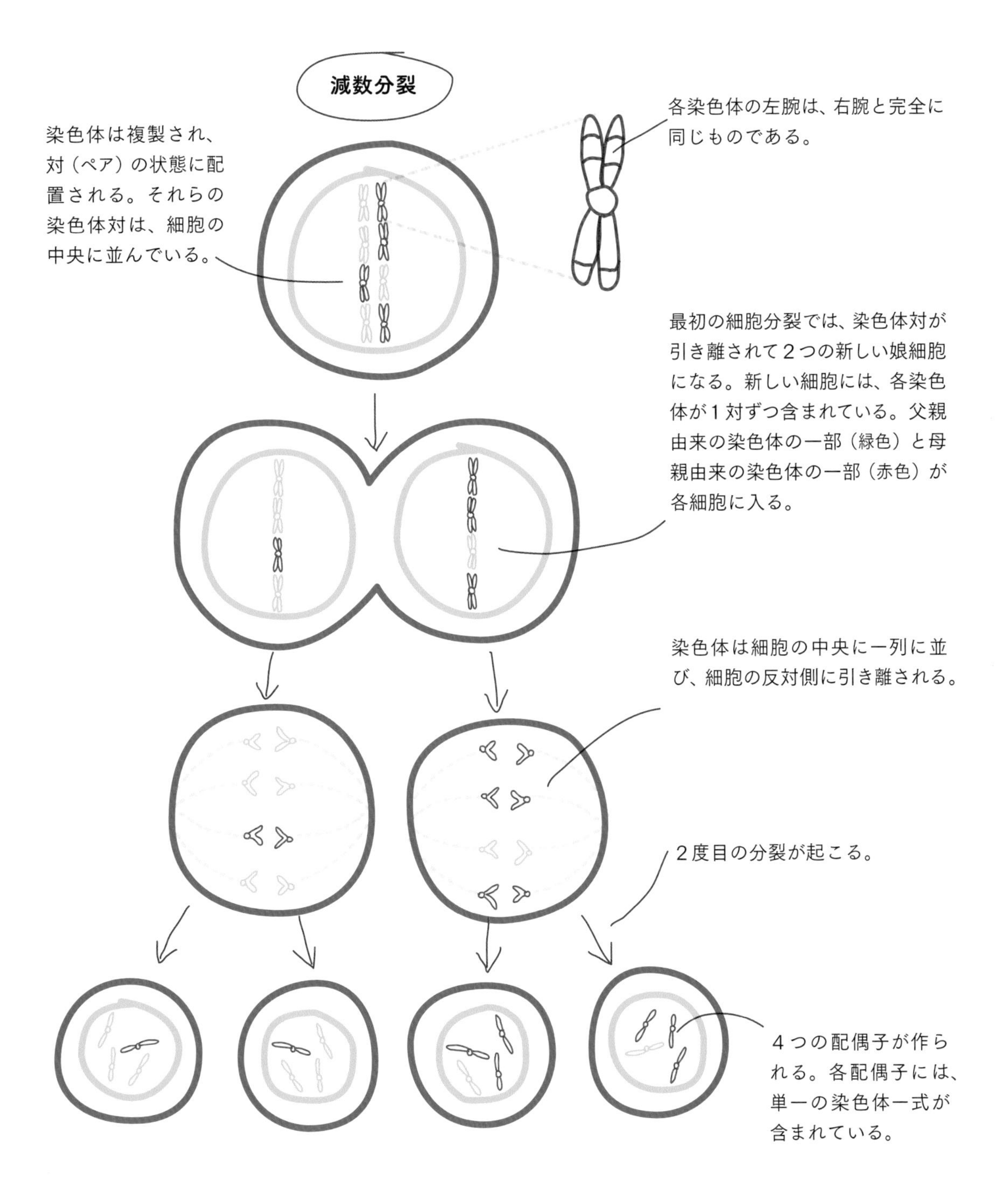

輸送

細胞は、細胞に出入りする全物質をコントロールできる必要がある。細胞は養分や水などの特定の物質を取り入れ、廃棄物や化学物質などの他の物質を処分できなければならない。溶質は、細胞膜を介して細胞に出入りする。これに役立つ輸送として主に3種類ある。それは、拡散、浸透、能動輸送である。

拡散

拡散は、濃度の高いエリアから濃度の低いエリアへの粒子の移動である。それは気体でも液体でも起こる。そして、この濃度の違いを**濃度勾配**という。グルコースなどの単糖、酸素や二酸化炭素などの気体はすべて拡散によって移動する。

また、植物は光合成および呼吸中の拡散を介して気体を交換する。

拡散の過程

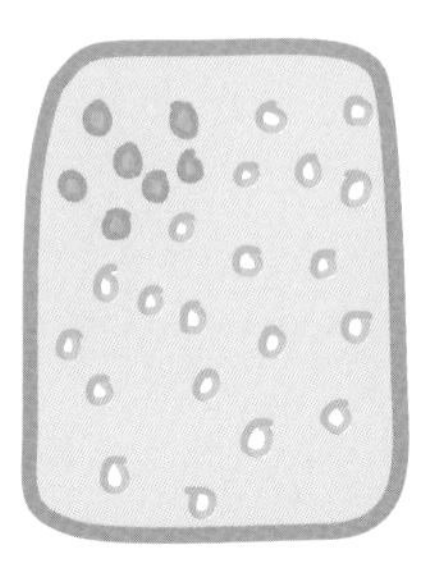

オレンジ色の粒子は、混合物に最初に追加されたときにはまとまっている。

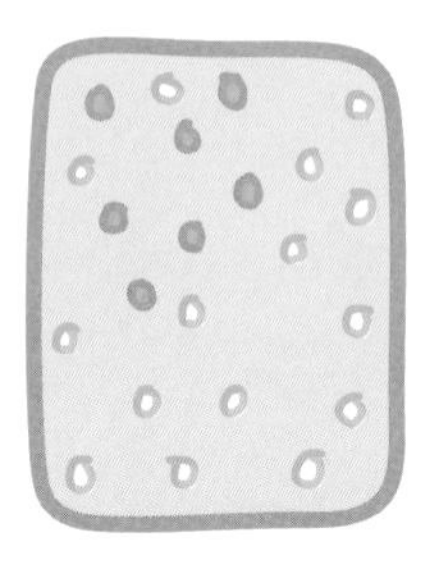

オレンジ色の粒子が動き回ると、衝突して混ざり始める。それらはあらゆる方向に移動するが、実質的には高濃度から低濃度へのエリア移動である。

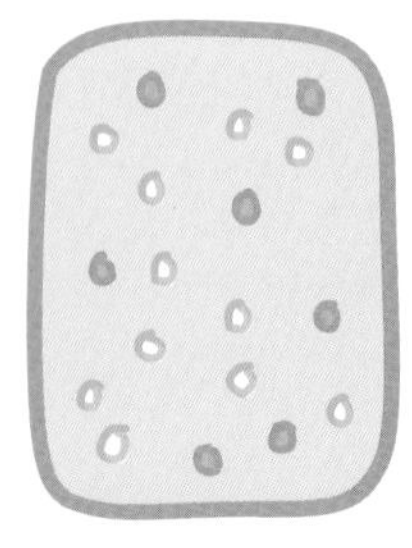

オレンジ色の粒子が、液体または気体中に広がりきったら、拡散は完了である。そして粒子はランダムに動き続ける。

肺における拡散

息を吸うと、酸素を豊富に含む空気が肺へと移動する。

息を吐くと、二酸化炭素が排出される。

酸素の少ない血液が体から肺に戻る。

酸素が豊富な空気は、最終的に**肺胞**と呼ばれる小さな袋に入る。それゆえ、ここは酸素濃度が高くなっている。

酸素を豊富に含んだ血液が体中へと運ばれる。

酸素は肺胞から隣接する血管の赤血球へと拡散する。それゆえ、ここは酸素濃度が低くなっている。

二酸化炭素は呼吸によって生じた老廃物である。二酸化炭素は、その濃度の高い赤血球から、その濃度の低い肺胞へと拡散する。

浸透

浸透は水分子が関与する特殊なタイプの拡散で、水分子濃度の高いエリアから、水分子濃度の低いエリアへと移動するときに起こる。

これは、特定の物質のみを通過させる**半透膜**を介して起こる。

浸透は動物でも起こり、細胞内の水分バランスを維持するのに役立つ。

植物細胞の浸透

低張性　細胞外の水の濃度が細胞内の水の濃度よりも高い。そのため、浸透によって水が細胞内に入る。その結果、液胞が膨らみ、細胞壁に圧力がかかる。これにより、細胞が固くなる。

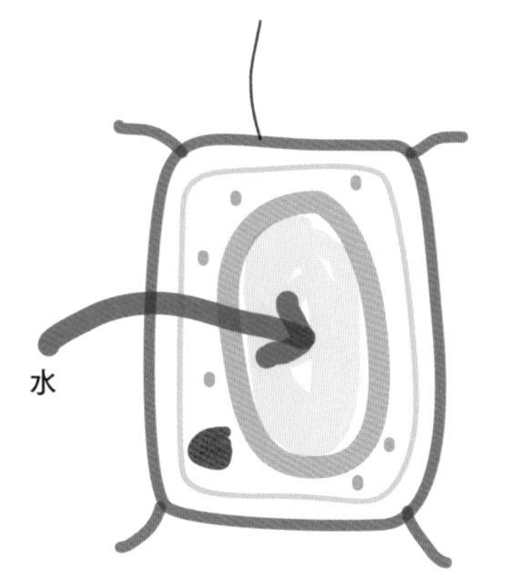

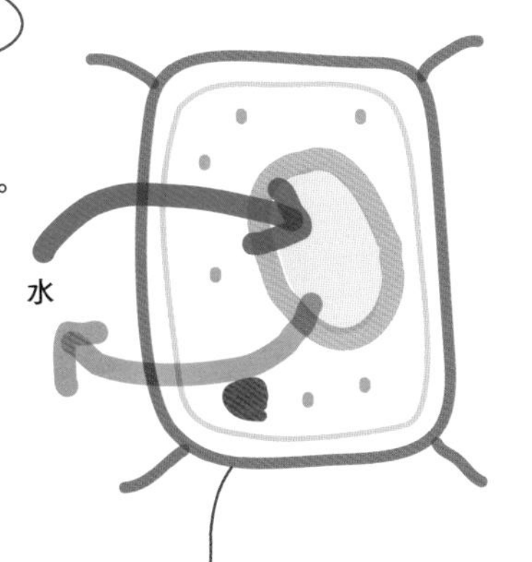

等張性　細胞内外の水の濃度が同じ。そのため、実質的に膜を介する水の移動はない。

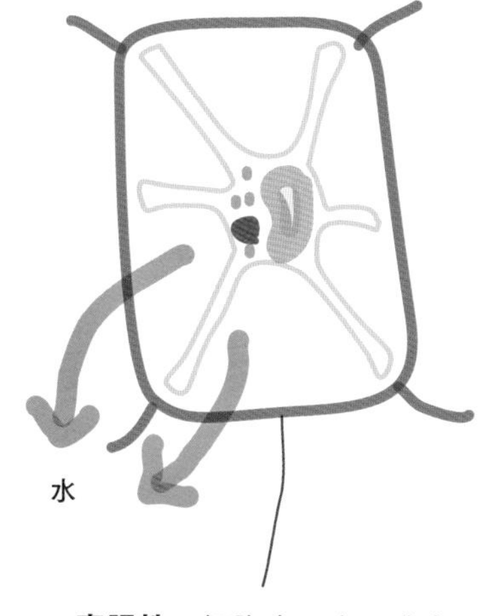

高張性　細胞内の水の濃度が細胞外の水の濃度よりも高い。そのため、浸透によって水が細胞外へ排出される。これにより、液胞が収縮する。その結果、細胞壁から細胞膜が引き離される。

能動輸送

能動輸送とは、濃度勾配に逆らい、溶質が低濃度のエリアから高濃度のエリアへと移動することで、拡散や浸透とは異なり、これにはエネルギーが必要である。

植物の根には、**根毛細胞**と呼ばれる特殊な細胞がある。根毛細胞は、植物が土から硝酸塩などのミネラルを得るのに役立つ。ミネラルは、能動輸送を介して根毛細胞に移動する。

能動輸送は動物でも起こる。たとえば、腸壁を通してグルコース分子を血液へと輸送するのに利用されている。

植物の根毛細胞における能動輸送

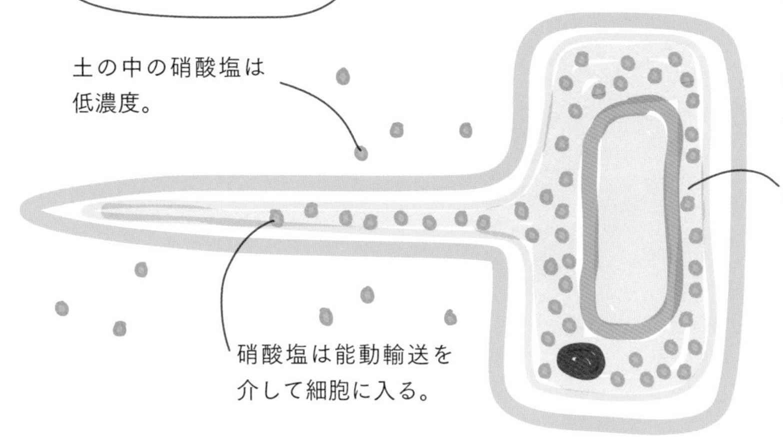

幹細胞と分化

多細胞生物は、神経細胞や筋細胞など、さまざまな種類の役割が特殊化された細胞で構成されている。これらの特殊化された細胞は、特殊化されていない細胞（幹細胞と呼ばれる）から作られる。特殊化の過程を「分化」という。

幹細胞は分裂して複製できる。研究者らはこれらの幹細胞を培養で増殖させ、病気の人を救うために使用できるだろうと考えている。たとえば、幹細胞を心筋細胞に分化させ、損傷した心臓の修復に利用することができる。

動物では、大部分の分化が発生初期に起こるが、多くの植物細胞は生涯にわたって分化可能である。細胞が分化する際、そのDNAは変化しないが、重要な遺伝子のスイッチがオンになったりオフになったりする。これにより、細胞に新しい特徴が与えられる。

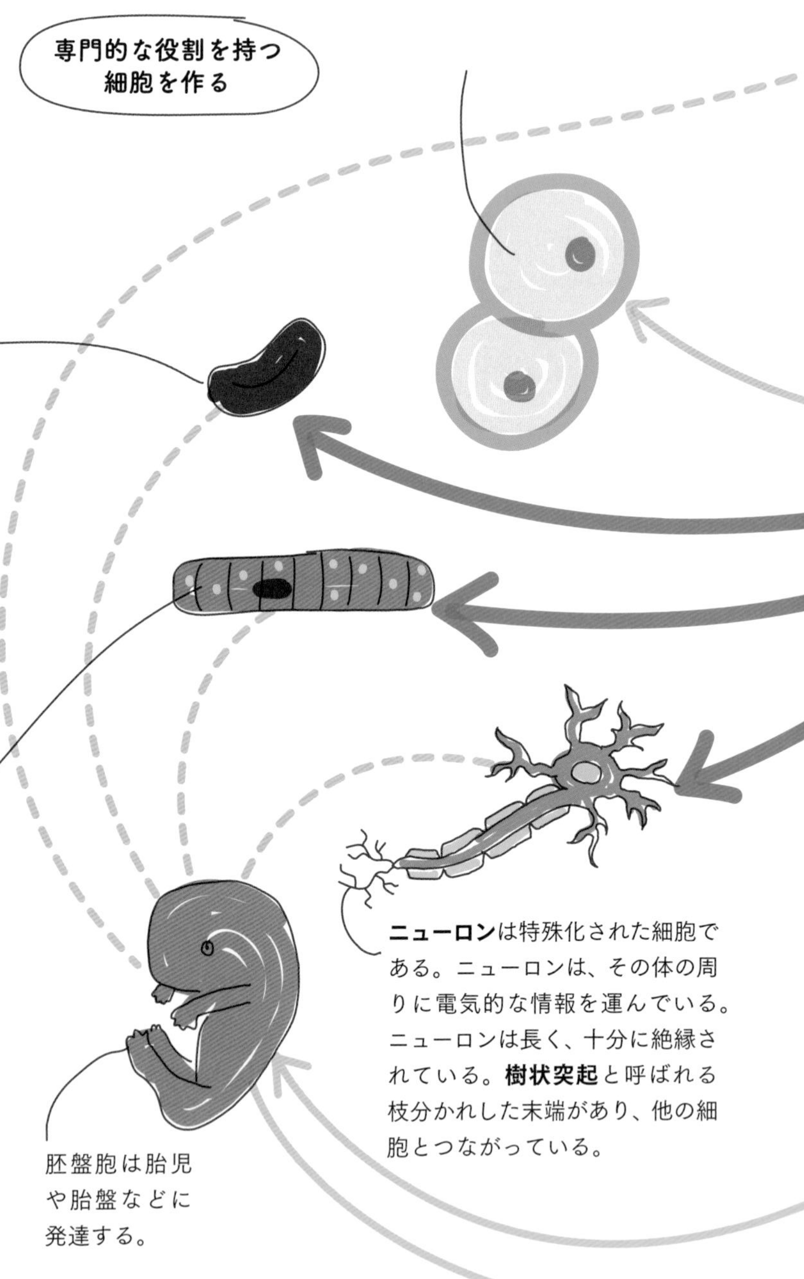

赤血球は特殊化された細胞である。それらは小さく柔らかいので、小さな血管に収まる。赤血球には、酸素と結合するヘモグロビンが含まれている。哺乳動物の場合、赤血球の細胞には核がない。そのため、ヘモグロビンのためのスペースが空いている。赤血球は少し平らになっているため、酸素吸収のための表面積が大きくなる。

筋細胞は特殊化された細胞である。筋細胞は収縮できるように長くなっている。筋収縮にはエネルギーが必要なため、筋細胞には多くのミトコンドリアがある。

ニューロンは特殊化された細胞である。ニューロンは、その体の周りに電気的な情報を運んでいる。ニューロンは長く、十分に絶縁されている。**樹状突起**と呼ばれる枝分かれした末端があり、他の細胞とつながっている。

分化とは、細胞がより特殊化する過程である。細胞は分化し、さまざまな形や機能を獲得する。これは主に発生中に引き起こされる。

胚盤胞は胎児や胎盤などに発達する。

精子は卵を受精させる。

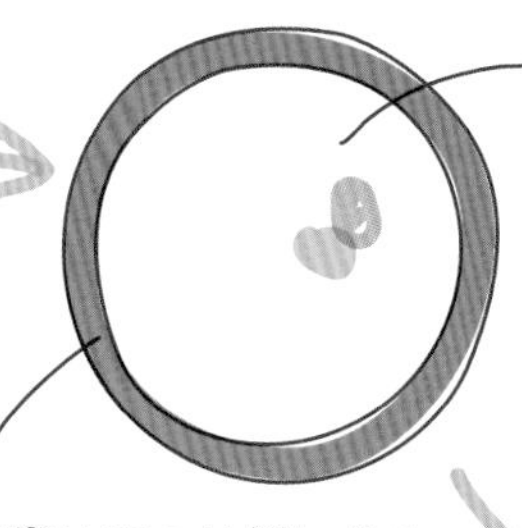

接合子と呼ばれる単一の細胞が作られる。接合子には精子と卵の両方のDNAが含まれている。

透明帯は卵の外側にある保護層である。

単一の細胞は体細胞分裂によって分裂し、2つの細胞を作る。

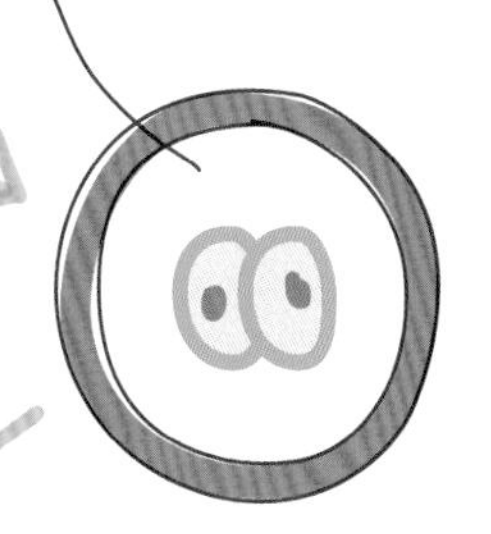

2つの細胞が体細胞分裂によって分裂し、4つの細胞になる。

精子は特殊化された細胞である。彼らは泳ぎやすくするために長い尾と流線型の頭を持っている。エネルギー源となるミトコンドリアがたくさん含まれている。頭の部分には酵素が含まれており、卵の外側の層を分解するのに役立つ。

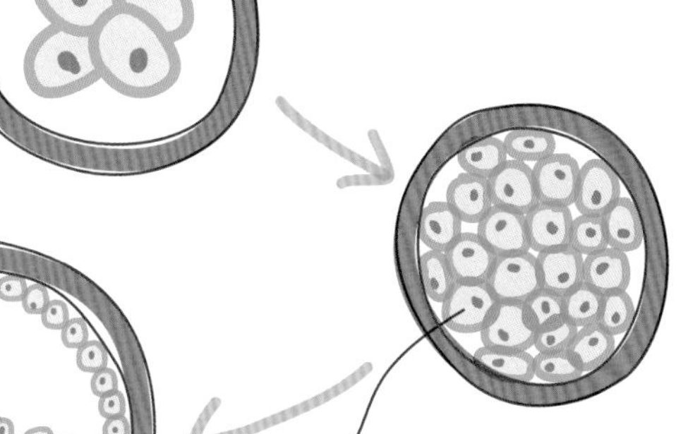

4つの細胞は体細胞分裂によって分裂し、8つの細胞を作る。

この細胞は**胚盤胞**を作る。胚盤胞は細胞塊を含む薄壁の中空構造をしている。

これらの細胞は胚性幹細胞である。**幹細胞**は特殊化されていない細胞である。それらは分化して、より特殊化された他の種類の細胞を作ることができる。

成体にも幹細胞があるが、骨髄などの特定の場所でしか見つからない。骨髄幹細胞は血液細胞へと分化することができるため、白血病の治療に利用されることがある。

胎児はヒトへと成長する。ヒトには何十億もの細胞が含まれており、それらは何百ものさまざまな特殊化された分化細胞で構成されている。

成体の組織を使用し、用途の広い幹細胞を作ることができる。たとえば、成体の皮膚細胞は、「再プログラム」することで幹細胞になる。その後、筋細胞などの特殊化された細胞が作られる。研究者らは、これらの細胞を治療に活用したいと考えている。

体の成り立ち

大きな多細胞生物は、細胞・組織から器官・器官系に至るまで、多くの層の組織を持っている。この組織は、生物が呼吸や運動などのさまざまな活動を調整するのに役立つ。

細胞から系へ

細胞
生物の基本構成要素を細胞という。多細胞生物の細胞は、単独では多くのことを達成できない。したがって、細胞同士が協力して重要な機能を実行する。

組織
特定の機能を実行するために一緒に働く類似の細胞のグループを組織という。組織に複数の種類の細胞が含まれている場合がある。

単一の筋細胞では、筋肉を機能させられない。

筋細胞のグループが連携し、筋肉を縮めたり緩めたりする。

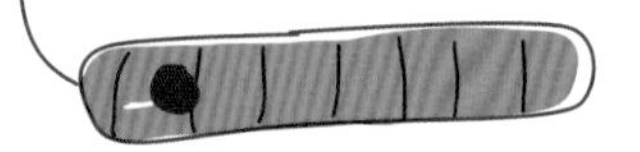

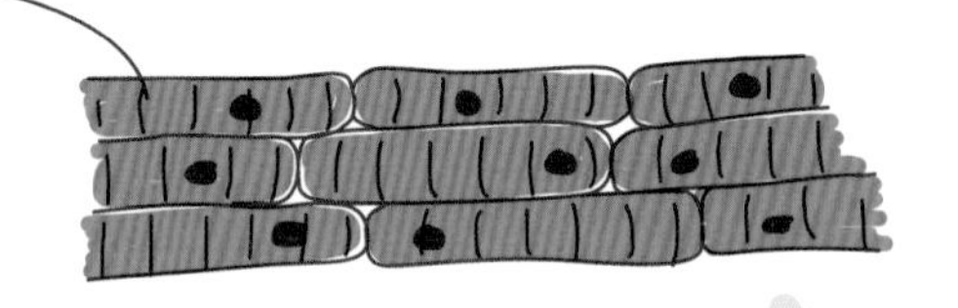

単一の上皮細胞では、保護バリアを形成できない。

上皮細胞のシートは、腸、血管、およびその他の構造の内側を覆うことによって、保護している。

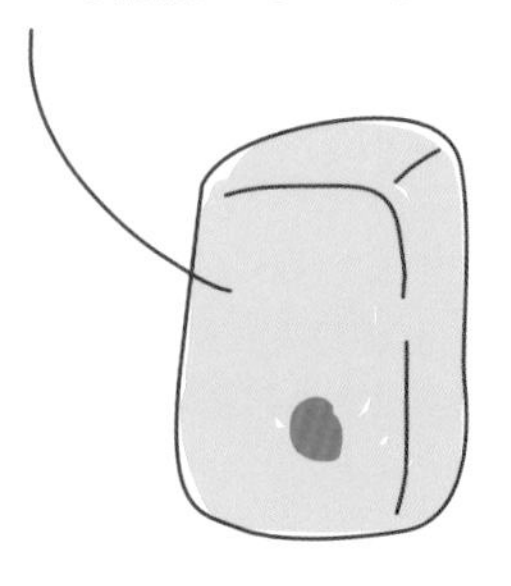
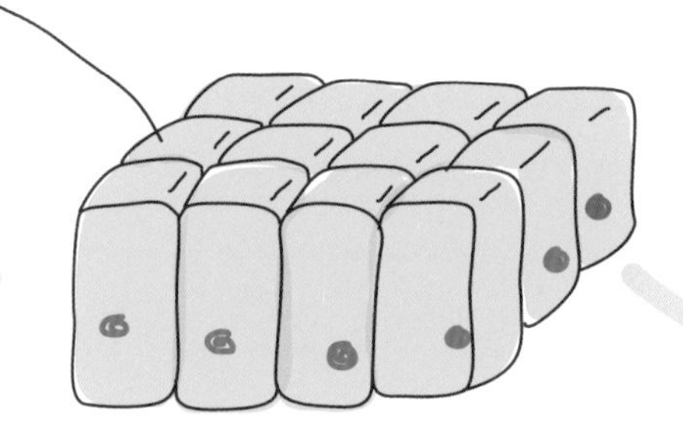

腺細胞は特殊化された上皮細胞である。しかし、単独では腺として機能しない。

腺細胞のグループが連携し、酵素やホルモンなどの物質を生成・放出する。

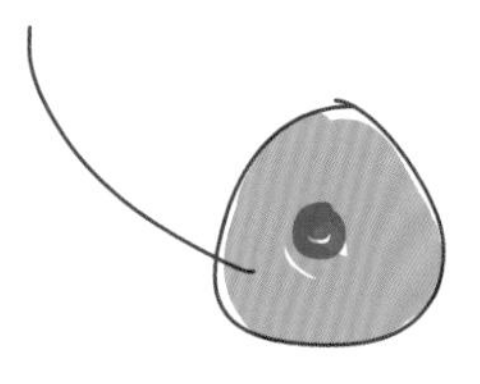
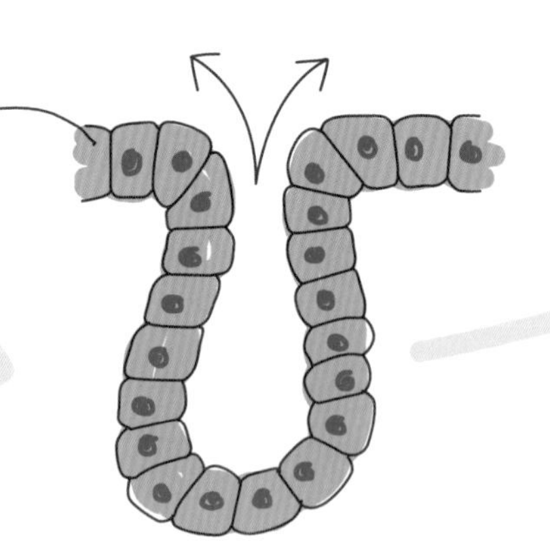

器官

器官とは、特定の機能を実行するために連携し、機能するさまざまな組織のグループで、たとえば、脳は思考、動き、発話などをコントロールする器官である。心臓は全身に血液を送り出す臓器であり、腎臓は血液から老廃物を濾過（ろか）し、尿を作る。これは、体が水分と余分な塩分を取り除くのに役立つ。

胃も器官である。胃の仕事は食べ物を消化することである。この目標を達成するため、連携する複数の種類の組織が含まれている。筋組織は縮んだり緩んだりし、食べ物を混ぜ合わせるのに役立つ。腺組織は、食べ物を分解するのに役立つ消化液を作る。上皮組織は、胃の内側と外側を覆っている。

器官系

器官のグループが整頓されて系を形成する。系は連携し、特定の機能を実行する。たとえば、呼吸器系には、肺、気管、およびその他のさまざまな器官が含まれる。呼吸器系の役割は、体内に酸素を取り込み、二酸化炭素を体から排出することである。

異なる系は互いに依存している。たとえば、消化器系の細胞は、必要とする酸素を呼吸器系に依存している。呼吸器系の細胞は、機能するために必要とする養分とエネルギーを消化器系に依存している。

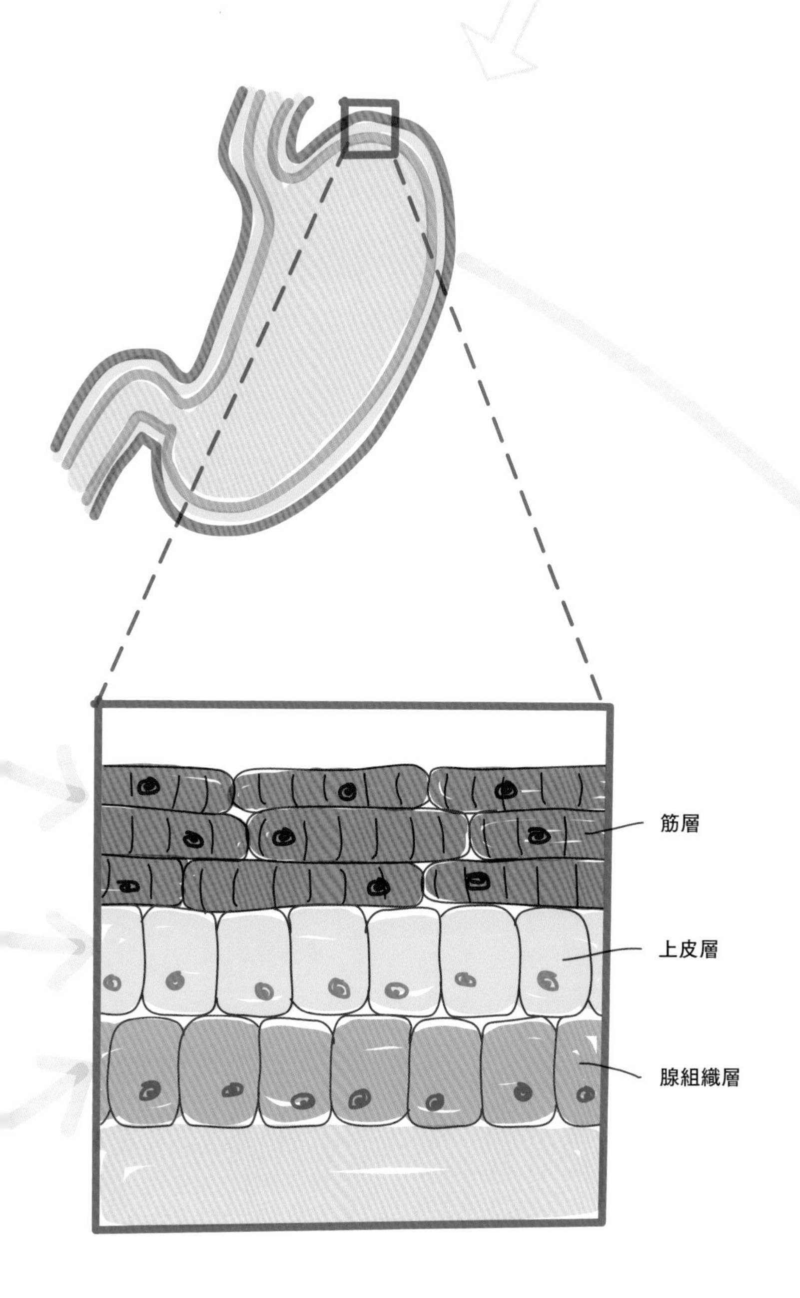

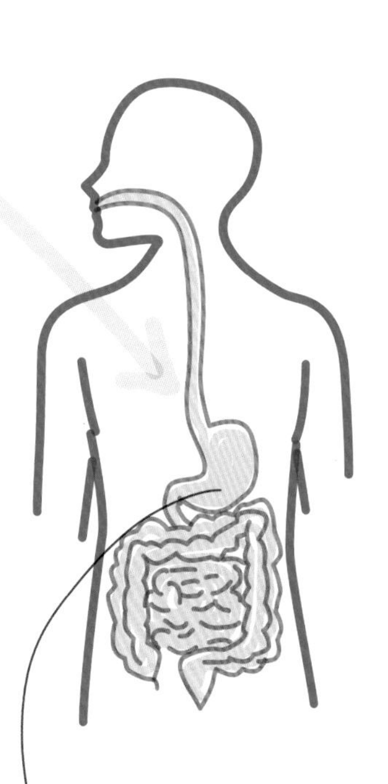

ヒトの消化器系は、胃を含むさまざまな臓器で構成されている。

器官系は連携して生物個体を形成する。

まとめ

細胞

生物

単細胞生物
単一の細胞でできている（例：アメーバ、バクテリア）。

多細胞生物
多くの細胞が含まれている（例：植物、動物）。

細胞の種類

原核細胞
大きな細胞小器官を欠き、自由に浮遊するDNAを含む細胞（例：バクテリア）。

真核細胞
膜で包まれた核を持つ細胞（例：菌、植物、動物）。

体の成り立ち

細胞 → 組織 → 器官 → 器官系 → 個体

幹細胞

分裂して同一のコピーを作れる。

分化
幹細胞は、分化して専門的な役割を持つ細胞を作り出すことができる。

分化細胞
特定の機能を持つ。

顕微鏡

倍率

$$= \frac{\text{画像のサイズ}}{\text{実際のサイズ}}$$

光学顕微鏡
倍率が低い。生きた細胞の研究に使用可。

電子顕微鏡
倍率が高い。生きた細胞の研究には使用不可。

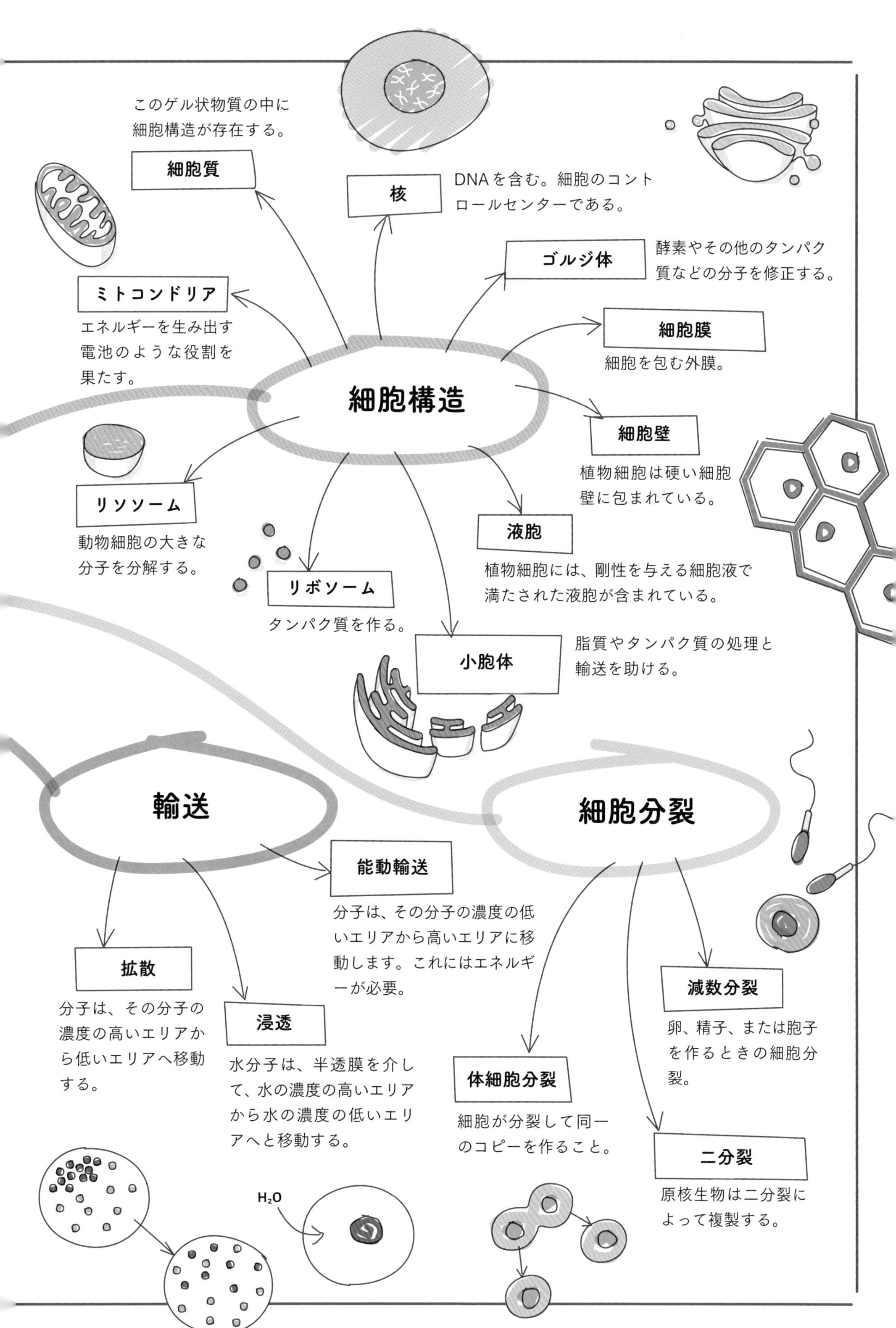
細胞構造
このゲル状物質の中に細胞構造が存在する。
細胞質
核
DNAを含む。細胞のコントロールセンターである。
ゴルジ体
酵素やその他のタンパク質などの分子を修正する。
ミトコンドリア
エネルギーを生み出す電池のような役割を果たす。
細胞膜
細胞を包む外膜。
細胞壁
植物細胞は硬い細胞壁に包まれている。
リソソーム
動物細胞の大きな分子を分解する。
液胞
植物細胞には、剛性を与える細胞液で満たされた液胞が含まれている。
リボソーム
タンパク質を作る。
小胞体
脂質やタンパク質の処理と輸送を助ける。
輸送
細胞分裂
能動輸送
分子は、その分子の濃度の低いエリアから高いエリアに移動します。これにはエネルギーが必要。
拡散
分子は、その分子の濃度の高いエリアから低いエリアへ移動する。
浸透
水分子は、半透膜を介して、水の濃度の高いエリアから水の濃度の低いエリアへと移動する。
減数分裂
卵、精子、または胞子を作るときの細胞分裂。
体細胞分裂
細胞が分裂して同一のコピーを作ること。
二分裂
原核生物は二分裂によって複製する。
H2O

Chapter

3

遺伝学

遺伝学はDNAに関する学問であり、身長、髪の色、病気への罹(かか)りやすさなどの特徴が、親から子孫にどのように受け継がれるかを研究するものである。すべての生物は、親からDNAの形で遺伝情報を受け継いでいく。この章では、DNAの構造、遺伝子の影響、遺伝子の配列に誤りがあるとどうなるかについて学ぶ。そして、ゲノム編集に関する新たな科学を探究し、DNAが環境とどのように相互作用してあなたをあなたたらしくしているかを調べていく。

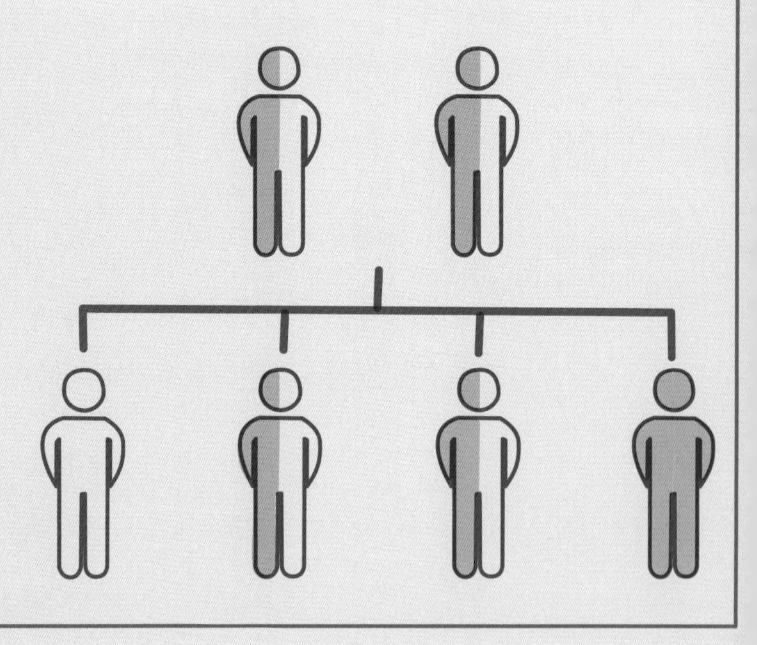

DNA

生物は「DNA」と呼ばれるデオキシリボ核酸の形で遺伝情報を持っている。DNAは核酸の一種である。核酸は、炭素、水素、酸素、窒素、およびリンの元素で構成されている。

DNAも**ポリマー**である。ポリマーは、多くの類似の単位がすべて結合してできている分子である。DNAはヌクレオチドと呼ばれる繰り返し単位でできている。それらは特定の方法で配置されているため、DNAは独自の構造をしている。

イギリスの科学者ジェームズ・ワトソンとフランシス・クリックは、1950年代にDNAの構造を解読した。彼らは、DNAが互いに巻きついてねじれたはしごを形成する2本の鎖で構成されていることを示すモデルを構築した。これは**二重らせん構造**と呼ばれている。

DNAの
分子構造

塩基　塩基の分子には窒素が含まれている。各塩基は、らせんの反対側の鎖にある別の塩基と対になる。塩基は常に特定の相手と対になる。これは、**相補的塩基対形成**として知られる。

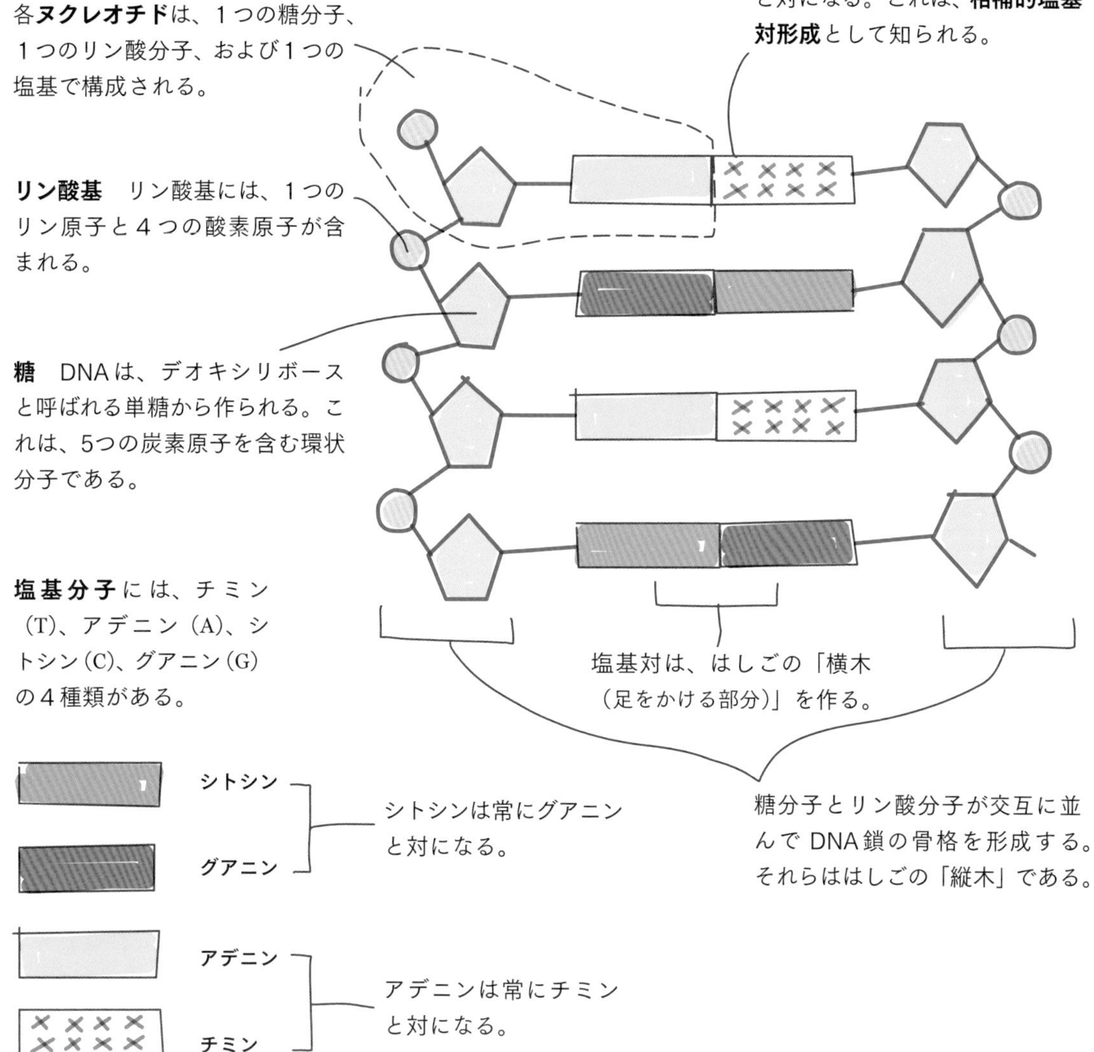

染色体と遺伝子

DNAは細長い分子である。ヒトの各細胞には、約2mのDNAが含まれている。ヒトの場合、何百もの異なる種類の細胞のほぼすべての内部にDNAを見ることができる。

DNAの構造

核内において、DNAは個々の単位（**染色体**と呼ばれる）として配置されている。

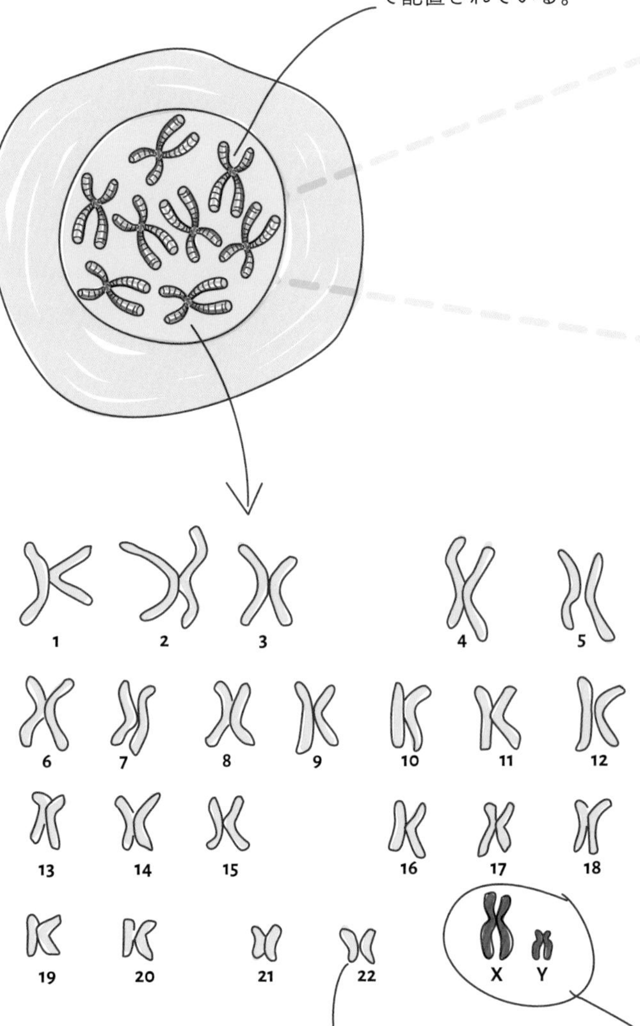

染色体には**遺伝子**が含まれている。遺伝子は大きさが異なり、最小の遺伝子には数百の塩基が含まれている。最大の遺伝子には200万以上の塩基が含まれている。遺伝子は、ヘモグロビンやテストステロンなどのさまざまなタンパク質を作るための情報であるDNAの一部である。

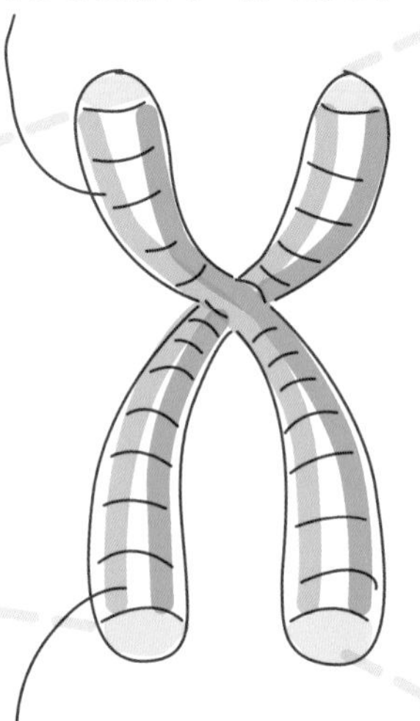

染色体には、タンパク質を作るための情報を持たないDNA配列も含まれている。これは**ノンコーディングDNA**と呼ばれる。もともと遺伝学者は、このノンコーディングDNAには機能がないと考えていた。しかし、現在ではそのほとんどが活性化され、何らかの目的を持っていると考えられている。そのなかにはスイッチのように機能するものがある。それは特定の細胞で重要な遺伝子のオンとオフを切り替える。これは遺伝子がいつどこで使われるかをコントロールし、細胞がたとえば神経細胞になるのか筋細胞になるのかを左右する。こうした遺伝子の活性に関する変化は、**遺伝子発現**の調節と呼ばれる。

生物が異なれば、持っている染色体の数も異なる。たとえば、ヒトには23対の染色体（合計46本）がある。各染色体の対の片方は生物の母親に、もう片方は父親に由来する。

ヒトの染色体対のうち、22対は**常染色体**（性染色体以外）である。常染色体には1から22までの番号がラベリングされている。常染色体には、さまざまな機能に影響を与えるさまざまな遺伝子が多数含まれている。

23番目の染色体対は**性染色体**である。生まれてくる子どもが、男性になるか女性になるかを決定づける要素になる。

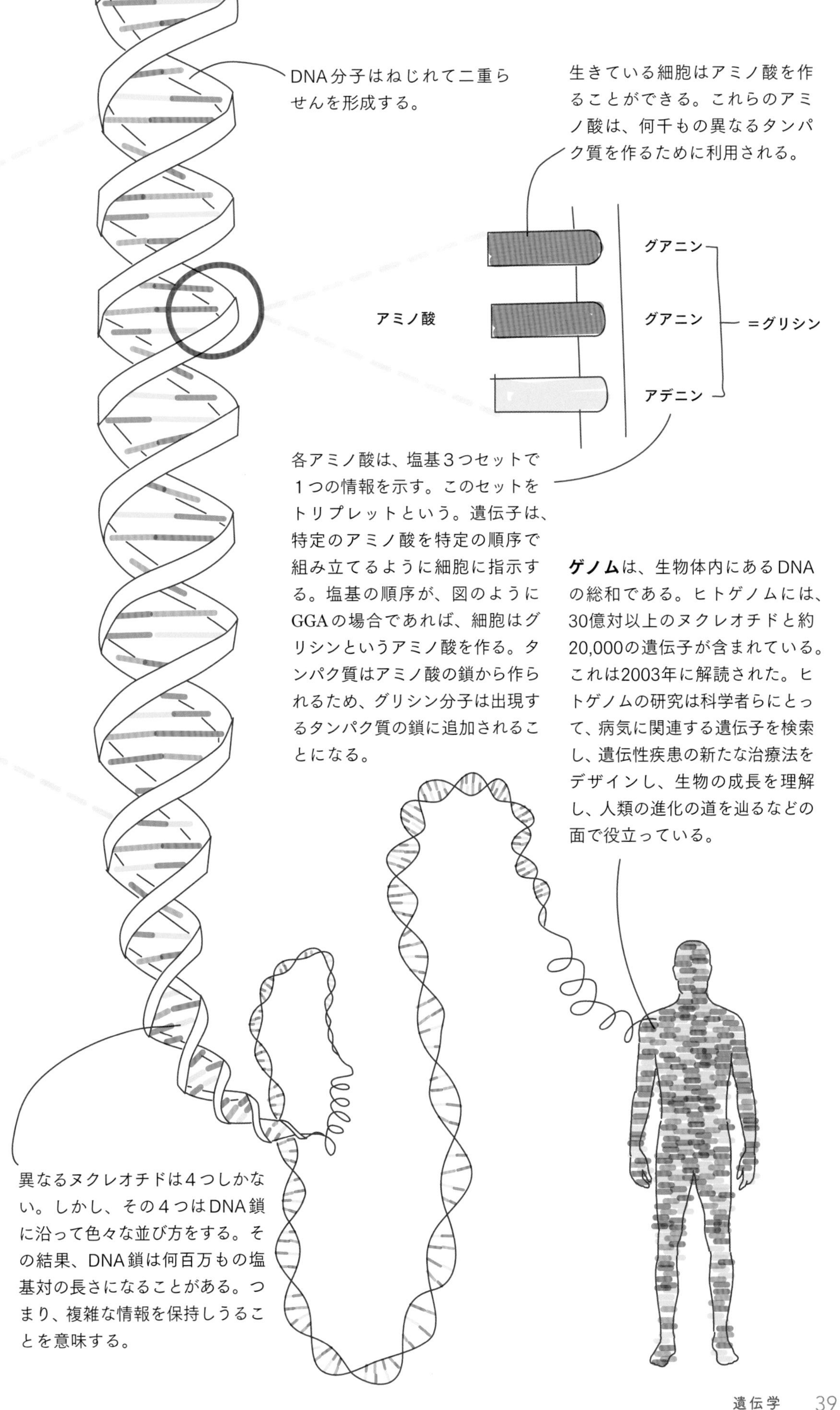
DNA分子はねじれて二重らせんを形成する。
生きている細胞はアミノ酸を作ることができる。これらのアミノ酸は、何千もの異なるタンパク質を作るために利用される。
アミノ酸
グアニン
グアニン
アデニン
＝グリシン
各アミノ酸は、塩基3つセットで1つの情報を示す。このセットをトリプレットという。遺伝子は、特定のアミノ酸を特定の順序で組み立てるように細胞に指示する。塩基の順序が、図のようにGGAの場合であれば、細胞はグリシンというアミノ酸を作る。タンパク質はアミノ酸の鎖から作られるため、グリシン分子は出現するタンパク質の鎖に追加されることになる。
ゲノムは、生物体内にあるDNAの総和である。ヒトゲノムには、30億対以上のヌクレオチドと約20,000の遺伝子が含まれている。これは2003年に解読された。ヒトゲノムの研究は科学者らにとって、病気に関連する遺伝子を検索し、遺伝性疾患の新たな治療法をデザインし、生物の成長を理解し、人類の進化の道を辿るなどの面で役立っている。
異なるヌクレオチドは4つしかない。しかし、その4つはDNA鎖に沿って色々な並び方をする。その結果、DNA鎖は何百万もの塩基対の長さになることがある。つまり、複雑な情報を保持しうることを意味する。

遺伝子の継承

個々の生物は、両親からもらった特徴を示す。これは、遺伝子の半分を母親から、半分を父親から受け継いでいるからだ。遺伝子は、身長や眼の色、走る速さ、コーヒーが好きかどうかなど、あなたが思いつくほぼすべての特徴に影響を与える。

対立遺伝子

遺伝子のなかには、**対立遺伝子**と呼ばれるものがある。たとえば、花を咲かせる植物の多くには花びらの色をコントロールする遺伝子がある。ある対立遺伝子は赤い花を咲かせることができる。別の対立遺伝子では白い花を咲かせるかもしれない。個々の花の色は、それが受け継ぐ対立遺伝子の影響を強く受ける。対立遺伝子には顕性や潜性がある。

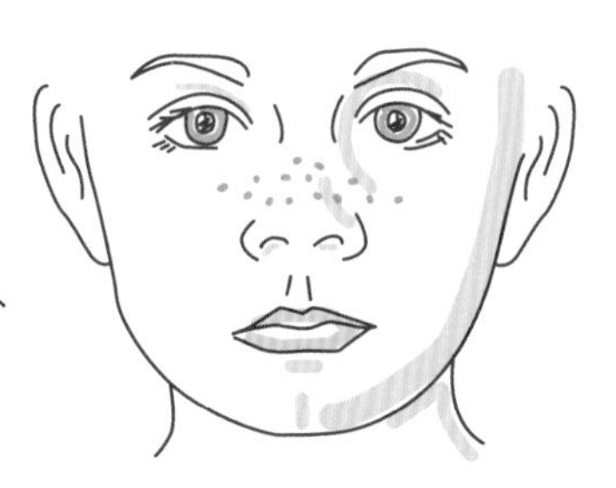

顕性対立遺伝子は、その遺伝子座が1つしか顕性遺伝子を持っていなくとも効果がある。たとえばヒトの場合、そばかすを引き起こす主な遺伝子はさまざまな対立遺伝子に含まれている。そばかすの原因となる支配的な対立遺伝子の顕性遺伝子を1つか2つ受け継いでいる人がいたとすると、その人にはそばかすが出てくる。顕性対立遺伝子は、41ページの図のように大文字で表す。

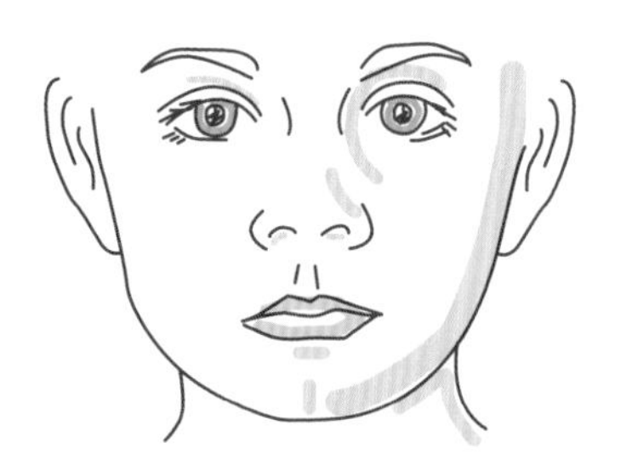

潜性対立遺伝子は、その遺伝子座が2つの潜性遺伝子を持っている場合にのみ効果がある。ヒトには、そばかすの出てこない潜性対立遺伝子がある。この対立遺伝子を2つ持っている人がいたとすると、その人はそばかすが出ない。潜性対立遺伝子は小文字で表される。

生物が特定の遺伝子に関する同一の対立遺伝子を2つ持っている場合、その生物はその遺伝子に関して**ホモ接合体**であるという。生物が特定の遺伝子の2つの異なる対立遺伝子を持っている場合、その生物はその遺伝子に対して**ヘテロ接合体**であるという。

遺伝の結果を予測する

グレゴール・メンデルはチェコ共和国（彼の生きていた19世紀にはオーストリアの一部）在住の僧侶だった。メンデルは、遺伝の法則を調査するために、エンドウを使って実験を行った。彼の研究結果は1866年に発表され、現代の遺伝学の礎となっている。

メンデルは、「遺伝的なユニット」が植物の特性を決定することを発見した。今日ではこれらのユニットが遺伝子であることがわかっている。彼は、子が各親から1つのユニットを受け継ぎ、そのユニットが顕性または潜性の性質を有する可能性に気づいた。このことは、植物の品種間の交配の結果を予測するために活用できる。今日、これを説明するためにパネットの方形を使用する。

パネットの方形

遺伝子の交雑で生じる可能性のある子の遺伝子型を下のような表で表したものを「パネットの方形」という。エンドウでは、花が赤色になる対立遺伝子（R）が顕性で、白色になる対立遺伝子（r）が潜性である。

このエンドウは、同じ対立遺伝子を２つ含んでいるため、ホモ接合体である。対立遺伝子（R）が顕性であるため、赤い花を咲かせる。

このエンドウもホモ接合体だが、潜性対立遺伝子（r）を２つ含んでいるため、白い花を咲かせる。

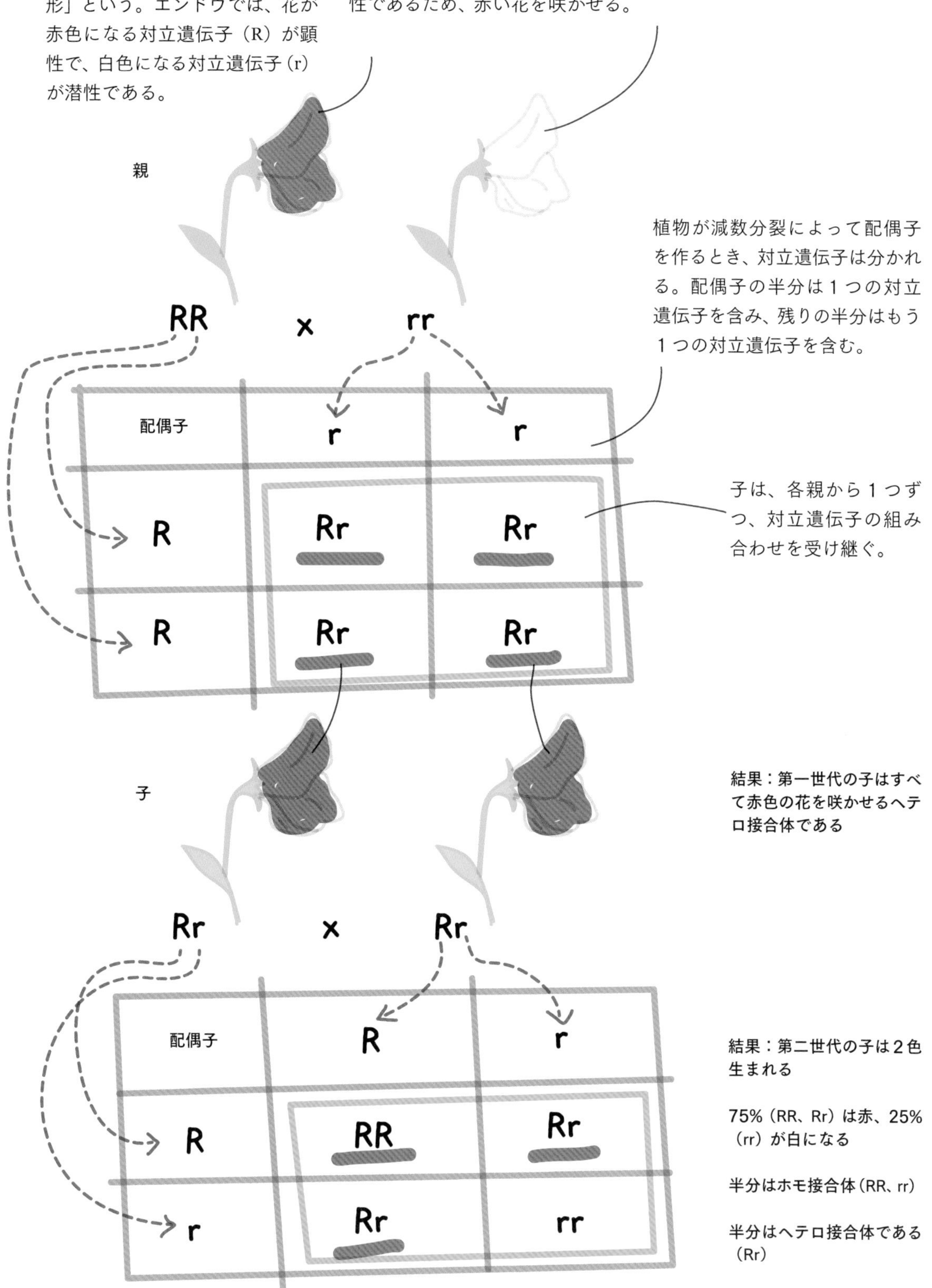

生殖

生殖は、自分の遺伝情報を子孫に伝え、その生物が種として長期にわたって持続することを可能にするメカニズムであり、生物にとって重要である。生殖には、有性生殖と無性生殖の2つの基本形がある。

有性生殖

有性生殖は、母親と父親の遺伝情報が組み合わされる。これにより、両親とは遺伝的に異なる子が生まれる。ほとんどの植物、動物、菌は有性生殖を行う。

有性生殖には減数分裂が伴う。この特殊な細胞分裂により、**単相**の配偶子が作られる。これは、染色体の本数が通常の半分であることを意味する。2つの配偶子が結合して受精卵を作ると、結果として得られる細胞は**複相**になる。これは、それぞれの親から1つずつもらい、計2つの完全な染色体のセットが受精卵に含まれていることを意味する。

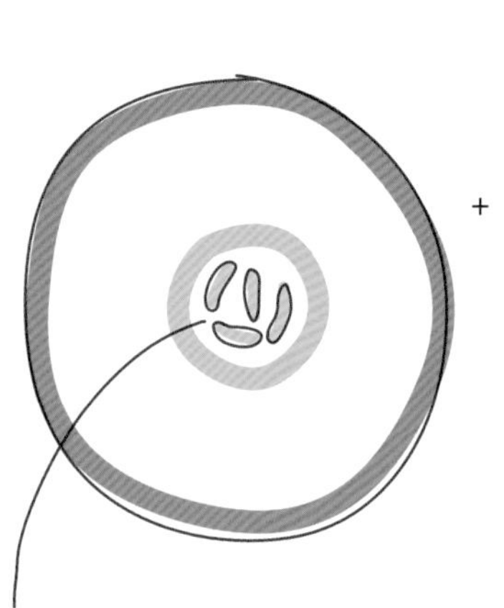

ヒトの卵には23本の染色体が含まれている（ここでは4本だけを示している）。単相の細胞である。

+

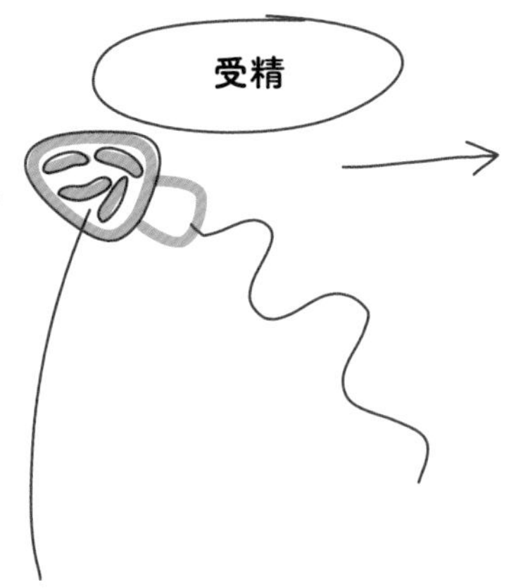

ヒトの精子には23本の染色体が含まれている（ここでは4本だけを示している）。単相の細胞である。

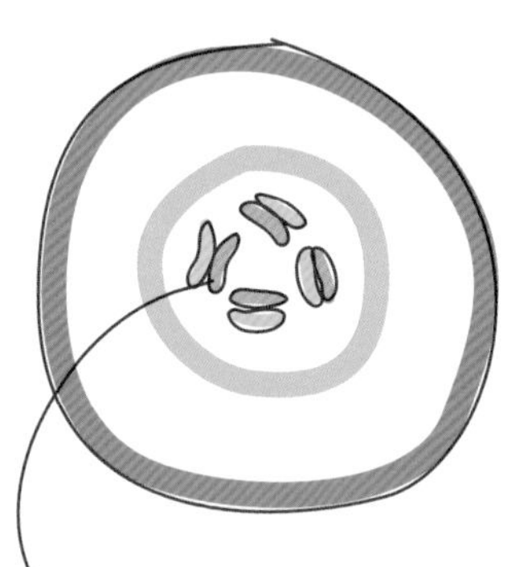

精子が卵と受精すると、**受精卵**と呼ばれる複相の細胞が作られる。23対の染色体、すなわち46本の独立した染色体が含まれている。細胞には、母親と父親の遺伝物質が混在している。

有性生殖と無性生殖の長所と短所

有性生殖では、配偶者を見つけて繁殖するのに多くの時間とエネルギーが必要である。利点は、子が両方の親から混合されたDNAを受け継ぐことであり、これは**種の遺伝的多様性**につながる。つまり、同じ種の生物が皆それぞれわずかに異なるDNAを持っている。これは、種としての長期的な生き残りにつながる。
たとえば、新たな感染症が発生したとする。すべての子孫が同じDNAを持っていた場合、それらはすべて病気に負けて、全滅してしまう可能性があるが、子孫が遺伝的に多様である場合、一部は病気に強いものが含まれる可能性もあるので、種として生き残ることができるかもしれない。

動物の配偶子は精子や卵と呼ばれる。花を咲かせる植物の配偶子は花粉や卵と呼ばれる。菌の配偶子は胞子と呼ばれる。

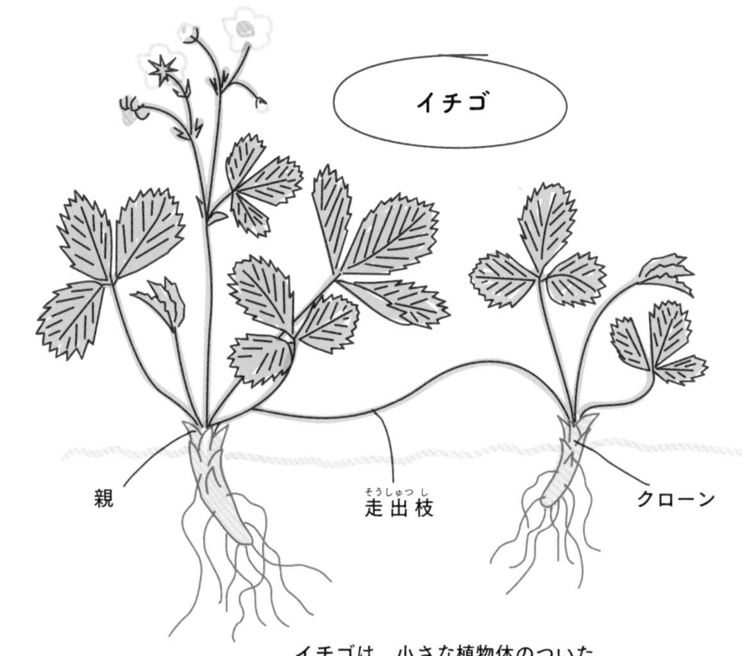

イチゴは、小さな植物体のついた走出枝を出して、無性生殖を行う

無性生殖

無性生殖では、親は1個体である。よって、生まれた子は、遺伝的に親と同一である。それらはクローンとして知られる。細菌などの原核生物は、一部の植物や動物と同様に、無性生殖によって繁殖する。

スイセン

親

スイセンは地下に貯蔵器官を成長させ、それが後に新しい植物へと成長する

受精によらずに子が作られる

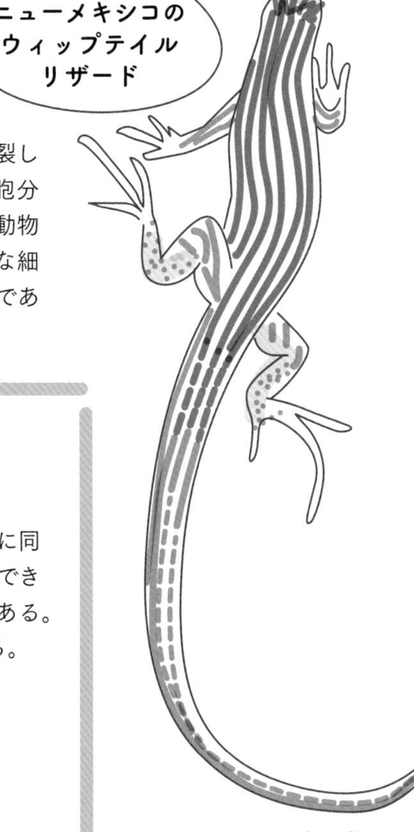

ニューメキシコのウィップテイルリザードというトカゲは、すべてメスである。未受精卵が成体になることにより、無性生殖を行う。これを**単為生殖**という。無性生殖において、配偶子同士の結合はない。遺伝情報が混ざり合うこともないので、親と子は遺伝的に同一である。

無性生殖は、単一の細胞が分裂して同一のコピーを作る体細胞分裂によって起こる。これは、動物や植物が成長のために新たな細胞を作るのと同じメカニズムである。

無性生殖では、親は1個体だけである。子を残す上で配偶者を見つける必要がないため、有性生殖よりもエネルギーを消費しない。これにより、有性生殖よりも速く、多くの個体を迅速に作り出すことができる。しかし、無性生殖で生まれた子はすべて遺伝的に同一なので、環境の変化に対処できずに全滅してしまう恐れもある。これが無性生殖の欠点である。

性決定

性別は、性染色体と呼ばれる２本の染色体により決定される。それぞれラベリングされ、区別されている。たとえば、ヒトの性染色体はX染色体とY染色体と呼ばれる。ヒトには23対の染色体がある。23番目の対は性染色体である。性染色体は大きさが全く異なる場合がある。ヒトの場合、Y染色体はX染色体に比べ、非常に小さくなっている。

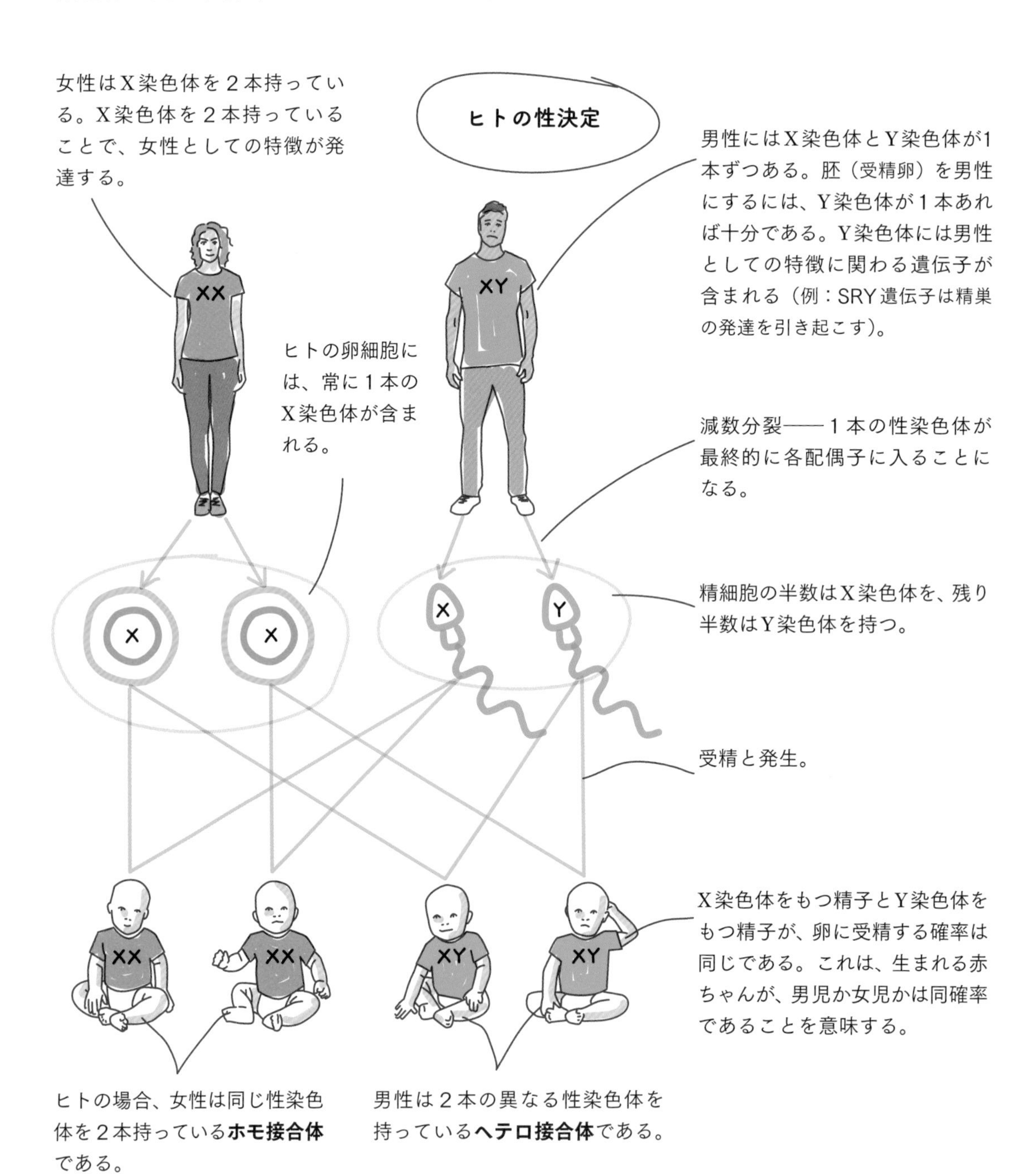

ヒトの場合、女性は同じ性染色体を２本持っている**ホモ接合体**である。

男性は２本の異なる性染色体を持っている**ヘテロ接合体**である。

種が異なれば、性染色体が異なる場合もある。鳥、魚、一部の昆虫や爬虫類は、Z性染色体とW性染色体を持つ。ここで、子の性別を決定するのは、Z染色体とW染色体の組み合わせである。

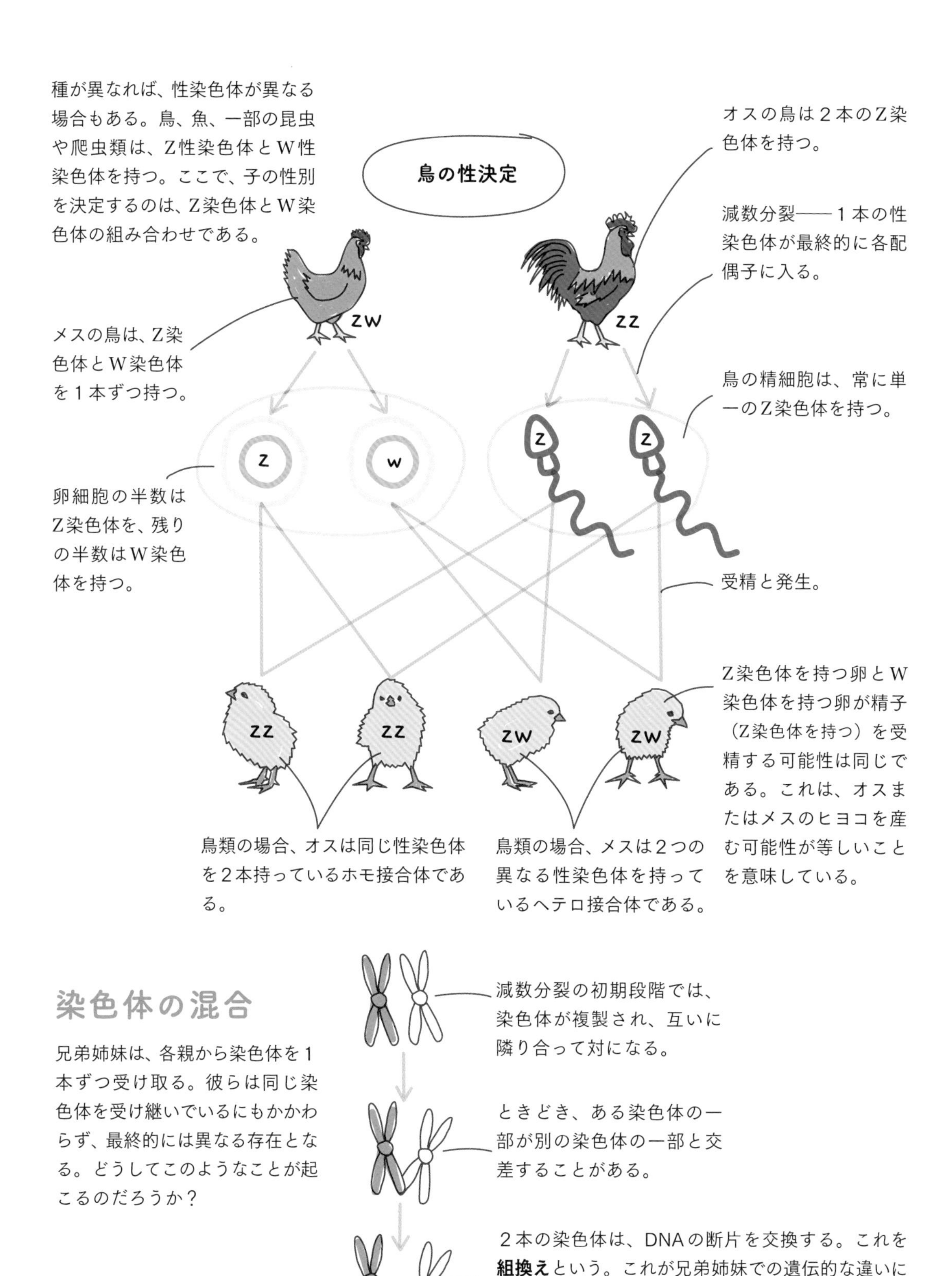

オスの鳥は2本のZ染色体を持つ。

減数分裂——1本の性染色体が最終的に各配偶子に入る。

メスの鳥は、Z染色体とW染色体を1本ずつ持つ。

鳥の精細胞は、常に単一のZ染色体を持つ。

卵細胞の半数はZ染色体を、残りの半数はW染色体を持つ。

受精と発生。

Z染色体を持つ卵とW染色体を持つ卵が精子（Z染色体を持つ）を受精する可能性は同じである。これは、オスまたはメスのヒヨコを産む可能性が等しいことを意味している。

鳥類の場合、オスは同じ性染色体を2本持っているホモ接合体である。

鳥類の場合、メスは2つの異なる性染色体を持っているヘテロ接合体である。

染色体の混合

兄弟姉妹は、各親から染色体を1本ずつ受け取る。彼らは同じ染色体を受け継いでいるにもかかわらず、最終的には異なる存在となる。どうしてこのようなことが起こるのだろうか？

減数分裂の初期段階では、染色体が複製され、互いに隣り合って対になる。

ときどき、ある染色体の一部が別の染色体の一部と交差することがある。

2本の染色体は、DNAの断片を交換する。これを**組換え**という。これが兄弟姉妹での遺伝的な違いにつながるのだ。

配偶子が作られると、すべてわずかに異なる染色体が含まれる。

突然変異

遺伝子コードにエラーが生じることがある。このエラーは「突然変異」と呼ばれる。変異の一部は遺伝し、それらは親から子に渡される。いくつかの突然変異は自然に起こる。

細胞が分裂しているときにミスしてしまうことがある。汚染や放射線などの環境要因によって**突然変異**が起こることがある。

突然変異は、遺伝子における塩基の並び順を変えてしまう。その結果、同じ遺伝子に異なるバージョンが存在する**遺伝的変異**が起こる。塩基はアミノ酸を指定し、タンパク質を構築する。突然変異によってアミノ酸が変化する場合、異なるタンパク質が作られる場合がある。突然変異には、置換、挿入、欠失といったさまざまな種類がある。

突然変異はよく起こる。そしてそれらのほとんどは、タンパク質を作る上で、ほとんど、あるいは全く影響を与えない。タンパク質は大きな分子なので、そうした小さな変化では本来の機能に影響しない場合が多い。ただし、大きな影響を及ぼすこともある。突然変異によっては、タンパク質の形状が変化し、正常に機能しなくなる場合である。たとえば、酵素は非常に特殊な形状を持つ複雑なタンパク質であり、形状が変化することで、酵素がその標的に結合できなくなり、効果が発揮できなくなってしまう。

遺伝子コードには4つの塩基があり、64の可能な異なるトリプレットの組み合わせがある。しかし、アミノ酸は20種類しかない。したがって、1種類のアミノ酸を指定するトリプレットが複数存在する。

アミノ酸には、アラニンやスレオニンなどの名称がつけられている。塩基のトリプレットがそれぞれのアミノ酸を指定する。

突然変異

置換　1つの塩基が別の塩基に置換される（例：TからGへ。これにより、別のアミノ酸が指定される可能性がある）。

フェニルアラニン　スレオニン　アラニン

元のコード　T T T　A C T　G C A　T

変異したコード　T T G　A C T　G C A

ロイシン　スレオニン　アラニン

挿入　DNA配列に塩基が追加されたことで、読み枠が後ろへずれ込んでしまう。その結果、多くのアミノ酸が変化する可能性がある。

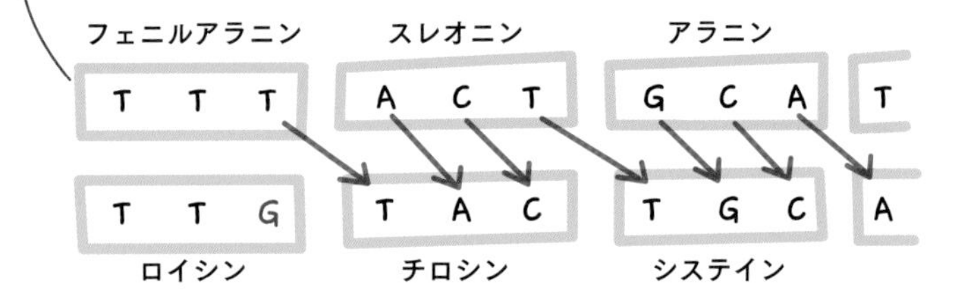

欠失　配列から塩基が失われたことで、読み枠が前にずれ込んでしまう。その結果、多くのアミノ酸が変化する可能性がある。

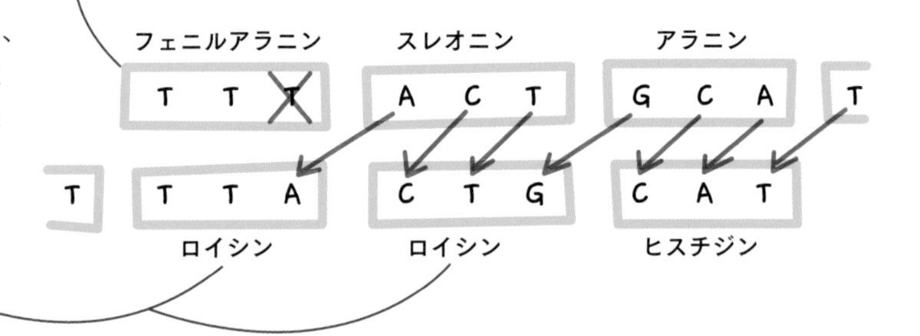

遺伝性疾患

配偶子の中に突然変異がある場合、それが親から子へと受け継がれることがある。場合によっては嚢胞性線維症や鎌状赤血球症といった**遺伝性疾患**を引き起こす可能性がある。ほとんどの遺伝性疾患は、潜性対立遺伝子によって引き起こされる。しかし、ハンチントン病やマルファン症候群のように、顕性対立遺伝子によって引き起こされるものもある。

嚢胞性線維症は、キーとなる遺伝子に変異がある場合に発症する。さまざまなケースがあるが、3つのヌクレオチドが欠落していることがほとんどである。これによって、肺や消化器官を詰まらせてしまうような厚く粘着性のある粘液が生成されることになる。そのため、肺の感染症や、食べ物の消化に問題が生じる。なお、嚢胞性線維症は、潜性対立遺伝子によって引き起こされる。

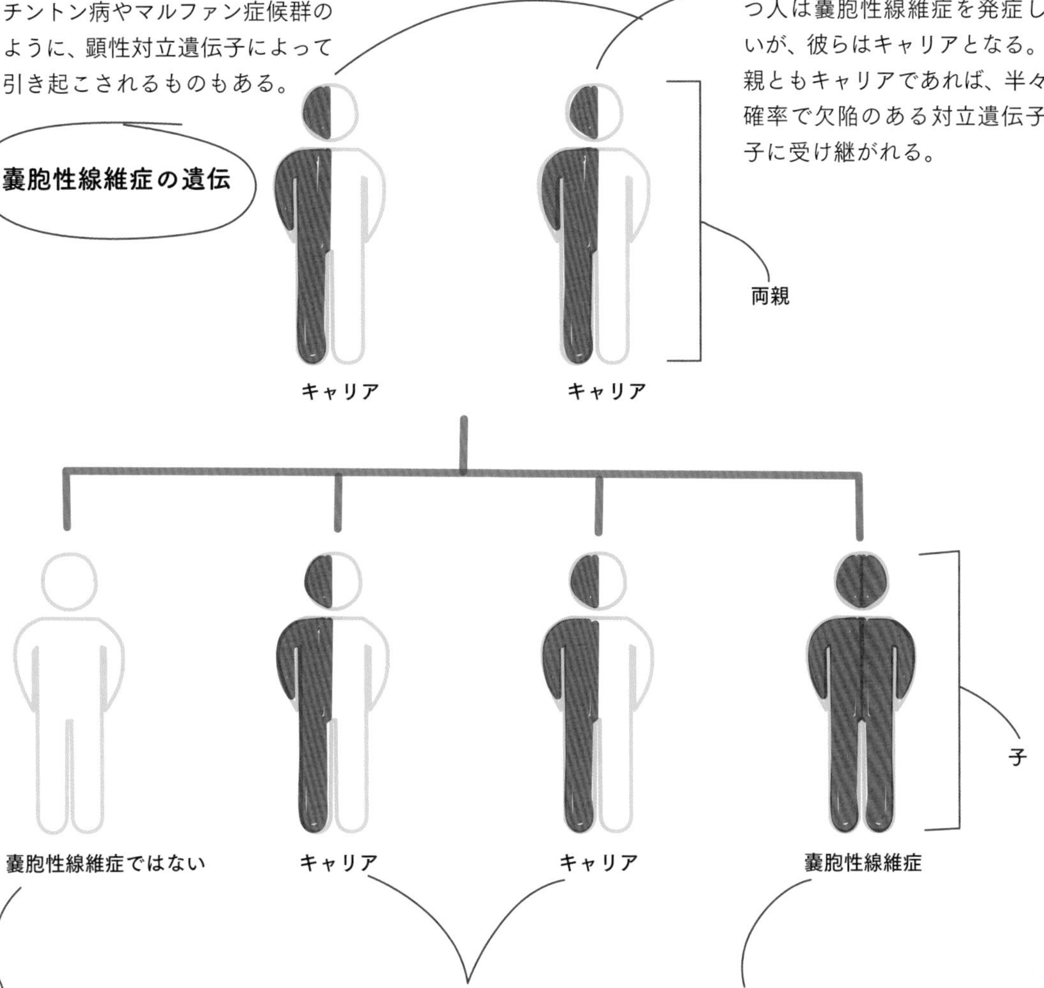

欠陥のある対立遺伝子を1つ持つ人は嚢胞性線維症を発症しないが、彼らはキャリアとなる。両親ともキャリアであれば、半々の確率で欠陥のある対立遺伝子が子に受け継がれる。

欠陥のある対立遺伝子を受け継がなければ、子は嚢胞性線維症を発症せず、この病気を背負うこともない。この確率は4分の1である。

欠陥のある対立遺伝子を1つ受け継いだ場合、その子は嚢胞性線維症を発症しないが、キャリアとなる。

もし子が欠陥のある対立遺伝子を2つ受け継いだ場合、嚢胞性線維症を発症する。ここでは、子がこの病気を発症する確率は4分の1である。

両親のどちらか、または両親ともに嚢胞性線維症で、欠陥のある対立遺伝子を2つ持つ場合、子がこの病気を受け継ぐ確率は再び変わる。片親だけが1つの欠陥遺伝子を持つ場合、その子らがこの病気を発症する確率もまた異なる。

ゲノム編集

現時点では、嚢胞性線維症などの遺伝性疾患を治すことはできない。症状はある程度コントロールできるが、根底にある遺伝的原因は変わらない。そこで、生物学者らは、ゲノム編集という新技術がこれを変え得るのではないかと考えている。

ゲノム編集は、生物のDNAを精確に変更するための方法である。**CRISPR-Cas9**（Clustered Regularly Interspaced Short Palindromic Repeats / CRISPR-AssociatedProteins 9）という安価で簡単に行うことができる方法が最も広く使用されている。

CRISPR-Cas9による ゲノム編集

CRISPR-Cas9は分子のハサミを使用するようなものだ。DNA鎖を切り離してから、DNAの個々の塩基を追加したり、取り除いたり、別のものに変更するために使用できる。

科学者の一部は、ゲノム編集が遺伝性疾患の治療に大きな可能性を秘めていることに気づいているだろう。しかし、生殖細胞系列遺伝子治療のためにヒトゲノムを編集する場合、倫理的な懸念が生じる。倫理上・安全上の懸念から、生殖細胞や胚のゲノム編集は現在、多くの国で違法とされている。

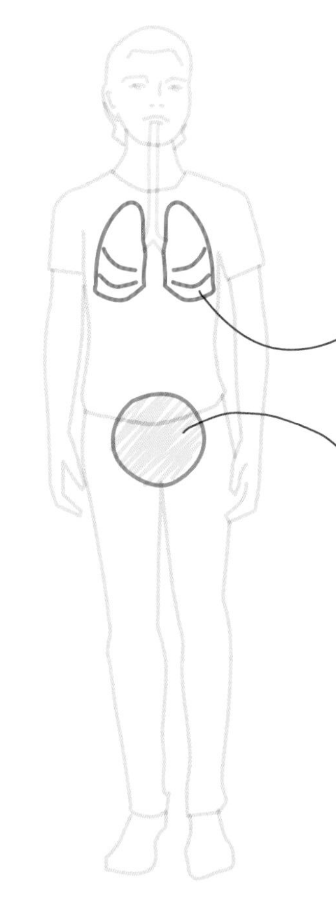

将来的には、CRISPR-Cas9を使用して、特定の体細胞内のDNAを編集できるようになる可能性があり、これを**体細胞遺伝子治療**という。体細胞（精子や卵細胞以外の体内の細胞のいずれか）を対象としている。嚢胞性線維症の人の肺細胞内のDNAを変更するのに利用可能である。これにより、症状が緩和される可能性がある。

CRISPR-Cas9は、精子と卵の内部のDNAを編集するのにも利用でき、**生殖細胞系列遺伝子治療**と呼ばれる。その変更は次世代に引き継がれる。嚢胞性線維症の対立遺伝子に欠陥がある人の配偶子を変更するのに使用できる可能性がある。これは、彼らの子が病気を受け継がないことを意味する。すなわち、障害の永久的な治療法になる。

ゲノム編集のその他の用途

ゲノム編集は、医学研究の分野で最も広く使用され、遺伝子機能の研究、疾患の動物モデルの作成、新しい治療法の開発に使用されている。

また、グルテンフリーの小麦、何もつけなくてもスパイシーなトマト、アレルギー対応食品などの製品を作るための技術にも使用されている。農業では、ウシやヒツジを「増強」し、特定の病気に耐性のある動物の系統を作り出すために、ゲノム編集が使われている。

CRISPR-Cas9の実際の用途として、エネルギー効率の高いバイオ燃料を作るために藻類のDNAを編集している。そのほか、最も過激な用途として、**脱絶滅**という試みがある。脱絶滅とは、すでに絶滅した種を生き返らせるということである。

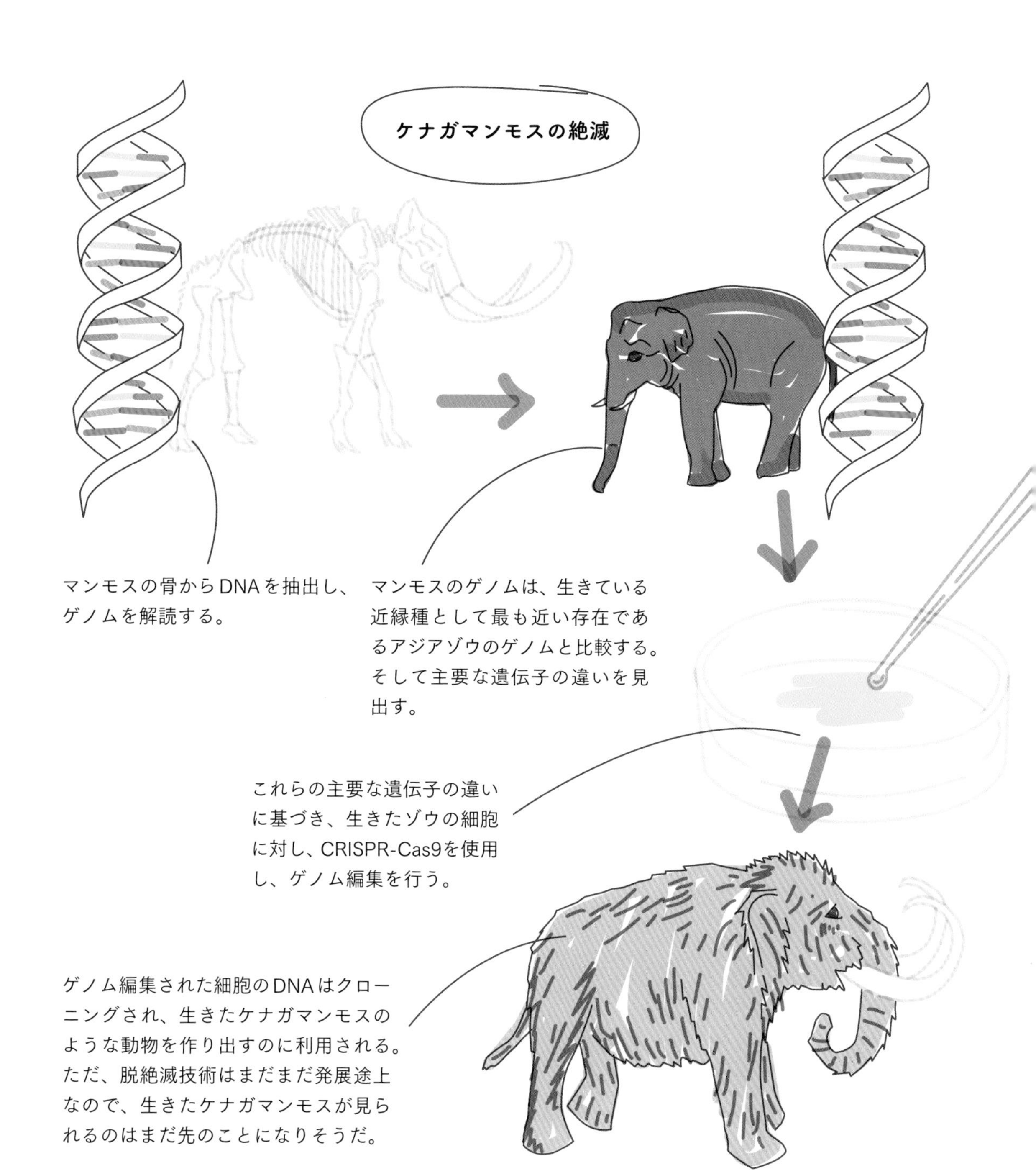

生まれか育ちか

血縁関係のない人同士でゲノムを比較すると、99.5％以上が同一である。一卵性双生児のゲノムはさらに似ている。しかし、皆、独自の個性、興味、病気を持つ個別のヒトになる。私たちは多くのDNAが共通なのに、どうしてこういうことが起こるのだろうか？　それはすべて生まれか育ちかによるものである。

生まれ

生物は、細胞内のDNAの影響を受けている。

1つの遺伝子によって特徴が決まる場合もあるが、それは稀なことである。たとえば、赤緑色覚多様性は、1つの遺伝子の変異によって引き起こされる。この人は、赤、緑、茶色を区別するのが困難になる。

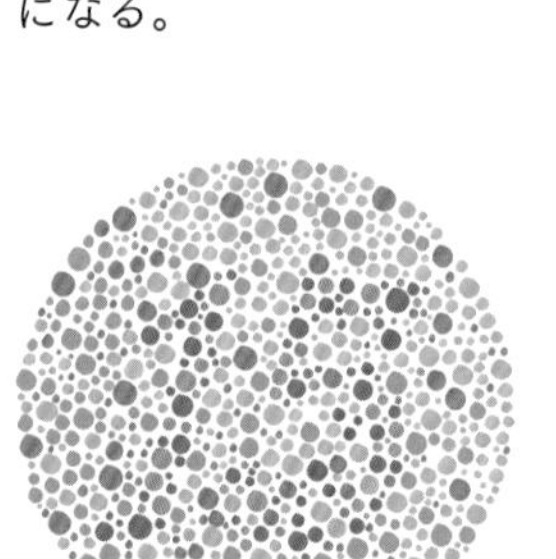

大部分の特徴は、多くの異なる遺伝子の影響を受けている。知性、肥満など複雑な特徴に関わる単一の遺伝子は存在しない。むしろ、数百、数千もの異なる遺伝的変異が複合的に影響している。

双子の研究

双子の研究は、生まれや育ちの相対的な重要性を解明するために行われる。

- 1つの受精卵が分裂してできる**一卵性双生児**は、同じDNAを持っている。

- 別々の精子が別々の卵と受精してできた**二卵性双生児**は、DNAの半分が同じである。

双子はまた、同じ環境で成長する傾向にある。ある特徴に遺伝的要素がある場合、一卵性双生児はそうでない双生児よりもその特徴を共有する可能性が高いと考えられる。何千もの双子に関する研究が行われてきた。その結果、走る速さからコーヒーが好きかどうかまで、ほぼすべてのことに遺伝子が影響していることが明らかとなっている。

生い立ちや環境は、私たちに大きな影響を与える。公害の多い地域で育つと、のちに呼吸器系の病気に苦しむ可能性が高くなる。楽器を演奏する両親の元で育つと、自分で楽器を演奏する可能性が高くなる。

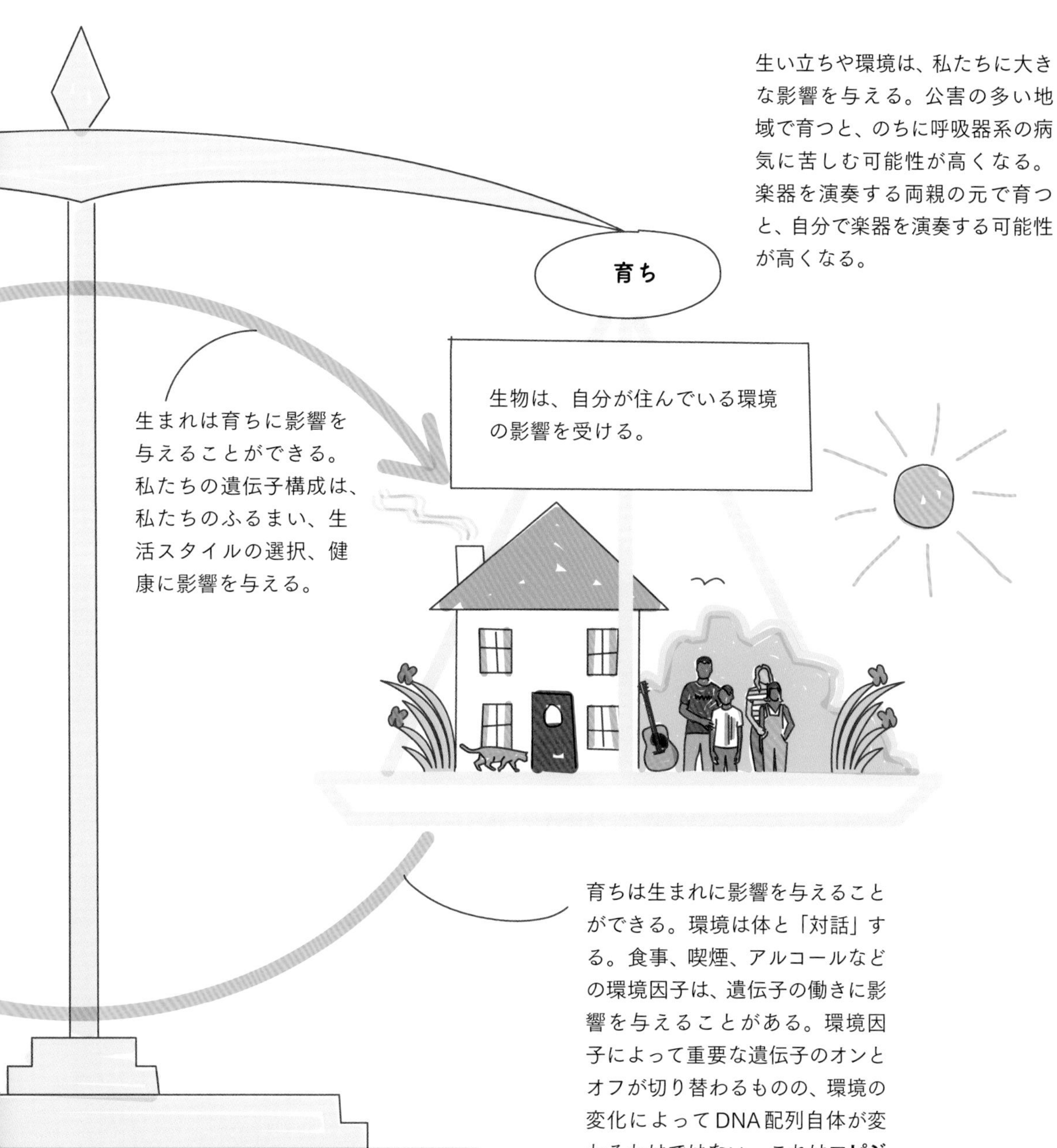

育ちは生まれに影響を与えることができる。環境は体と「対話」する。食事、喫煙、アルコールなどの環境因子は、遺伝子の働きに影響を与えることがある。環境因子によって重要な遺伝子のオンとオフが切り替わるものの、環境の変化によってDNA配列自体が変わるわけではない。これは**エピジェネティック**な変化と呼ばれる。

偶然もまた、私たちの成り行きに大きな影響を与える。偶然の出来事には、特定の遺伝子の自然変異などの内的なものと、交通事故などの外的なものがある。このような出来事は、私たちの生態や行動を変え、それが遺伝子の活性パターンを変え、それがさらに私たちの生態や行動を変える可能性を秘めている。

双子の研究から、これらの特徴のほとんどが実際には遺伝子によって決まっているわけではないことがわかってきた。環境も重要な役割を果たしている。身長や眼の色など、遺伝の影響をより強く受ける特徴もある。また、数学的能力や依存症など、私たちが育ってきた環境の影響をより強く受けるものもある。生まれも育ちもどちらも関わっているのだ。

まとめ

遺伝学

継承

対立遺伝子

同じ遺伝子の異なるバージョン。顕性対立遺伝子は1つか2つあれば効果を発揮する。潜性対立遺伝子は、2つそろったときにのみ効果を発揮する。

組み合わせ

同じ対立遺伝子が2つある＝ホモ接合体。異なる2つの対立遺伝子＝ヘテロ接合体。

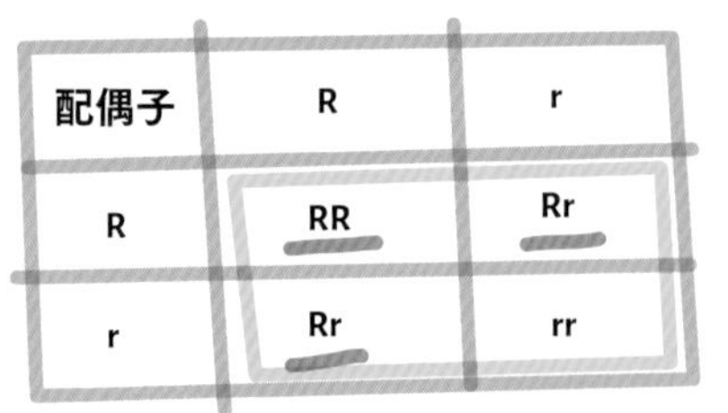

配偶子	R	r
R	RR	Rr
r	Rr	rr

パネットの方形

メンデルの遺伝の法則に沿って遺伝的な結果を予測するために使用される表。

生殖

配偶子

性細胞（例：卵、精子）。単相、つまり染色体を1セット持つ。

有性生殖

2個体の親から子が生まれる。単相の配偶子同士が結びつく。子は親と遺伝的に異なる。

無性生殖

1個体の親から子が生まれる。複相の配偶子が複製される。子は親と遺伝的に同一である。

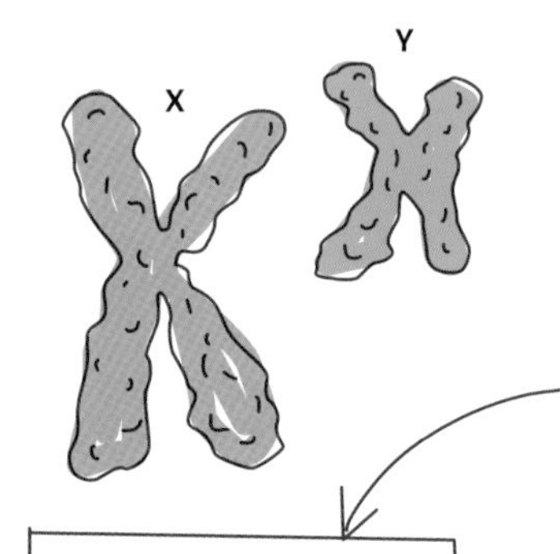

性染色体

性別を決定する。ヒトはX染色体とY染色体、鳥はZ染色体とW染色体。

突然変異

遺伝性疾患

親から子に受け継がれる。多くは潜性対立遺伝子によって引き起こされる（例：嚢胞性線維症）。

遺伝的変化

自然発生的なものと遺伝的なものとがある。ほとんどは両方である。病気を引き起こすものもある。

DNA

二重らせん

はしごは相補的塩基対（C-G、A-Tの組み合わせ）でできている。

遺伝子

タンパク質を指定するDNA配列。ヒトには約20,000個の遺伝子がある。

染色体

組織化されたDNAのカタマリ。ヒトには23対ある。

ゲノム

生物の全遺伝物質。ヒトゲノムには約30億の塩基対が含まれている。

ゲノム編集

CRISPR-Cas9

DNAを精密に付加したり、削除したり、変更したりできる。

医学研究

遺伝性疾患の治療の可能性。体細胞遺伝子治療、あるいは生殖細胞系列遺伝子治療。

その他の用途

遺伝子組換え植物や脱絶滅（例：ケナガマンモス）。

性別の決定

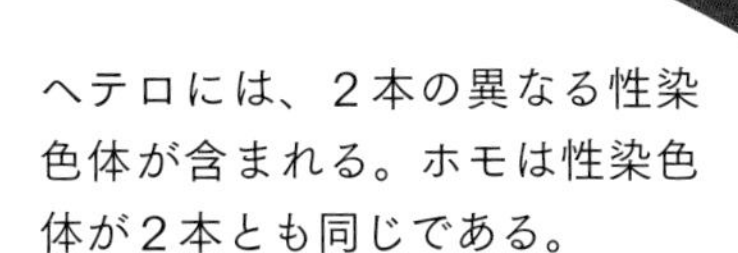

ヘテロかホモか

ヘテロには、２本の異なる性染色体が含まれる。ホモは性染色体が２本とも同じである。

組換え

染色体が入れ替わることで遺伝的変異が生じる。

Chapter

4

進化

自然選択による進化論は、史上最も堅固な科学理論の１つである。１世紀以上にわたる厳密なエビデンスによって裏づけられている。すべての生物が30億年以上前に出現した１種類の単純な生物からどのように派生してきたか、地球上のすべての種がどのように誕生したか、そして生物が時代とともにどのように変化し続けているかを説明している。この章では、この魅力的で重要な理論について詳しく学ぶ。

チャールズ・ダーウィンとビーグル号の航海

2人の英国の科学者が独自に進化論を思いついた。彼らはチャールズ・ダーウィンとアルフレッド・ラッセル・ウォレスだった。1858年に、彼らは別の記事で観察結果を発表したが、どちらの論文もほとんど見過ごされていた。翌年、ダーウィンは著書『種の起源』を出版し、その考えが広まり、進化論は彼の名前と永遠に結びついた。

ダーウィンの考えは、ビーグル号での航海中に具体化された。彼は、船が南アメリカ周辺海域を探索中に目にした野生生物を詳細に観察した。

ダーウィンはガラパゴス諸島でフィンチを研究した。島によって生息する種が異なるが、これらの種のいくつかは表面的には似ているものの重要な違いがあることに彼は気づいた。

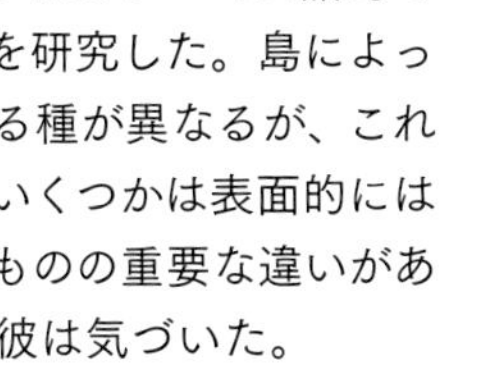

ガラパゴス諸島

ガラパゴス諸島は十数個の島々からなる群島。

南アメリカ大陸

ダーウィンフィンチ

フィンチのなかには、昆虫を捕まえて食べるのに役立つような、狭く先の尖ったくちばしを持つものがいた

フィンチのなかには、種子を割って開くのに役立つような、太く湾曲したくちばしを持つものがいた

フィンチのなかには、サボテンを引き裂いて食べるのに役立つような、長く鋭いくちばしを持つものがいた

フィンチがすべて近縁種であり、共通の祖先を共有していることにダーウィンは気づいた。フィンチがそれぞれの島で過ごし、それぞれの環境に適応していくなかで、それぞれに違いが生じてきたのである。他の実験や化石の研究とともに、ダーウィンが「自然選択による進化論」を提唱することへとつながっていった。

自然選択による進化

生物が時代とともにどのように変化するかを説明する進化論は、最も重要な科学理論の１つである。進化は、３つの重要な要素（変異、自然選択、遺伝）によって支えられているとされる。

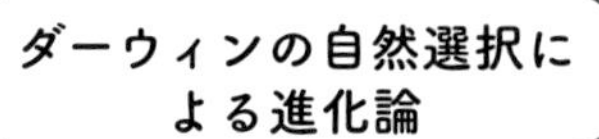

変異　同種の生物同士はすべて大まかに似ているが、重要な違いが存在する。たとえば、体が大きい個体、小さい個体、干ばつに強い個体、寒さをしのぐことができる個体などである。このような観察可能な形質上の違いを**表現型**という。

ハンミョウには灰色無地の個体と、まだら模様の個体がいる。生存する上で助けとなるような特色を持つ個体が生じてくることを**適応**というが、ハンミョウに見られるまだら模様は適応の結果である。

自然選択　環境に最も適した個体は、生き残り、繁殖する可能性が高くなる。ダーウィンはこれを**適者生存**と呼んだ。あまり環境に適していない個体は、生存・繁殖の可能性が低くなる。

まだら模様はカモフラージュの役割を果たす。つまり、まだら模様になっていることで、敵に食べられる可能性が低くなり、繁殖の可能性が高くなる。無地のほうが目立つので、食べられる可能性が高くなり、繁殖する可能性は低くなる。次第に、まだら模様のハンミョウがより一般的になり始め、無地のハンミョウはあまり一般的ではなくなり始める。

遺伝　成功した適応は、個体から子に渡され、子はそれをさらに子孫へと渡すことが可能である。ダーウィンは、この考えのことを「**世代を超えて伝わる変化**」と呼んだ。

やがて、無地のハンミョウはいなくなり、まだら模様のハンミョウが取って代わる。すなわち、ハンミョウは進化したといえる。

今日、形質的な変異が遺伝子変異によって引き起こされることがわかっている。生物のDNAの変化は、表現型の変化につながる。その結果、有用なものか、有害なものか、中立的なものか、色々な多様性が生じうる。

ダーウィンの理論に対する反応

『種の起源』が最初に出版されたとき、人々はダーウィンをバカにしていた。ビクトリア時代の雑誌には、サルの体をしたダーウィンのイラストも掲載された。
当時、進化論は次のような理由で物議を醸（かも）していた。

- ダーウィンの理論を裏づける証拠が不十分だと考えていた人もいた。
- 今日、私たちは生物が繁殖する際に遺伝子が受け継がれることを知っているが、当時は「何」が受け継がれているのか、正確には誰も知らなかった。
- 進化論は、神が地球上のすべての生物を創造したという当時広く信じられていた信念と矛盾していた。

人々はダーウィンを誤解していた。彼らは、ヒトがサルから進化したとダーウィンが信じているのだと考えていたが、ダーウィンの理論では、ヒトとサルは長い間共通の祖先を共有していると予測していた。これは今日、多くの人が考えていることである。

ダーウィンの代案

19世紀、フランスの生物学者ジャン＝バティスト・ラマルクは、進化の代替理論を提案した。ラマルクは、動物が生きている間にどのように行動するかがその体に影響を与え、これらの変化は遺伝する可能性があると考えた。これを**ラマルキズム**と呼ぶ。しかしその後、ラマルクの理論は反証された。

有名な例として、ラマルクは、キリンが木のてっぺんの葉や小枝を食べようとしているうちに、世代を超えて長い首を進化させたことを示唆した。

種分化

遺伝子の突然変異は形質の変異を生み出し、それが有益な適応につながり、生存・繁殖の可能性を高める。時間が経てば経つほど、この過程は変化し、新たな種の進化へとつながっていくのである。

種とは、互いに繁殖し、繁殖力のある子孫を生み出すことができる類似した生物集団である。新しい種が形成されることを**種分化**という。

新種はさまざまな方法で形成されるが、一般的な方法は分離と隔離を伴う。

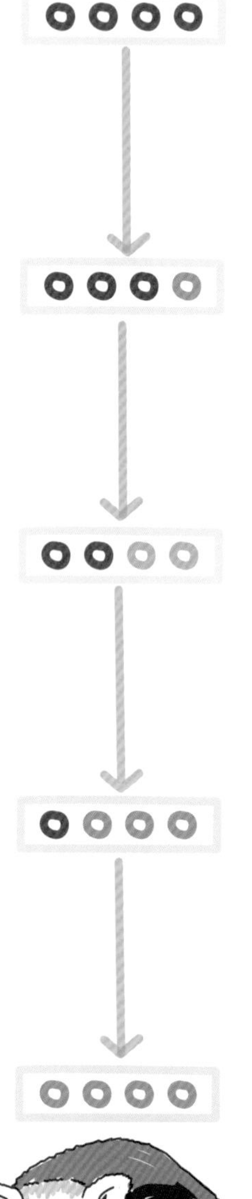

隔離

２つの生物集団が、山脈やダムなどの何らかの障壁によって物理的に離されること。たとえば、約25万年前、レッサーパンダの単一集団が川によって離された。

変異

突然変異が発生し、同一集団内で形質にばらつきが生まれる。その結果、レッサーパンダのなかに、毛色や尾の模様が異なる個体が現れる。

自然選択

川を挟んで両側で状況が異なる。たとえば、地域によって気候や地理が微妙に異なる。それぞれの場所で、「適者生存」して繁殖し、最も「適さなかった」ものは死滅する。川の片側にいるレッサーパンダは、毛が赤くなり、尾輪が縞(しま)模様に変化し、対岸のレッサーパンダは色が薄くなった。

遺伝

適応に成功した遺伝子は世代を超えて受け継がれる。２つの集団の遺伝的構成は、時間の経過とともにより多様になる。

種分化

異なる個体群の個体同士で交配の機会があったとしても、おそらく互いに興味を示さないか、繁殖力を有する子を産むことができないだろう。すなわち種分化が起こったのである。こうして現在、レッサーパンダには、シセンレッサーパンダ（*Ailurus styani*）とネパールレッサーパンダ（*Ailurus fulgens*）の2種類がいる。

絶滅

新しい種が生まれ、古い種は滅びる。種の「絶滅」は、その種の個体数がゼロになることである。種が環境変化に適応できない場合に起こる。科学者らは、これまでに存在した全種の99.9％以上が絶滅したと見積もっている。

絶滅は、以下のようなさまざまな理由で起こる可能性がある。

小惑星　恐竜は6500万年前に巨大な小惑星が地球に衝突したときに絶滅したと考えられている。これは極めてレアなケースである。

気候変動　ブランブルケイメロミスは、オーストラリアのグレートバリアリーフにある１つの島に生息するネズミだった。2019年に絶滅した。

病気　オーストラリアでは、タスマニアデビルと呼ばれる有袋類が、互いに争ったり嚙み合ったりすることで広がる感染症が引き金となって起こるガンのために絶滅の危機に瀕している。

外来種　外来種が在来種を駆逐してしまうことがある。オコジョやネズミなどの外来種が卵やヒナを食べたために、カカポは数が減少した。

人間活動　かつて中国の川にはヨウスコウカワイルカが生息していた。しかし、汚染され、乱獲され、川が船であふれかえったため、最近、ヨウスコウカワイルカは絶滅した。

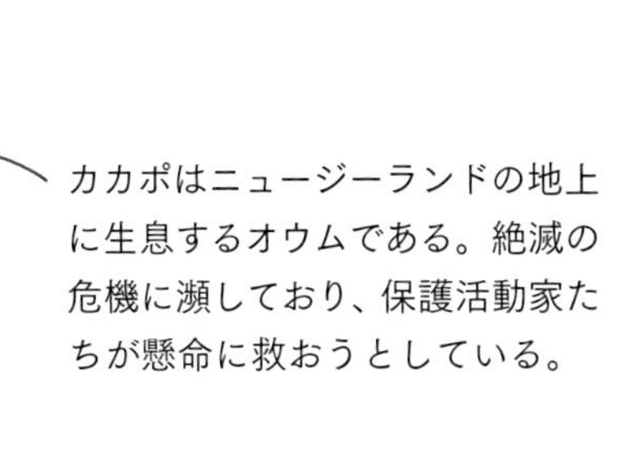

カカポはニュージーランドの地上に生息するオウムである。絶滅の危機に瀕しており、保護活動家たちが懸命に救おうとしている。

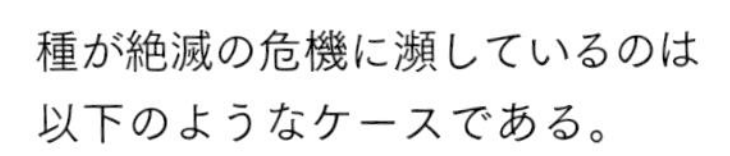

種が絶滅の危機に瀕しているのは以下のようなケースである。

- ケース１：残っている個体が少ない場合。たとえばカカポは約200羽しかいない。
- ケース２：生存している個体の遺伝的多様性があまりない場合。たとえば、今日のカカポはすべて、種分化したときの限られた数のカカポの子孫である。彼らはあまりにも近縁であるため、遺伝的多様性はごく限られている。

進化の証拠

自然選択による進化論は、現在では広く受け入れられている。これは、地球上の生物の豊かさと変化する性質を説明するための最良の理論である。進化論は、世界中の科学者らによって時間をかけて収集された多くの証拠によって裏づけられている。

化石はどのように形成されるのだろうか？

化石記録

化石は大昔の生物の生きた痕跡が保存されて、石化したものである。**化石記録**は、現存するすべての化石の総称である。時間の経過に伴う一連の生物の様子を提供し、科学者らが絶滅した種と進化の過程の両方を研究できるようにするために重要なものである。

生物が化石になるのはまれなことだが、条件が整えば、どんな生物でも岩の中に保存される可能性がある。科学者らは、動物、植物、菌、さらには細菌の化石を発見してきた。生物は、泥炭沼、タールの池、琥珀、氷の中でも保存されている。

化石記録は断片的で不完全なものである。それにもかかわらず、科学者らは多くの驚くべき化石を発見した。それらは、生物が時間の経過とともにどのように変化していくかを示している。

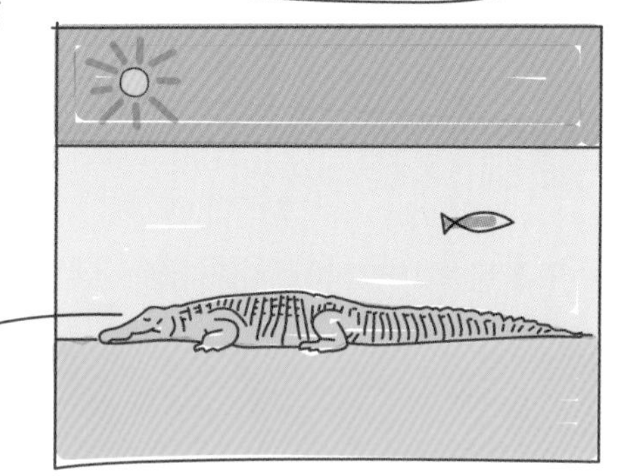

ワニが死んで川底に沈む。

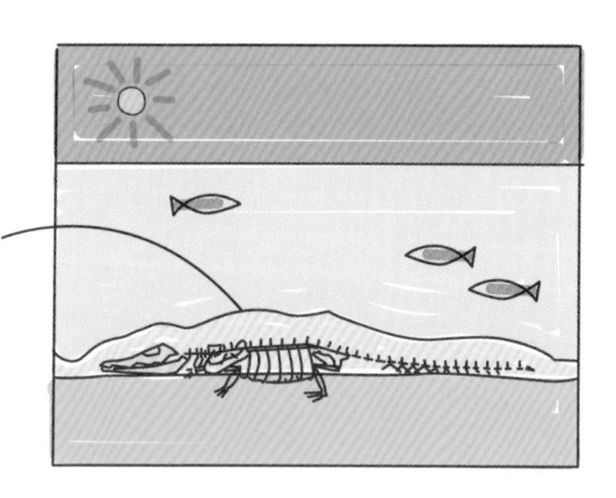

死んだ動物はすぐに**堆積物**と呼ばれる土砂の小さな粒子によって埋められる。柔らかい部分は腐敗し、骨や歯などの硬い部分は残される。

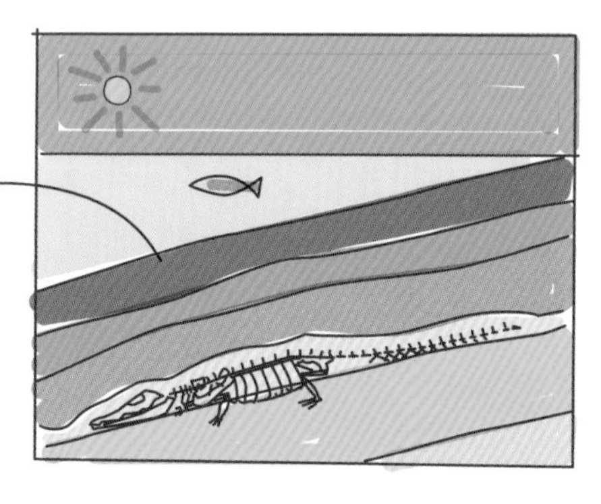

その上にさらに土砂の層が積み重なる。これにより、骨格が圧迫される。土砂からミネラルが骨にしみ込み、ワニの元となる生体分子と入れ替わる。そうやって何百万年もかけて、骨は石に変わる。

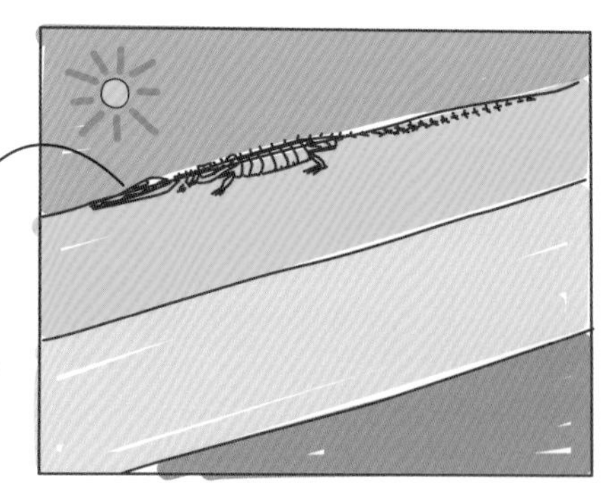

地殻変動などにより、海底が隆起し、露出する。岩の層は風と雨によって削られる。これは**侵食**という。そして、化石がついに姿を現すのである。

生物の複雑化

進化論では、地球上の生物のすべてが数十億年前に出現した単純な生物の子孫であり、進化が進むにつれて生物はより複雑になったと考えられている。この考えは化石記録によって裏づけられている。進化論は種が絶滅することも予測している。化石記録には、ティラノサウルス・レックスのような多くの絶滅した種が含まれている。また、遠い祖先と最近の子孫の特徴を併せ持つ中間的な生物の化石（**移行化石**）の存在も予測している。

始祖鳥は世界で最も有名な化石の1つである。カラスサイズの動物で、1億5000万年前に生息していた。

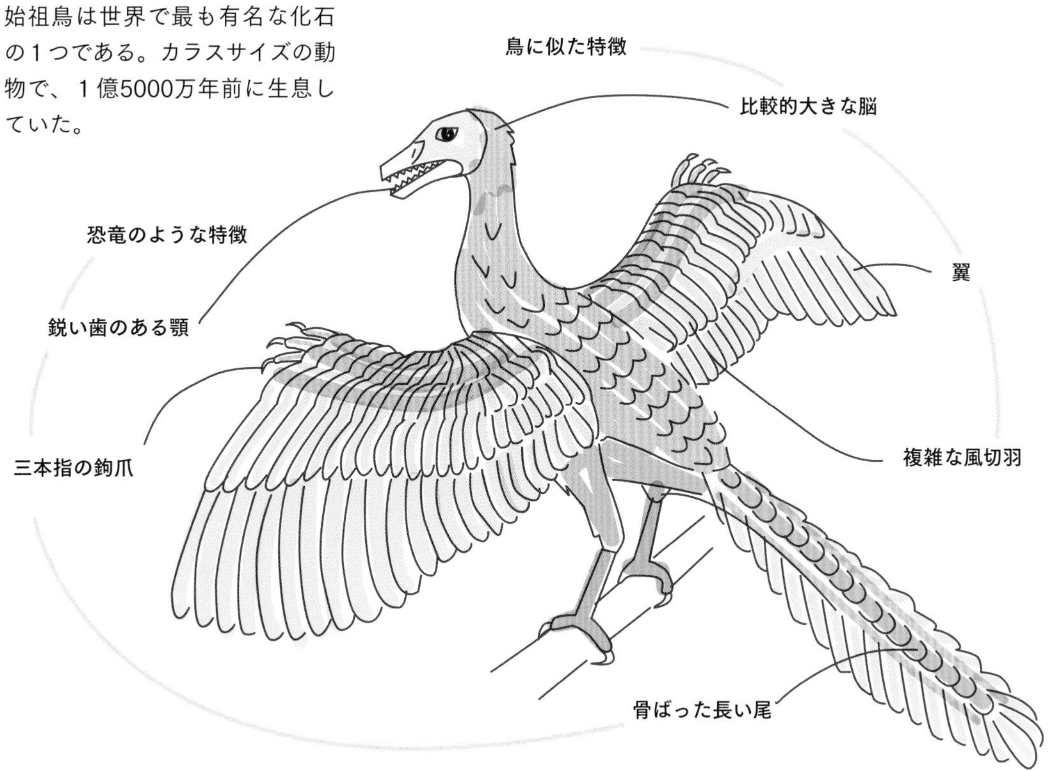

ダーウィンが1859年に『種の起源』を出版したとき、移行化石が見つかっていないことに悩まされた。たとえば、爬虫類（はちゅうるい）である恐竜がどのようにして鳥類へと変化していったのか、人々には想像しがたいことだった。その2年後、始祖鳥の化石が初めて発見された。始祖鳥は、恐竜と鳥類とをつなぐ「ミッシングリンク」として重要であり、ダーウィンの理論を支持するものだった。鳥類は獣脚類（じゅうきゃくるい）と呼ばれる2本脚の恐竜の子孫であることが広く受け入れられており、それ以来、他の多くの移行化石が発見されている。

進化のプロセス

進化は何千年、何百年もかけてゆっくりと変化が起こっていくものだとダーウィンは想像していた。しかし、しばしば私たちの目の前で進化が起こっているのを見ることができる。それは、進化論のさらなる証拠を私たちに提供してくれた。

オオシモフリエダシャク

オオシモフリエダシャクは進化の象徴である。環境の変化に応じて、生物がどのように適応し、進化していくのか、その様子を明確に示している。進化論を裏づけるものとして「ダーウィンのガ」とも呼ばれている。

産業革命以前

オオシモフリエダシャクは夜間に飛び、日中は休んでいる。

オオシモフリエダシャクはクリーム色で黒い斑点がある。

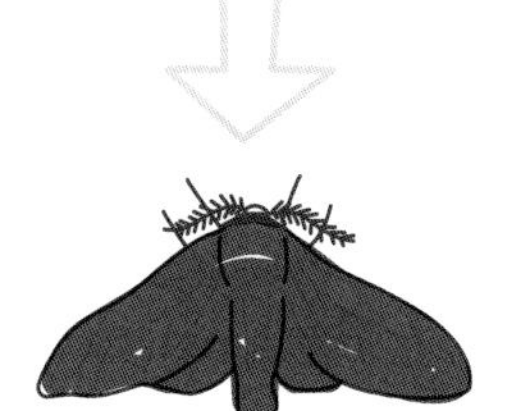

産業革命の間

日中オオシモフリエダシャクが休む木の幹に、工場の煙突から出た煤煙が付着した。

色素形成に関わる遺伝子がランダムに変異する。この突然変異を起こしたガは黒い翅（はね）を発達させる。

オオシモフリエダシャクは進化する。最初は珍しかった黒色は、カモフラージュに優れているため、次第に黒色の個体が多くを占めるようになる。クリーム色は、鳥に見つかりやすく、捕食されやすいため、あまり見かけなくなる。

産業革命後

大気浄化法が制定され、汚染が少なくなり、木の幹は通常の色に戻っていった。

オオシモフリエダシャクは進化する。鳥に見つかりやすいため、黒い個体はあまり一般的ではない。クリーム色の方がカモフラージュに優れているため、次第にクリーム色のものが多くを占めるようになる。

耐性菌

繁殖の早い小さな生物では、進化を比較的簡単に確認できる。細菌がその良い例である。抗生物質に耐性を持つ細菌の出現は、自然選択による進化の一例である。

抗生物質は医師から処方されるが、農業でも広く使用されている。家畜や作物の病気を予防するために使用されるのである。

抗生物質は細菌に対してのみ効果があるが、必要のないときに使用される場合もよくある。これにより、抗生物質が効かない耐性菌が発生するリスクが高まる。メチシリン耐性黄色ブドウ球菌（MRSA）もその1つである。MRSAはほとんどの抗生物質に耐性を持っているため危険である。

耐性菌の増加を抑えるためには……

- 医師は深刻な細菌感染症に対してのみ抗生物質を処方すべきであり、ウイルスには処方しないようにする必要がある。
- 患者は、処方されたすべての抗生物質を最後まで飲み切る必要がある。こうすることで、すべての細菌が確実に死滅するため、細菌は変異して耐性株を作ることができなくなる。
- 農業では抗生物質の使用を減らすべきである。

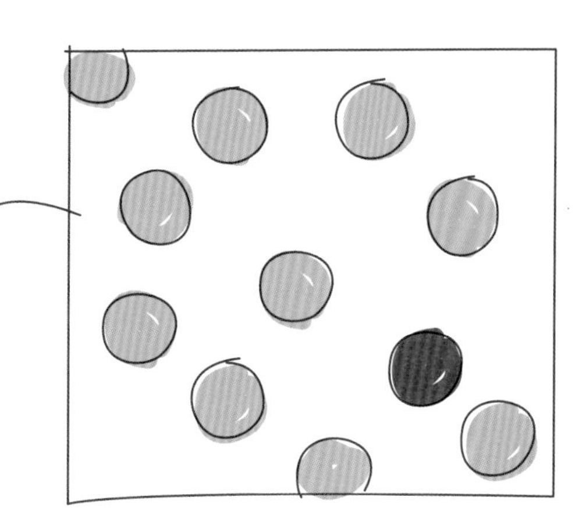

通常の細菌——細菌には、ランダムな変異を持つものがいる（赤色）。

細菌は抗生物質で処置される。通常の細菌の大部分を殺すが、変異し抗生物質に耐性を持つようになった細菌は殺せない。

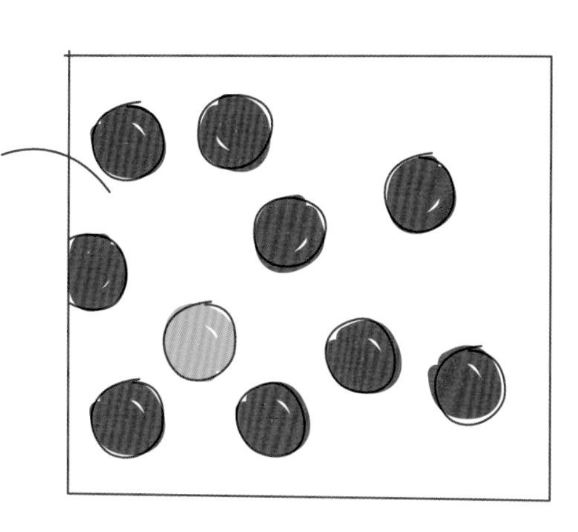

変異のない細菌は死ぬか、繁殖できなくなる。耐性菌は増殖し、より一般的になる。

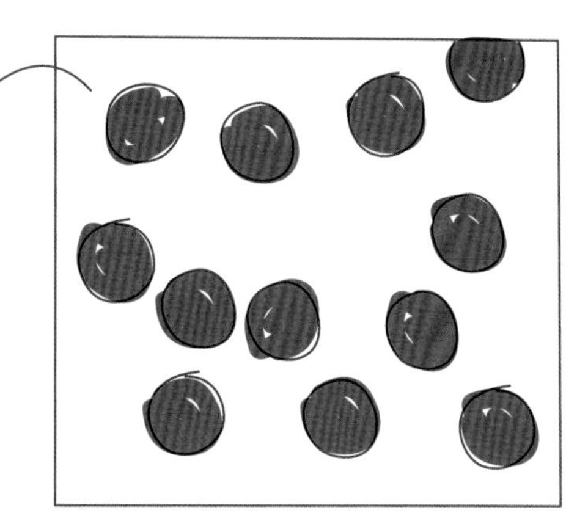

抗生物質に耐性を持つ細菌が新たに出現した。人々はそれに対する免疫を持っておらず、抗生物質がその細菌を殺すこともできないため、その細菌は広がっていく。

解剖学的特徴の共有

進化論が予測するように、地球上のすべての生物が同じ共通の祖先の子孫であるとすれば、近縁の生物はある程度解剖学的特徴を共有するはずである。異なる種が継承した同様の解剖学的特徴を共有する場合、それらは**相同器官**と呼ばれる。

ヒト、鳥、クジラは遠い祖先を共有しているため、外見は大きく異なるが、内部は似ている。
これらの骨はすべて似たような構造をした相同器官である。

鳥の翼

ヒトの腕

クジラの胸ビレ

相同器官

脊椎動物は背骨を持つ動物である。それらはすべて共通の祖先の子孫である。ゆえに、脊椎動物の胚はいずれも非常によく似ている。すべての脊椎動物の胚には尾がある。なかには、魚のように尾が発達したものもいれば、ヒトのように尾が発達しないものもいる。ヒトの場合、尾は**痕跡器官**と呼ばれる。痕跡器官とは、現在の目的にほとんど、あるいはまったく役立たない、遺伝的な特徴のことである。しかし、過去には、それらは有用な構造だったのである。

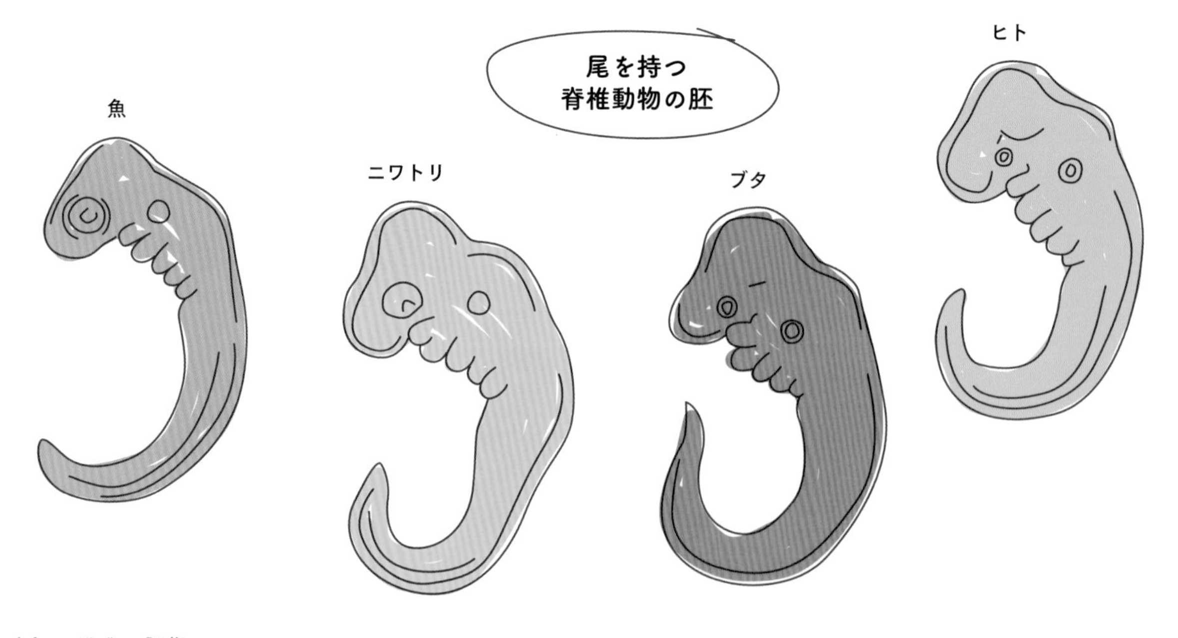

遺伝学的特徴の共有

すべての生物は、親から子へと世代を超えて受け継がれる同じ遺伝子コードを使用している。進化論は、地球上の全生物が同じ共通の祖先の子孫であると予測している。もしそうであれば、生物は遺伝学的な特徴も共有しているはずである。

遺伝学者らは多くの異なる種のゲノムを比較し、生物が多くの遺伝子を共有していることを発見した。たとえば、ヒトは細菌や植物などの他の生物と何千もの遺伝子を共有している。

近縁種は、遠縁種よりも多くの遺伝子を共有している。たとえば、私たちヒトは、他の種よりも多くの遺伝子をゴリラやチンパンジーなどの類人猿と共有している。これは、類人猿がヒトの近縁種であることを示唆している。この発見は、ヒトと類人猿との密接なつながりを示す化石記録によって裏づけられている。

研究者らは、生物がどのように進化し、さまざまな種が互いにどのように関連しているかを示すため、**進化系統樹**を描く。

下図のような進化系統樹は単純化されたものである。種同士が交配することもあるので、枝同士のつながりもある。だから、実際には樹というよりも、キイチゴのようにトゲの生えた低木のイメージである。

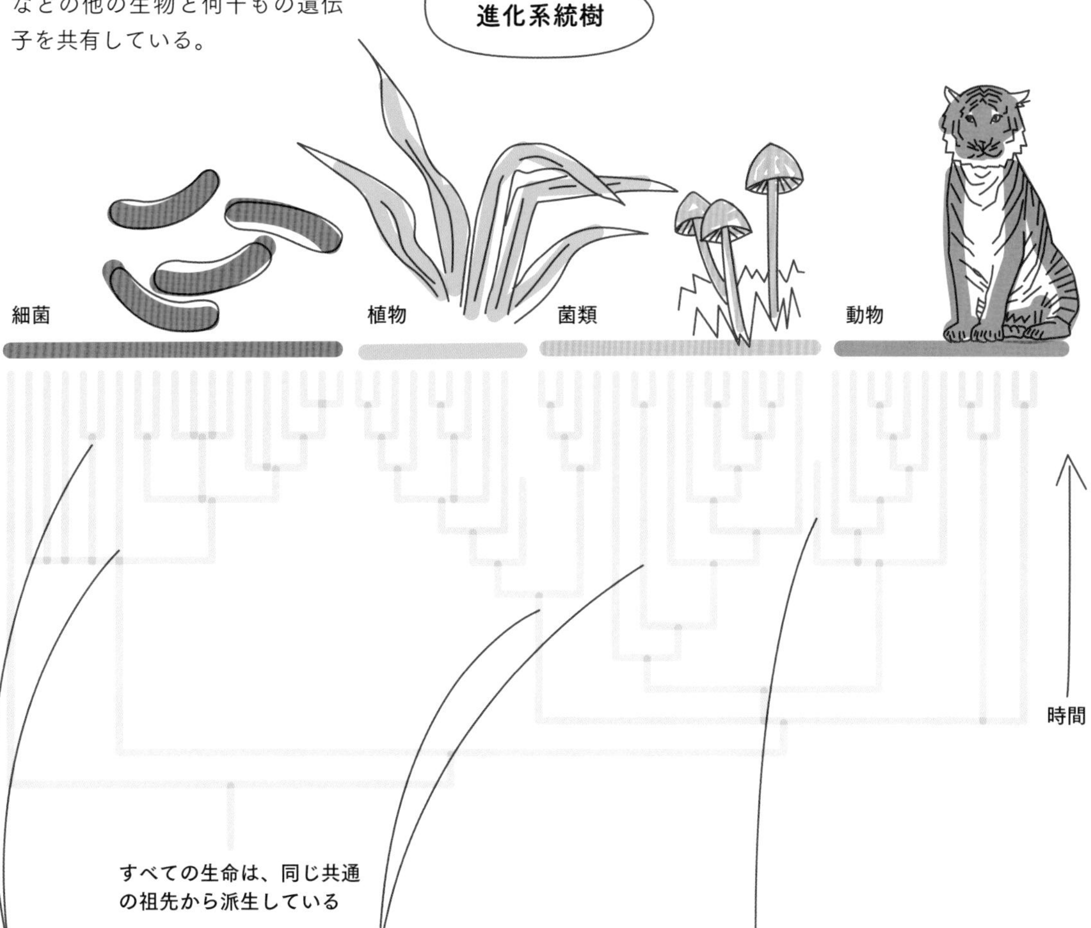

分岐点は、生物のさまざまなグループが「分岐」し、異なる経路へと進化し始める地点を表している。

2種類の生物が過去に同じ祖先を共有していた場合、これを**共通祖先**という。共通祖先は、進化系統樹の幹に見られる。

行き止まりは絶滅を意味している。

ヒトの進化

ヒトの進化の物語は、複雑で長く、新たな証拠が明らかになるたびに改良され続けている。私たちの種はホモ・サピエンスである。私たちは自分たちを「現代人」と呼んでいるが、これは私たちの前に関連するヒトやヒトに似た種がたくさん存在したためである。

人類の進化に関する年表

700万年前、人類とチンパンジーは共通の祖先を共有していた。その祖先が分岐した際、子孫の一部が現代の類人猿へと発展した。そしてその子孫がヒトになった。私たちは彼らとその全子孫をまとめて「**ヒト科**」と呼んでいる。

アウストラロピテクスは最初のヒト科動物だった。その後、さらに多くの種が続いた。ホモ属として知られる私たちのグループは、240万〜150万年前に出現した。ホモ・ハビリス、ホモ・エレクトス、ホモ・ネアンデルタレンシス（ネアンデルタール人）を含む少なくとも9種類のホモが存在した。

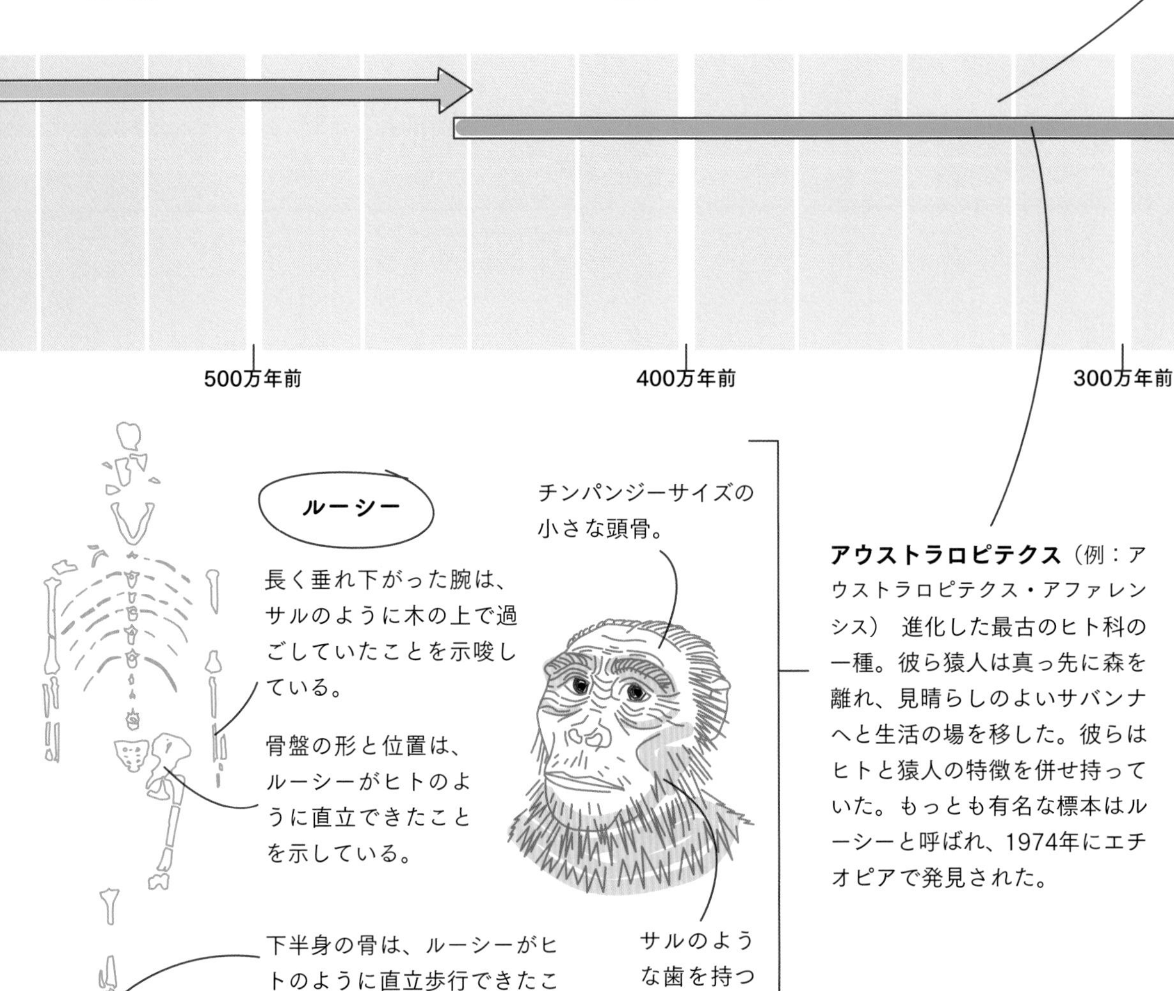

アウストラロピテクス（例：アウストラロピテクス・アファレンシス） 進化した最古のヒト科の一種。彼ら猿人は真っ先に森を離れ、見晴らしのよいサバンナへと生活の場を移した。彼らはヒトと猿人の特徴を併せ持っていた。もっとも有名な標本はルーシーと呼ばれ、1974年にエチオピアで発見された。

私たちの祖先は、石器を作り、使い始めた。

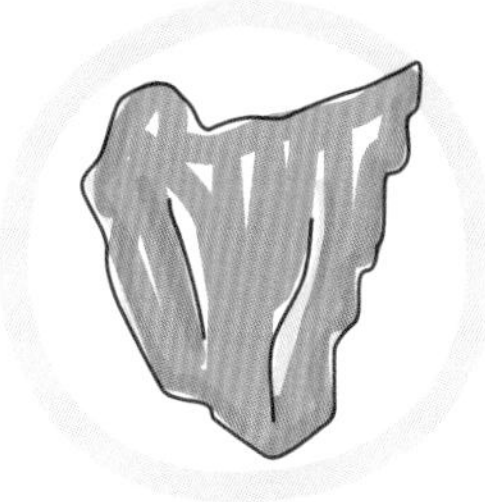

人類は火をコントロールし始めた。

人類が衣服を作り、身につけるようになった。

ホモ・ハビリス（「器用な人」を意味する） サルのような長い腕と、突き出た顎骨のある顔。アウストラロピテクスより頭骨が大きく、顔が小さい。

ホモ・エレクトス 体形は現代人に似ており、この種が地上での生活に適応していたことを示している。

ホモ・ハイデルベルゲンシス 寒冷地で生活した人類最古の種。背が低く、幅の広い体は、おそらく体温を維持するのに役立ったと考えられている。

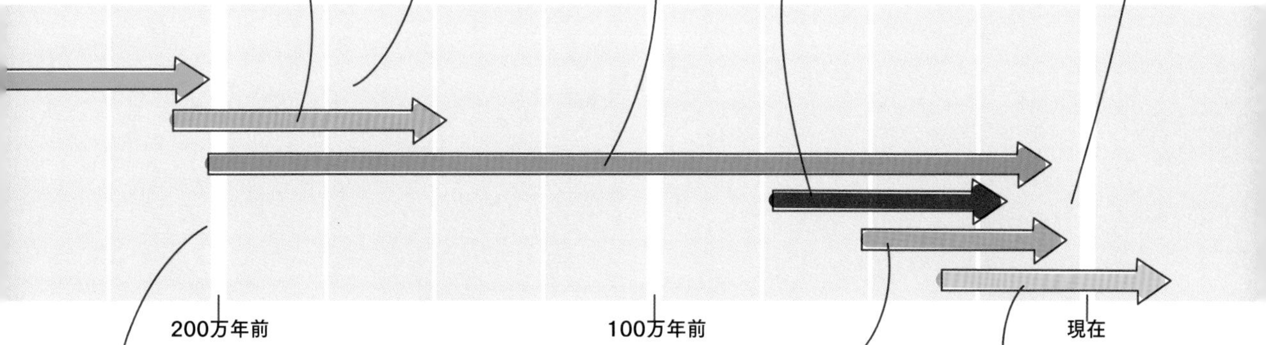

200万年前

100万年前

現在

古代人類が初めてアフリカを離れた。

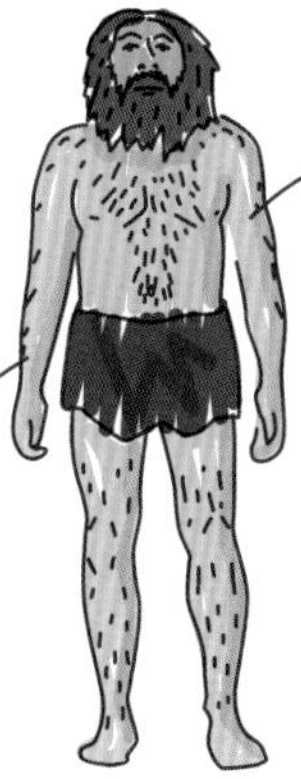

遺伝子解析により、現代人とネアンデルタール人が交配していたことが明らかになった。今日生きている私たちの多くは、ネアンデルタール人のDNAをまだ持っている。

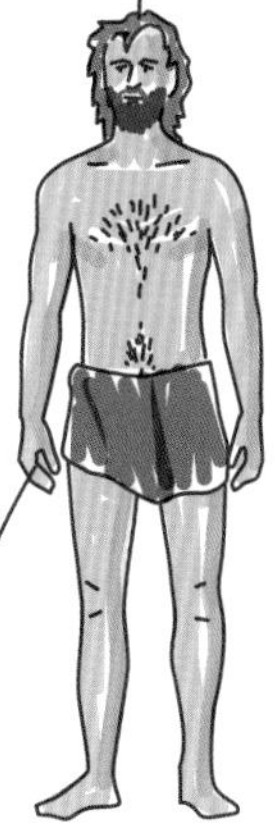

ホモ・ネアンデルタレンシス 絶滅したヒトの最近縁種。背が低くずんぐりしていた。鼻が大きいが、冷たく乾燥した空気を加湿して温めるのに役立ったと思われる。彼らは寒冷地での生活に適応していた。装飾品を作り、死者を葬り、障害者の世話をするなど、洗練された種であったとされる。

現代人はヒト科の最後の生き残りであり、今日もなお進化を続けている。過去1万年の間に、私たちの種は乳糖（牛乳に含まれる糖）を大人になっても消化できる能力を獲得した。

まとめ

主要人物
チャールス・ダーウィン
自然選択による進化論を提唱した。当時は物議を醸したが、現在、広く受け入れられている。
アルフレッド・ラッセル・ウォレス
ダーウィン同様、1858年に自然選択による進化論を提唱した。
ジャン=バティスト・ラマルク
進化論の代替理論を提唱した。後天的な特徴も遺伝し得るとした。現在、その考えは否定されている。

進化

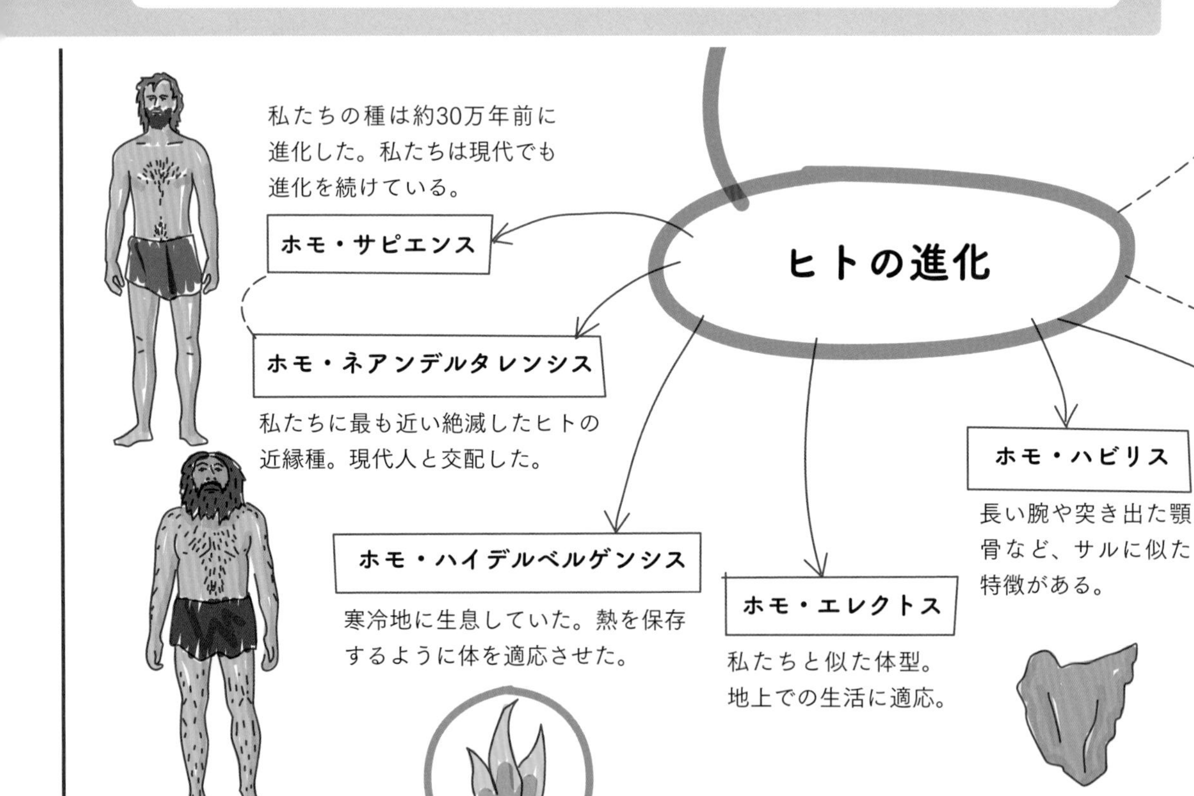
ヒトの進化
ホモ・サピエンス
私たちの種は約30万年前に進化した。私たちは現代でも進化を続けている。
ホモ・ネアンデルタレンシス
私たちに最も近い絶滅したヒトの近縁種。現代人と交配した。
ホモ・ハイデルベルゲンシス
寒冷地に生息していた。熱を保存するように体を適応させた。
ホモ・エレクトス
私たちと似た体型。地上での生活に適応。
ホモ・ハビリス
長い腕や突き出た顎骨など、サルに似た特徴がある。

同種の生物の個体同士は互いに似ているが、遺伝子の突然変異がその一因となり、部分的に形質は異なっている。

変異

最も適応したものが生き残り、繁殖する「適者生存」。

自然選択

遺伝

適応に成功した遺伝子は受け継がれる。これは時代の経過とともに変化をもたらす。

進化論

進化論で予測された。化石記録で観察される。

絶滅

種分化

進化の産物。分離と隔離によって起こる。

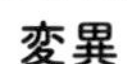

化石

進化の変化に関する記録として貴重。移行化石は混合的な特徴を示す。

解剖学的・遺伝学的なもの（例：脊椎動物の尾や共有された遺伝子）。

特徴の共有

証拠

アウストラロピテクス

ルーシーに見られるように、サルとヒトのような特徴とが混在している。見晴らしのよいサバンナに住んでいた。

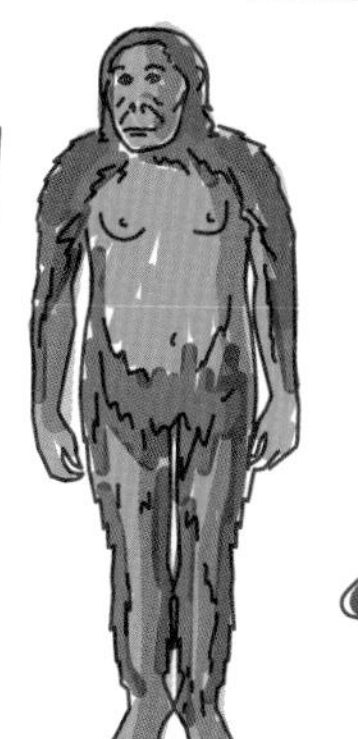

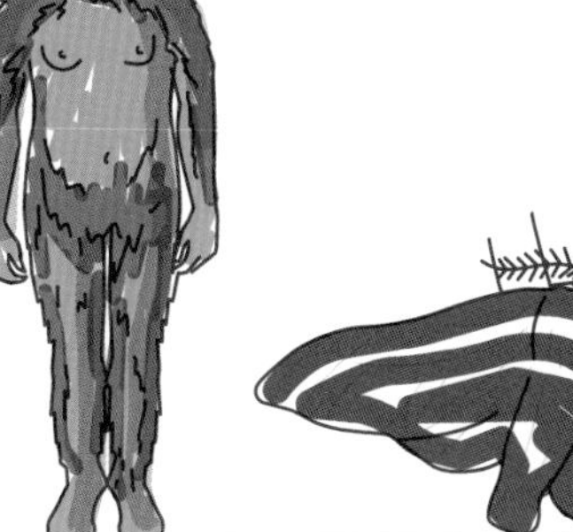

進化のプロセス

急速な進化を遂げている（例：オオシモフリエダシャクと抗菌耐性）。

Chapter

5

生物の系統と分類

科学者らは、地球上に約900万の異なる種が生息していると推定している。これらは、単純な単細胞の細菌から、植物や動物などの複雑な多細胞生物にまで及び、そのほとんどはまだよくわかってない。科学者らは、生物の持つさまざまな特徴に基づいて、生物をさまざまなグループに分けることを好む。これを分類という。この章では、地球上の生物の多様性を探り、その分類方法を学ぼう。

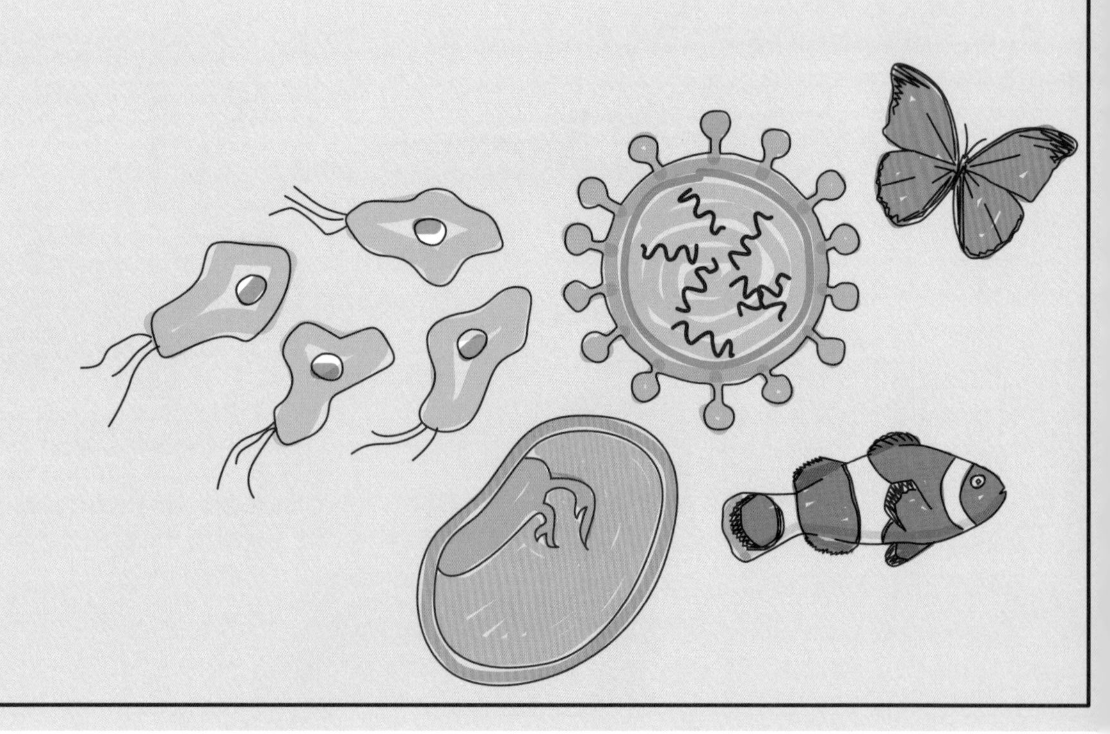

分類の重要性

科学的に分類する学問を「分類学（taxonomy）」という。生物が属するグループは「分類群」と呼ばれる。たとえば、種は分類群の一種である。

生物学者らは、多様な理由で生物を分類している。

- 存在する膨大な種類の生物を理解するのに役立つ。
- さまざまな生物がどのように関連しているか、進化がどのように起こったかを理解するのに役立つ。
- 研究者らが新たに発見された生物を理解するのに役立つ。たとえば、新種の細菌が見つかった場合、研究者らはそれを同じ分類群に属する他の既知の細菌と比較して、その感染力の程度を測定できる。
- 生物学者らに共通の言語を提供する。世界中の科学者らは、特定の種を特定の同じ名前で呼んでいる。これは、混乱を避けるのに役立つ。

三ドメイン説

過去には、生物はさまざまな方法で分類されていたが、今日の生物は、細菌、古細菌、真核生物の3つのドメインのいずれかに分けられている。その後、それらは、界、科、種など、徐々に小さなグループに細分化される。

アメリカの科学者であるカール・ウーズは、1970年代に三ドメイン説を提案した。

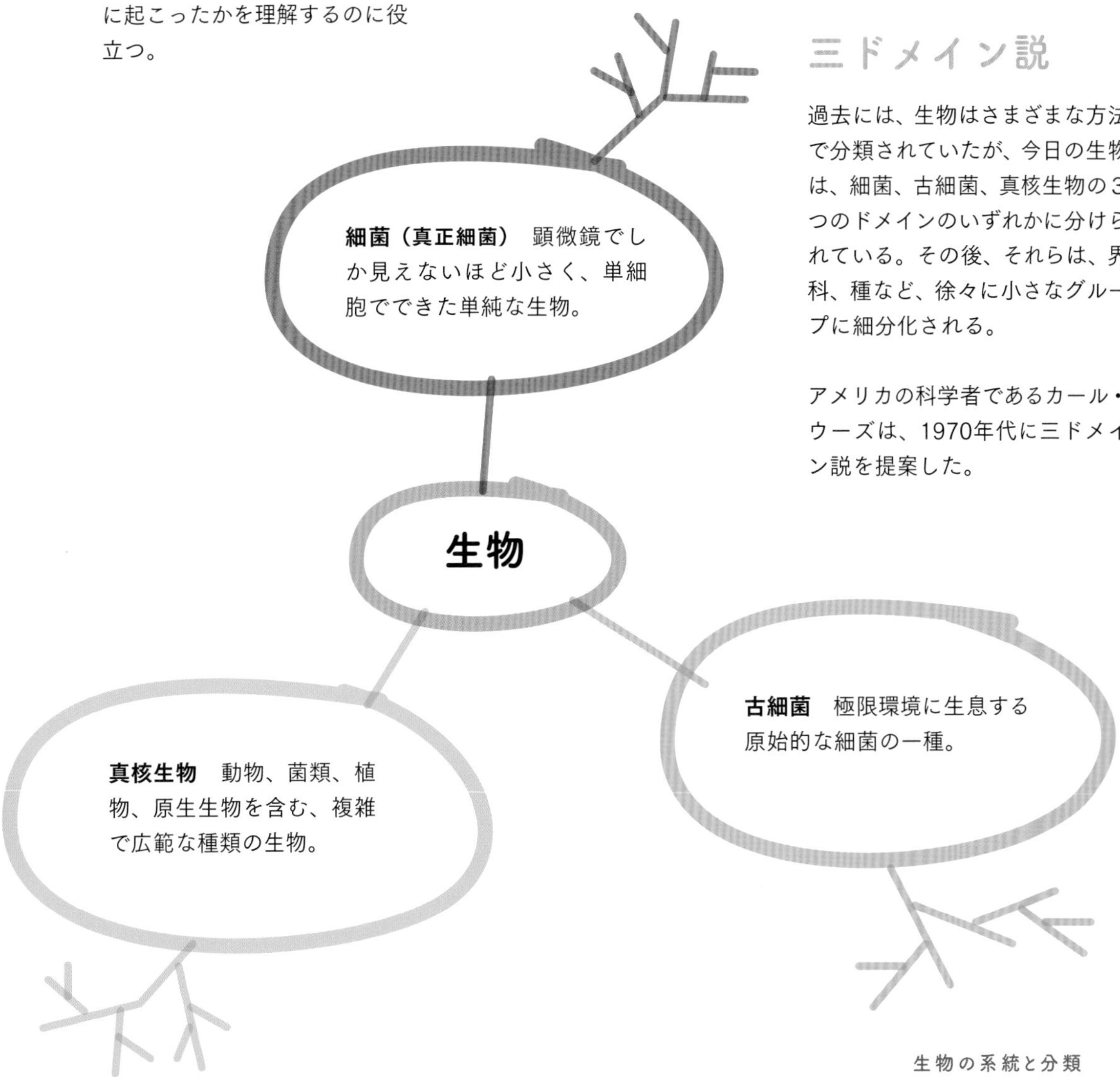

生物

細菌（真正細菌） 顕微鏡でしか見えないほど小さく、単細胞でできた単純な生物。

真核生物 動物、菌類、植物、原生生物を含む、複雑で広範な種類の生物。

古細菌 極限環境に生息する原始的な細菌の一種。

分類の仕方

生物の分類は、スウェーデンの科学者カール・リンネによって1700年代に提唱されたシステムに従って行われている。それは「リンネ式階層分類体系」と呼ばれ、大まかな分類と、それをさらに細分化したグループから構成されている。生物界は「門（もん）」に細分され、さらに「綱（こう）」に細分され、次に「目（もく）」、「科（か）」、「属（ぞく）」、「種（しゅ）」に細分される。

科学者らは、共通の特徴に基づいて物事をグループ化する。多くの特徴を共有する生物同士は、そうでない生物同士よりも互いに密接に関連している。

これまで科学者らは、構造や機能などの明らかな特徴を比較して生物を分類してきた。しかし現在では、遺伝子解析や化学分析など、より洗練された方法を用いている。その結果、生物の分類方法は常に見直されているのである。

一般名を持つ生物もいる。オオカミ（学名：Canis lupus）はイヌ属のなかでも大型で、北アメリカ大陸やユーラシア大陸に生息する。一般名はふつう英語圏では通用するが、世界中ではさまざまに呼び名が異なる場合がある。

数の増加。類似度の減少。

界：動物界（ANIMALIA）
動物界に属する生物は、有機物を食べ、酸素を取りこみ、動くことができる。

門：脊椎動物門（CHORDATA）
脊椎動物門に属する生物は軟骨や背骨を持っている。

綱：哺乳綱（MAMMALIA）
哺乳綱に属する生物は温かい血を持ち、毛または毛皮、乳腺、および４室構成の心臓を持っている。

目：食肉目（CARNIVORA）
食肉目に属する生物は肉を食べる。獲物を捕らえて食べるのに適した爪と歯を持っている。

科：イヌ科（CANIDAE）
イヌ科に属する生物は皆イヌに似ている。オオカミ、イヌ、ジャッカル、その他関連する動物が含まれる。

属：カニス（CANIS）
オオカミの大きさはさまざまである。彼らはよく発達した頭骨と歯、長い脚を持つ傾向がある。

種：カニス・ルプス（CANIS LUPUS）
各生物には、２つの部分から構成されるラテン語名がある。最初の部分は属名で、2番目は種名である。オオカミの場合は*Canis lupus*となる。

リンネが考案した**二名法**。

界
5つの異なる界がある。それらは発生と栄養に基づく（例：動物と植物は別々の界である。動物は食べ物を食べなければならず、植物は自分で食べ物を作るためである）。

門
門は、界内のグループを定義づける特徴に基づく（例：花を咲かせる植物と円錐形で常緑の葉をつける低木は別々の門である）。

綱
綱は、門内のグループを定義づける特徴に基づく（例：ハマグリやムール貝などの二枚貝とカタツムリやナメクジなどの腹足類は、軟体動物門の異なる綱に属する）。

目
目は、綱内のグループを定義づける特徴に基づく（例：サソリやクモは、クモ綱の異なる目に属する）。

科
科は、目内のグループを定義づける主要な特徴に基づく（例：キツネザルや類人猿は、霊長目の異なる科に属する）。

属
属は、科内のグループを定義づける主要な特徴に基づく（例：バラとサクランボは、バラ科の異なる属に属する）。

種
同じ種の個体同士であれば、交配して繁殖力を持つ子を生み出すことができる。

数の減少。類似度の増加。

5つの界

動物
多細胞生物（例：トラ）。

植物
主に光合成を行う多細胞生物。

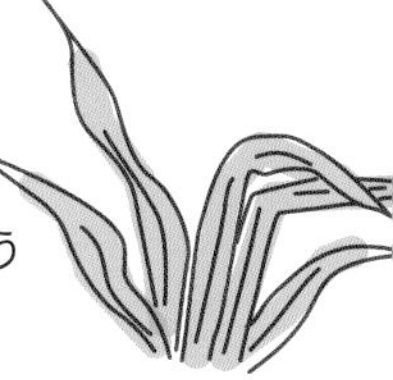

菌類
キノコ、カビ、酵母などの生物。

原生生物
動物、植物、菌類ではない真核生物（例：アメーバやプラスモディウム（マラリア原虫））。

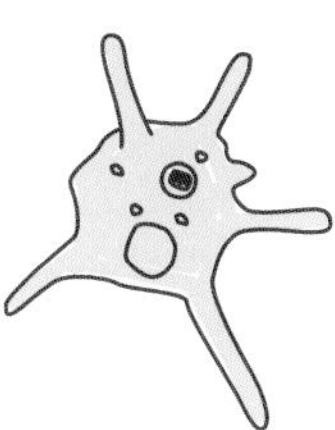

原核生物
膜で包まれた大きな細胞小器官を持たない単細胞生物（例：細菌や藍藻）。

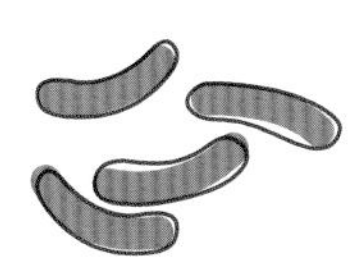

個々の種の個体は大きく異なっている場合がある。たとえば、産卵中の茶色のニワトリは、小さくてフワフワした観賞用のバンタム（チャボ）とは見た目が大きく異なる。

原核生物

原核生物は単純な単細胞生物である。細胞質内を自由に浮遊する核酸を持つ。原核生物は小さいが、非常に重要な存在である。もし人類が一晩で消滅しても、生物の世界は続くだろう。しかし、原核生物がすべて消滅したとしたら、生物の世界は止まってしまう。原核生物は、養分を再利用したり、分子を生物学的に有用な形に変換したり、炭素、窒素、およびその他の元素を供給したりと、多くの重要な役割を担っている。

一般的な細菌の形状

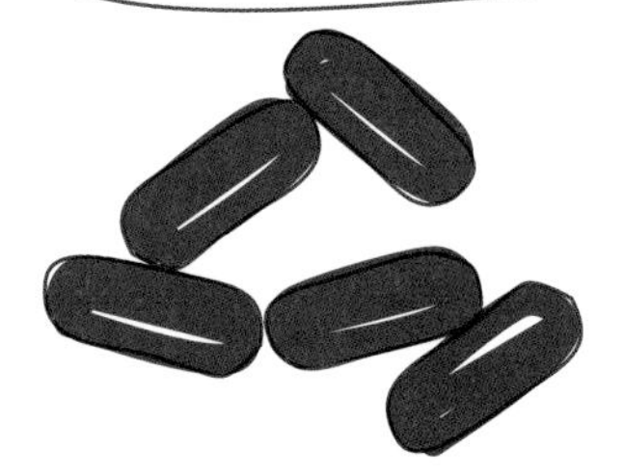

桿状の形をした細菌
（例：バチルス）

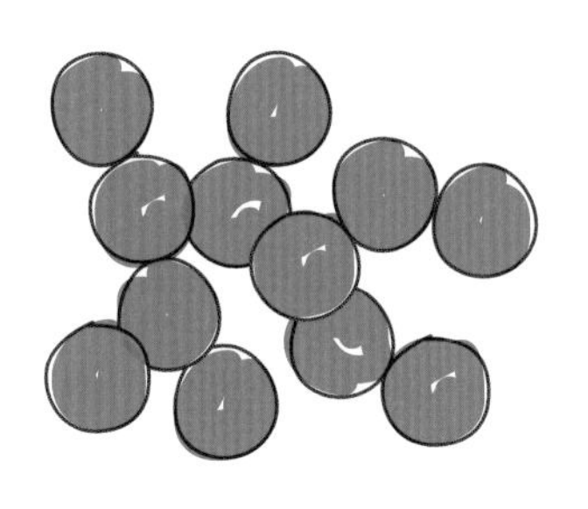

球状の形をした細菌
（例：球菌）

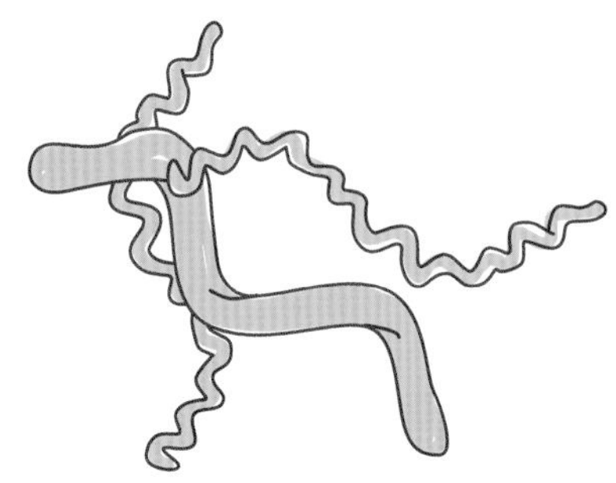

らせん状の形をした細菌
（例：スピリルム）

細菌

細菌は、原核生物のなかで最も種類が多く、広く分布している。それらは地球上のほとんどどこにでも生息している。なかには、酸性の温泉や放射性廃棄物などの極端な環境で繁殖するものもいる。地球の地殻の奥深くや大気圏上層部にも発見されている。

細菌は、桿状、球状、らせん状など、さまざまな形をしている。大腸菌やブドウ球菌など、よく知られている細菌もいるが、ほとんどの細菌はまだ特徴がわかっていない。

細菌は、表面的には似ている古細菌と区別するために、**真正細菌**とも呼ばれる。細菌は、進化した最初の生物の１つだった。

ほとんどの動物は、細菌に依存して生きていく。これは、細菌がビタミンB_{12}を作るのに必要な遺伝子と酵素を持っているからである。彼らは食物連鎖を通じて動物にビタミンB_{12}を供給している。

細菌のなかには、有害で病気を引き起こすものもいるが、多くの細菌は有益である。たとえば、私たちの腸に住む細菌は、食物の消化を助け、腸内感染に対するバリアとして機能する。

細菌の培養

細菌は実験室で育てることができる。これは、細菌を研究し、新しい抗生物質を開発したい科学者らにとって便利なことである。

ペトリ皿の中に栄養素を混ぜ込んだものを満たす（こうした人工的に作った培養のための環境のことを**培地**という）。寒天などの固形ゼリーの場合もあれば、液体の培養液であったりもする。

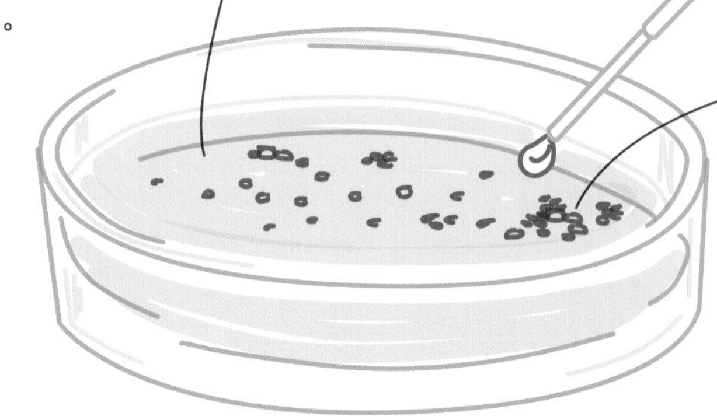

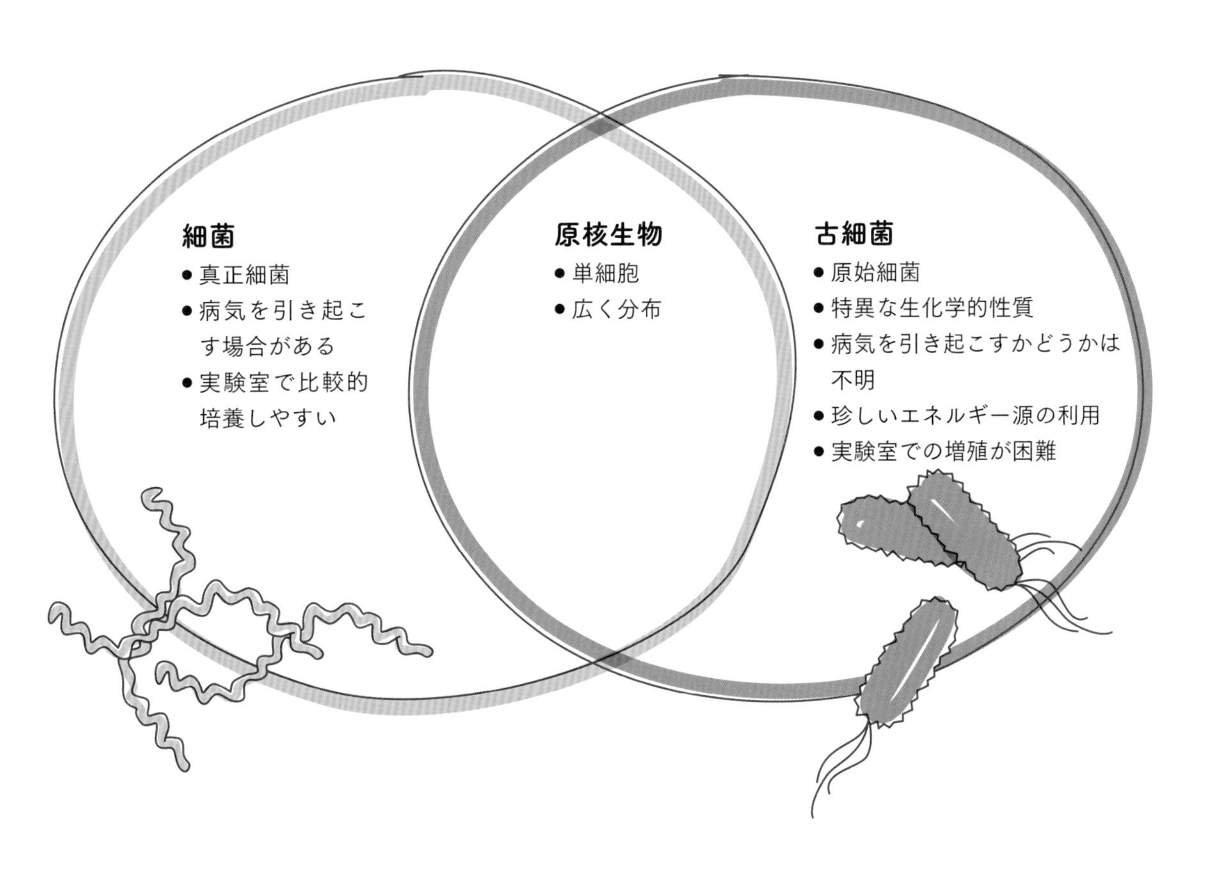

細菌は、ピペットまたはワイヤーループを使用して培地に移される。

ペトリ皿を暖かく湿ったインキュベーターに移し、そこで細菌を増殖させる。細菌を寒天上で増殖させた場合、目に見える小さなコロニーが表面に形成される。細菌を液体中で増殖させた場合、増えた細菌によって濁った懸濁（けんだく）液が形成される。

古細菌

古細菌は、火山性の温泉や深海の熱水噴出孔などの極限環境で発見されている。科学者らは当初、それらを**極限環境微生物**（極限環境で繁栄する生物）として分類していた。しかし、現在では、より広範囲に生息していることが判明している。

古細菌は細菌よりもさらに小さく、**原始細菌**とも呼ばれる。しかし、実際には真正細菌よりも真核生物に近い。

古細菌は多くの異なる門に細分化されているが、実験室での増殖や研究が非常に難しいため、分類が困難である。

細菌と古細菌は見た目が似ている。しかし、生化学的・分子生物学的に重要な違いがある。たとえば、古細菌の細胞膜は、細菌とは異なる種類の脂質でできている。

古細菌は、珍しいエネルギー源を使用することもできる。それは糖などの有機化合物から、金属イオン、水素ガス、太陽光線などの無機物に至るまで、さまざまである。

真核生物

真核生物は生物のなかで最も多様性に富んだグループである。真核生物には、動物や植物など、私たちがよく知っている大型の多細胞生物がすべて含まれるほか、植物プランクトンなどの多くの単純な単細胞生物も含まれる。

真核生物は、動物、植物、菌類、原生生物の４つの界に分けられる。真核生物は合わせて、世界の生物量の85％以上を占めている。

原生生物

ほとんどの原生生物は単純な単細胞の真核生物である。それらには、アメーバ、珪藻、粘菌などの生物が含まれる。原生生物にはさまざまな形や大きさがある。規則的な形状のものも不規則な形状のものもいる。繊毛と呼ばれる小さな毛のような構造で覆われているものもおり、繊毛は泳ぐ上での推進力となる。また、鞭毛と呼ばれる鞭のような尾を持つものもいる。原生生物は、動物、菌、植物よりも形状や機能が多様である。

原生生物は、さまざまな方法で栄養素を得ている。**独立栄養生物**は環境中の単純な物質を使って自分自身の食べ物を作る。光をエネルギー源として利用するものもいれば（光合成）、無機化学物質を利用するものもいる（化学合成）。また、**従属栄養生物**は自分で食べ物を作ることができず、有機物を摂取してエネルギーを得ている。独立栄養と従属栄養の両方を行うものもおり、**混合栄養生物**という。

原生生物には**寄生**するものもいる。これは、それらが他の生物の表面や体内に棲みつき、害を与えることを意味する。多くの場合、寄生虫は、第三者（寄生虫によって引き起こされる病気に罹らない）によって宿主に移される。こうした生物を**ベクター（媒介生物）**という。たとえば、カはマラリアのベクターである。カが刺すことによって、プラスモディウムと呼ばれる病原性の寄生虫を媒介する。

生物量

原核生物

 細菌　13％

 古細菌　1％

真核生物

菌類　2％

 原生生物　0.7％

 動物　0.36％

 植物　82％

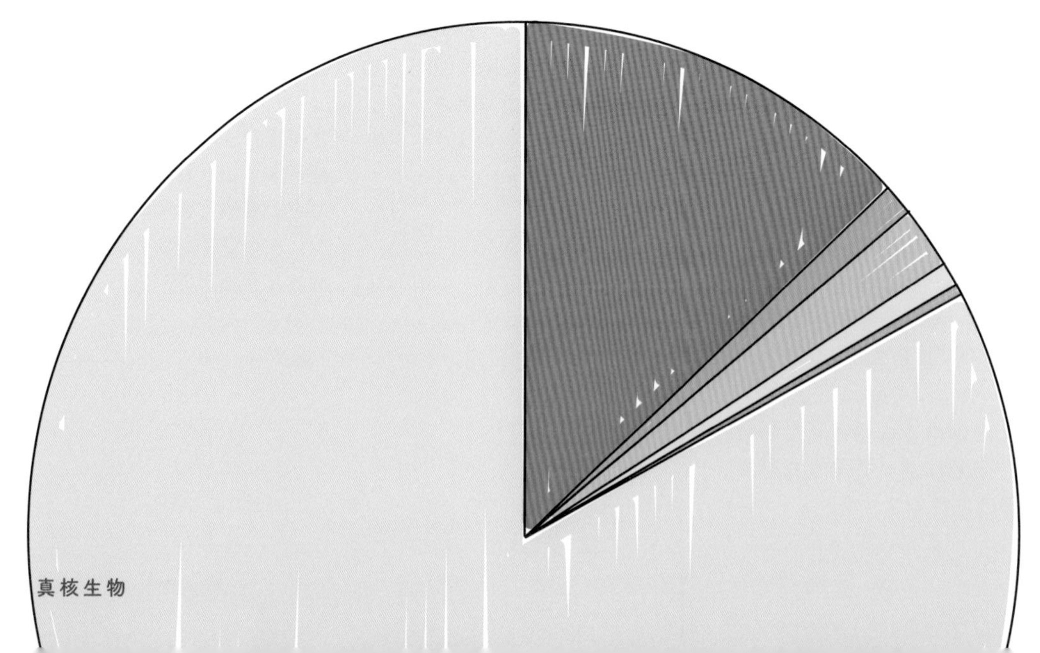

粘菌

粘菌は原生生物であり、900種類以上いるとされる。林床、朽ちた丸太、雨どいにたまった色々なもの等に生息している。腐敗した植物を分解し、細菌、酵母、菌を食べるため、粘菌は生態学的に重要な役割を担っている。

食物が豊富なとき、粘菌はしばしば単細胞として自由に生きる。

胞子が放出される。孵化（ふか）して単細胞の粘菌になる。

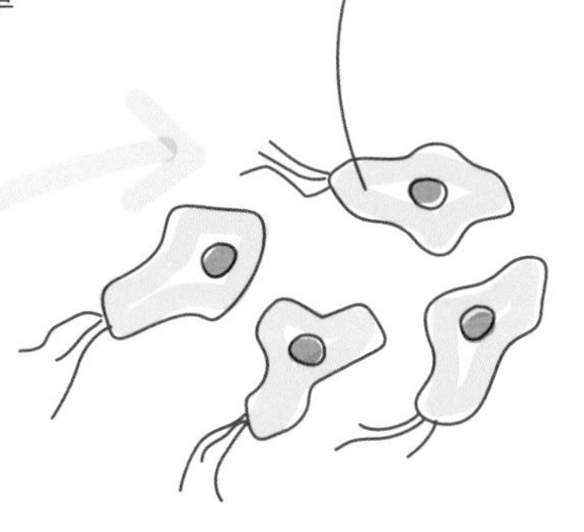

アメーバに似た細胞は、接合子を複製し、生み出す。

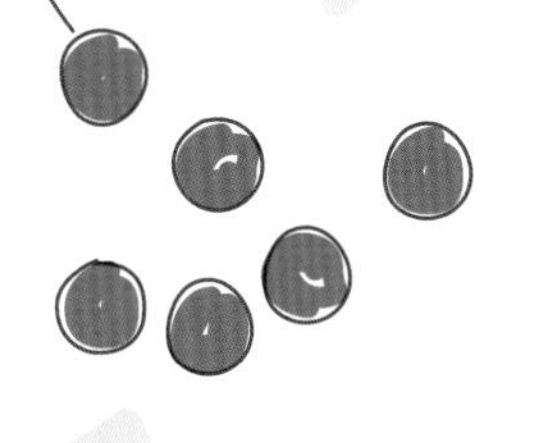

粘菌は驚くべき存在である。粘菌のカタマリを細かくすると、バラバラになったパーツが互いを見つけ、再び結びつくことができる。脳はないが、学習することができる。たとえば、黄色の粘菌（モジホコリ）は迷路を解くことができる。また、700種類以上の雌雄があるが、これは粘菌が受け継ぐ重要な遺伝子の変異で決まる。

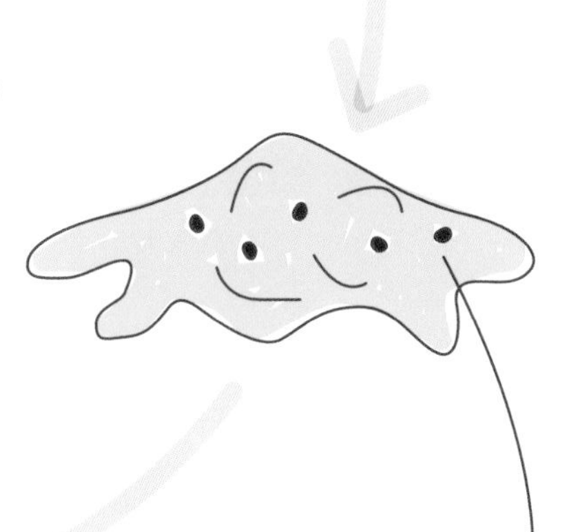

食物が少なくなると、スライム状のカタマリは、胞子を含む硬い子実体を作る。

細胞が互いに結びつき、単一のスライム状のカタマリになる。大きさは数センチから数メートルのものまである。そのカタマリにはたくさんの核が含まれている。微生物を感知し、飲み込むことができる。

菌類

菌類は、4つの異なる真核生物界の1つである。酵母、キノコ、傘状の毒キノコなどはすべて菌類である。植物のように自分で食べ物を作ることはできず、従属栄養生物のように食べ物を消費することもできない。その代わり、菌は従属栄養の**分解者**である。溶解した物質を吸収することで養分を得る。

菌類の細胞壁には、キチンという窒素を含む強力な多糖類が含まれている。

菌類の細胞

菌類の液胞は、小さな分子を貯め、細胞内の水分濃度を調節するのに役立つ。

菌類の細胞には葉緑体が含まれておらず、光合成しない。

核にはDNAが含まれている。

ミトコンドリアはエネルギーを生成する。

重要な化学反応は細胞質で起こる。

菌類は世界中に豊富に存在する。酵母のように単細胞のものや、私たちがよく知るキノコのように多細胞のものもいる。

寄生性の菌もいる（例：テンサイに生えるカビの原因菌）。植物や動物など、他の生物と相互に有益な**共生関係**を結ぶものもいる。

菌類は生態学的に重要である。死んで腐敗している有機物を分解し、環境中の養分の循環を助ける。

菌類は食用としても広く利用され、私たちが直接食べるものもいる。パンの発酵を助けるために使用されるものもいれば、ワインやビールなどの発酵食品に使用されるものもいる。菌由来の酵素のなかには洗剤に使用されるものもいれば、雑草、害虫、植物の病気を防ぐための殺虫剤として使用されるものもいる。

病気を引き起こす菌もいる。たとえば、胴枯病（どうがれびょう）はジャガイモに影響を与える病気である。菌が植物に感染すると、葉が茶色に変わる。これにより、植物が光合成して成長するのが難しくなる。水虫は、菌がヒトに感染することで引き起こされる病気である。指の間に発疹ができたり、皮がめくれたり、カサカサになってひび割れが起きる。感染した皮膚の表面に触れることで感染する。抗真菌薬で治療できる。

菌類は移動することができないため、胞子を作って放出することで広がっていく。胞子は発芽して新しい菌体を形成することができる。有性生殖する菌もいる。

キノコの子実体には、**菌糸**という小さな糸が含まれている。

菌糸は地中に伸び、絡み合った糸のようなカタマリを作る。この地中のネットワークを**菌糸体**という。

地中の菌糸が成長するにつれ、養分を吸収する。

菌根菌の菌糸は、木の根と密接に結びつく。菌根菌は木に水と養分を供給し、木は菌根菌の成長に必要な糖を供給する。これは共生関係の一例である。

菌根ネットワークは、しばしば多くの個々の樹木を結びつける。これは**www**（wood wide web（ウッド・ワイド・ウェブ））と呼ばれることもある。科学者らは、一部の植物がこのwwwを利用して互いにコミュニケーションをとっているのではないかと考えている。たとえば、昆虫が１本の木を攻撃した場合、その木はwwwを介して信号を送り、隣木に防虫成分を有する化学物質のレベルを上げるよう伝えているかもしれない。また、木はwwwを使って糖を移動させる。そのため、ある木が別の木の細胞に養分を与えることができる。

植物

植物界には、推定32万種の植物が含まれている。針葉樹、シダ植物、コケ植物（ツノゴケ類、タイ類、セン類）、顕花植物が含まれる。

ほとんどの植物は多細胞だが、単細胞のものもいる。植物は有性生殖や無性生殖を行うことができる。合わせて、植物は世界の生物量の４分の３以上を占め、地球の生態系の大部分を構成する。

緑色植物は太陽光を利用し、光合成によって食べ物を作る。それは炭素を固定し、副産物として酸素を放出する。私たちが呼吸する酸素の大部分は植物由来である。植物は食料源として、ヒトに広く利用されている。小麦、大麦、レンズマメは、何千年も前に栽培種となった最古の植物の一種である。

多くの動物は植物とともに進化してきた。たとえば、多くの昆虫は、花粉や蜜と引き換えに花を受粉させる。多くの動物は種子を食べ、糞を排出することで、種子を散布する。食肉性の食虫植物もいる。

ハエトリソウ（ハエトリグサ）

ハエトリソウは光合成によってエネルギーを作るが、改良された葉を使って有機食物も捕らえる。

特殊な毛が昆虫やクモの動きを感知する。

10秒以内に毛に２回触れると、トラップが閉じる。さらに３回触れると、獲物がもがいている間に、植物が消化酵素を出し始める。つまり、ハエトリソウは数を数えることができるのである。ハエトリソウは時間と接触回数を推定しているのである。

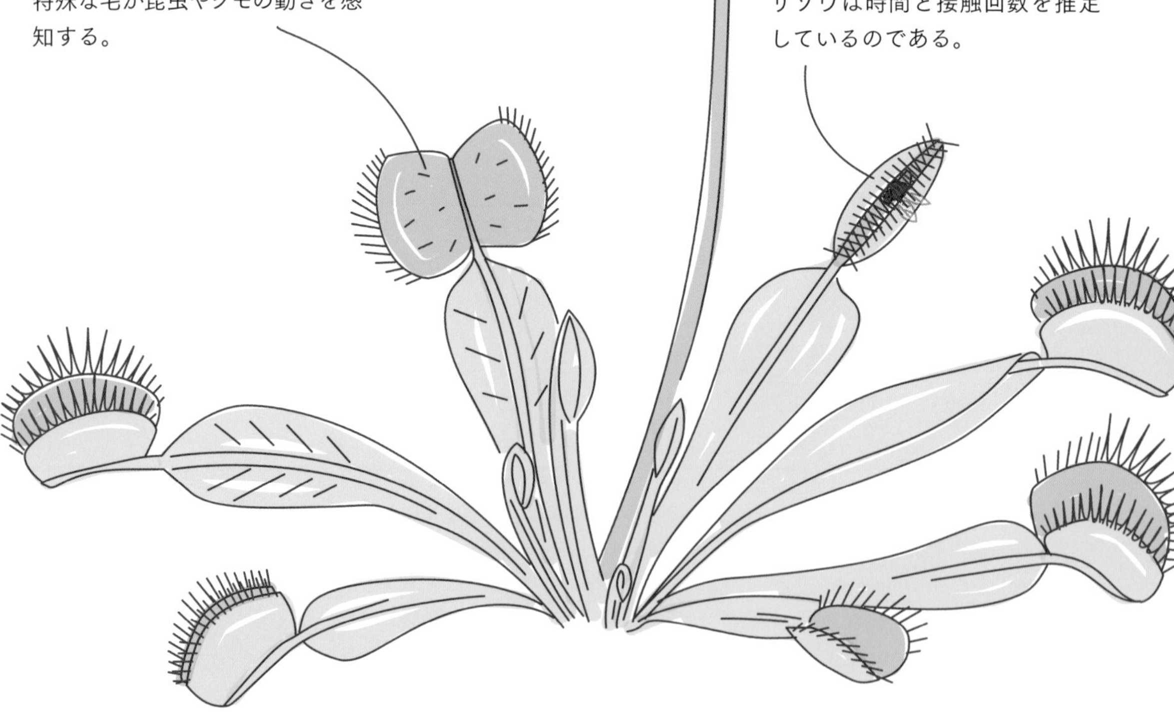

植物の進化

裸子植物（例：針葉樹やソテツ）の種子は何にも包まれていない。種子は、球果と呼ばれる葉の構造物の表面に乗っている。

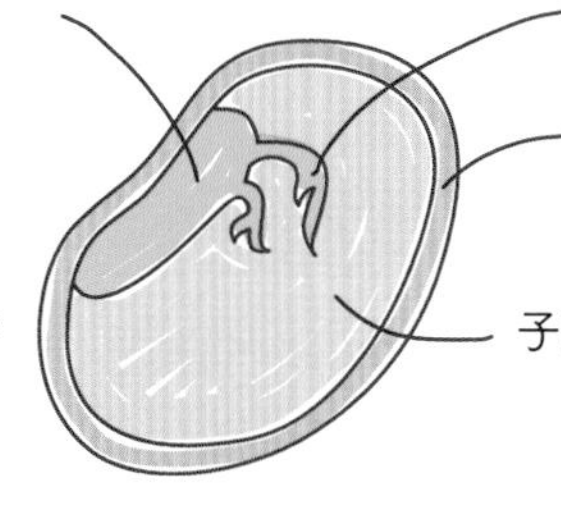

種子の断面
（図は無胚乳種子の例）

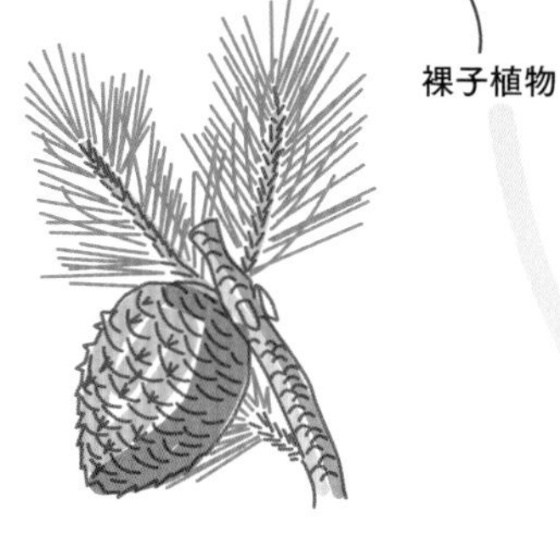

裸子植物

被子植物

被子植物（花を咲かせる植物、例：ヒマワリやモクレン）の種子は、花の中の特殊化した構造内で発達する。

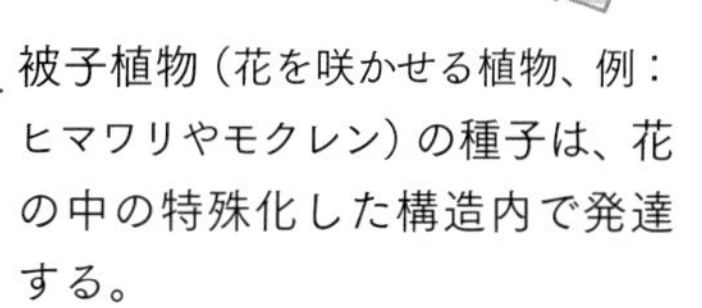

種子植物は種子を作る。種子は次世代の植物体である胚を含む。

種子植物

無種子植物は種子を作らない。風に吹かれた胞子を介して広がる。

無種子植物
（例：シダ）

非維管束植物は維管束組織を持たない。小型であることが多く、種子でなく胞子で増える。花も果実も木も作らない。

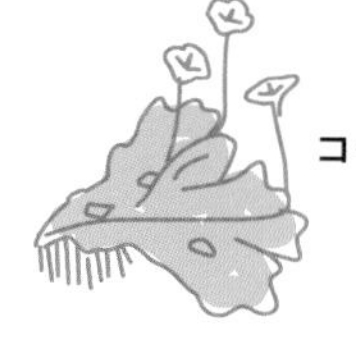

コケ植物

非維管束植物

維管束

シダ植物や樹木などの維管束植物には、**維管束組織**が含まれている。維管束は、細胞が結合して管のようになったものである。この管のおかげで、水や養分が植物体内に行きわたる。その結果、維管束植物は非維管束植物よりもはるかに大きく成長することができるのである。維管束植物は約4億2500万年前に初めて生まれた。現在では、植物界の支配的存在である。

約4億5000万年前から、植物は陸上生活できるように進化してきた。その結果、植物はいくつかの大きなグループに分かれた。

緑色の光合成植物は、少なくとも10億年前に生まれた。枝分かれした細胞と根のような構造を持つ単純な藻類だった。

祖先の緑藻

動物

科学者らは、約150万の異なる動物種を正式に記載しており、そのうち100万種は昆虫である。動物は微小なものから巨大なものまでさまざまである。動物は動物同士、あるいは、動物と環境とで複雑な関係を形成している。

動物は多細胞の真核生物である。それらには、神経細胞や筋細胞など、非常に多様で特殊な細胞が含まれ、電気情報の伝達や運動などの複雑な機能を担っている。

ほとんどの動物は、有機物を食べ、酸素を吸い、動き回り、有性生殖を行い、**胞胚**と呼ばれる小さな中空構造をした細胞の球から発達する。

菌類同様、動物は従属栄養生物である。動物は自分で食べ物を作ることができないので、外部から養分を摂取しなければならない。食物を吸収する菌類とは異なり、動物は他の生物を食べて消化することによって食物を得る。

動物界は非常に多様だが、体の配置は似ているものが多い。

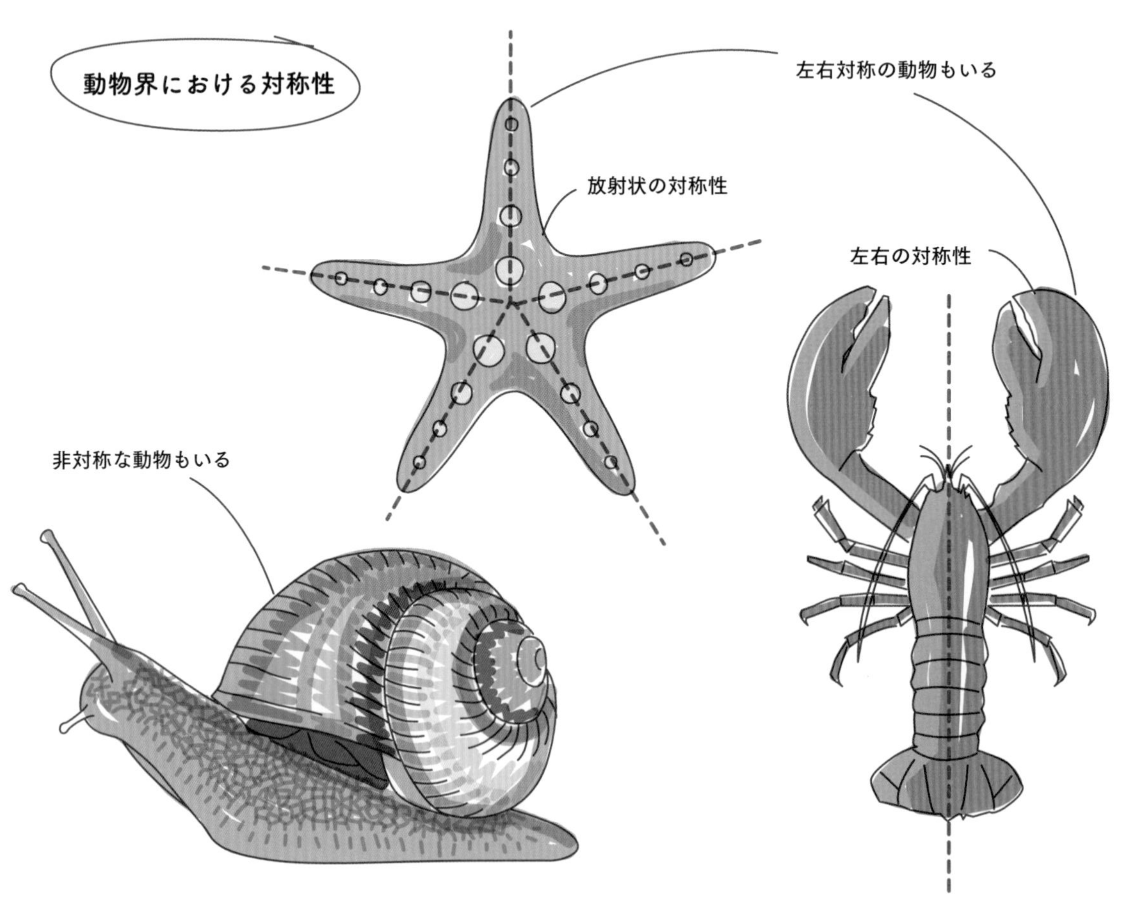

カタツムリはすべて**非対称**である（例：よく庭にいるようなカタツムリにはらせん状の殻がある）。カイメンなどの動かない動物も非対称である。

ヒトデやウニなどの海洋生物には、**放射状に対称**となっているものもいる。それらは中心軸の周りに対称性を示す。

ほとんどの種は**左右対称**である。これは、ほぼ同じ2つの半身をもつことを意味している（例：ロブスター）。

動物の分類

動物は非常に多様な生物のグループだが、背骨を持つ「脊椎動物」と、背骨を持たない「無脊椎動物」の大きく2つに分けられる。

脊椎動物

イヌ、カエル、魚など、私たちがよく知っている動物の多くは脊椎動物である。約7万種いるが、それらは記載されているすべての動物種の5％未満である。

すべての脊椎動物は、体の長さの方向に沿って走る硬い脊髄がある。口は一方の端にあり、肛門はもう一方の端にある。

すべての脊椎動物は、同じ脊索動物門に属している。脊椎動物門は、両生類、鳥類、魚類、哺乳類、爬虫類の５つの異なる綱に細分できる。

両生類

- 呼吸可能な、水を通す湿った皮膚。
- ゼリー状の卵を産み、それが孵化して魚のような幼生ができる（例：カエルの卵が孵化してオタマジャクシになる）。
- 身を守るために有毒な化学物質を生成することがある。
- 水と陸に生息する。
- **変温動物**　体温は周囲の環境に左右される。

鳥類

- 保温、防水、飛翔のための羽毛。
- 飛行用の翼。
- 食べたり、毛繕いをしたり、食べ物を探すためのくちばし。
- 固い殻の卵を産み、成鳥に抱かれて温められる場合が多い。
- **恒温動物**　体内の温度を一定に保つ。

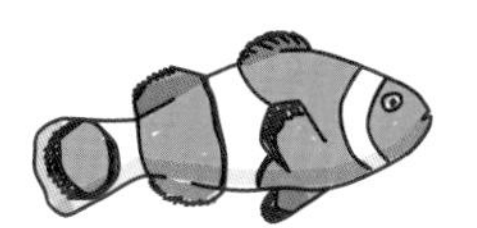

魚類

- 呼吸のためのエラ。
- 保護用のウロコと流線型の形状。
- 浮力を得るための空気入り浮き袋。
- 移動用の複数のヒレ。
- 水中に生息する。
- 変温動物が多い。

哺乳類

- 保温とカモフラージュのための毛。
- 特殊化した歯。嚙みちぎるためのとがった前歯と、すり潰すための平らな奥歯。
- 赤ちゃんは通常、母親の体内で成長する。
- 大部分の哺乳類は、ある程度成長した状態の幼い子を産む。
- 赤ちゃんは母親からミルクを飲む。
- 恒温動物。

爬虫類

- 呼吸のための肺。
- 成長にともなって剥がれ落ちる防水性の皮膚。
- ゴム状の殻に包まれた卵を産み、孵化すると成虫のミニチュアが生まれる。
- 水中または陸上に生息する。
- 変温動物。

無脊椎動物

地球上のほとんどの動物が無脊椎動物である。無脊椎動物は、信じられないほど適応に成功した多様な動物のグループである。４億年以上前から存在し、海、陸地、空など、あらゆるエリアで生活できるように進化してきた。無脊椎動物は、内側の柔らかい体を、外側の細胞でソフトに覆うか、**外骨格**と呼ばれる硬い殻によって形状を保っている。私たちがよく知っている無脊椎動物には30以上の異なる門がある。そのなかには、環形動物、節足動物、刺胞動物、棘皮動物、軟体動物が含まれる。

無脊椎動物門の一部

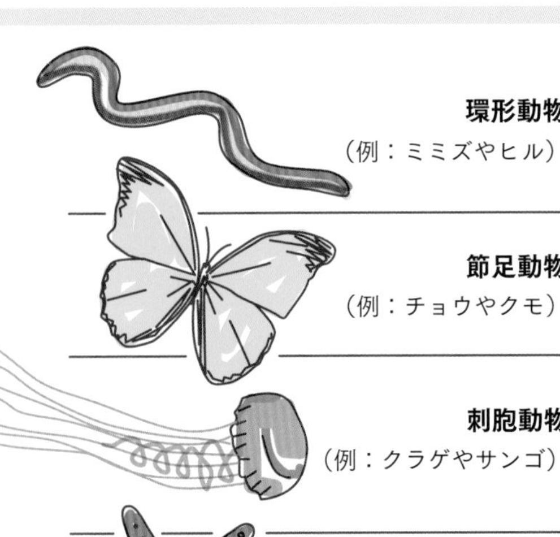

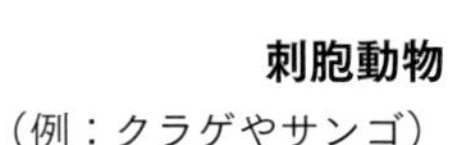

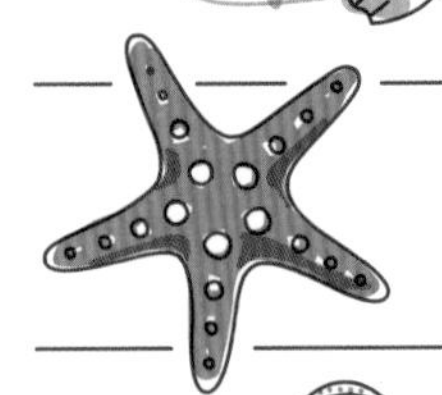

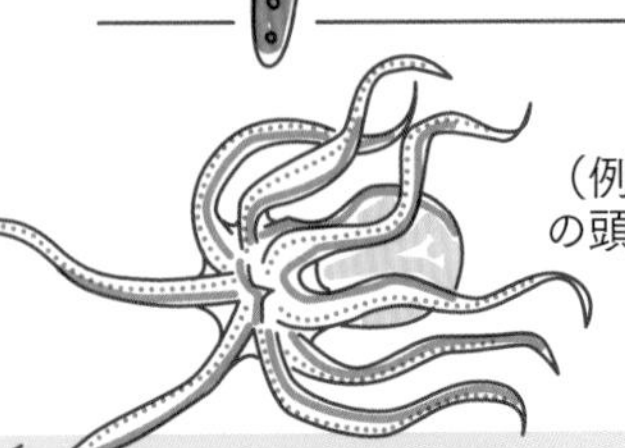

門	特徴
環形動物 （例：ミミズやヒル）	● 細長く、体節性の体。 ● 小さな毛が突き出ていることで、動きやすくなっている。 ● 水中や陸上に生息する。
節足動物 （例：チョウやクモ）	● 硬い外骨格。 ● 脚は対になっており、関節がある。 ● 水中や陸上に生息する。
刺胞動物 （例：クラゲやサンゴ）	● シンプルで袋状の体。 ● １つの体腔を含む。 ● 特殊化した細胞である刺胞が獲物を捕まえるのに役立つ。 ● 水中に生息する。
棘皮動物 （例：ヒトデやクモヒトデ）	● 成体の形は放射対称性を示す。 ● 硬いトゲか外皮で覆われている。 ● 水中に生息する。
軟体動物 （例：タコやイカなどの頭足類、カタツムリ、ナメクジ）	● 非体節性の体。 ● 筋肉質の脚（触手の場合もある）。 ● 歯が生えた舌（歯舌）。 ● 水中や陸上に生息する。

無脊椎動物の特徴

多くの無脊椎動物は、成長するにつれて外皮層を脱ぎ捨てる。彼らはこの時期、捕食されやすい。昆虫や甲殻類などの多くの無脊椎動物は卵から孵化し、成虫とは異なる幼虫になる。幼虫が別の環境に生息する場合もある。たとえば、ハナアブの幼虫は水中で生活し、成虫は陸上で生活する。**変態**は、幼虫の体の形が異なる成体の形に変化するときに発生する。

節足動物

節足動物は動物の巨大な門である。それらは、綱と呼ばれる小さなグループに分けられる。これらの綱には、昆虫、クモ類、甲殻類、および無顎類が含まれる。節足動物は比較的小さいものが多いが、タカアシガニは巨大である。節足動物のなかで最大の脚幅を持っている。100年前に捕獲された個体は、犬のイングリッシュ・コッカー・スパニエルよりも重く、ほとんどの車よりも長い腕を持っていた。

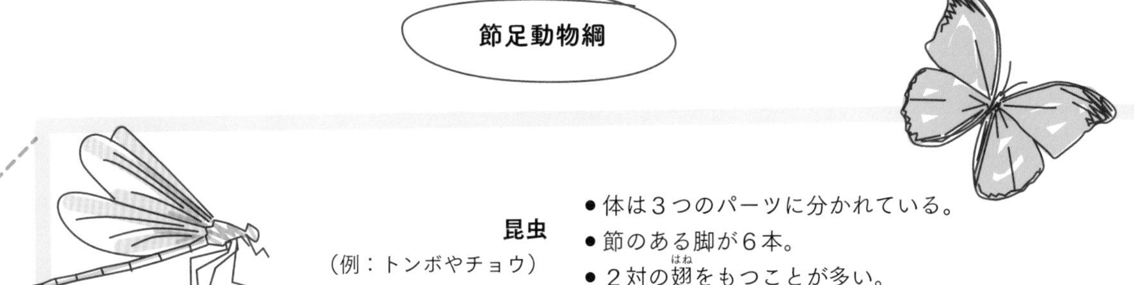

節足動物綱

綱	特徴
昆虫 （例：トンボやチョウ）	● 体は３つのパーツに分かれている。 ● 節のある脚が６本。 ● ２対の翅(はね)をもつことが多い。 ● 触角は１対。
クモ類 （例：クモやサソリ）	● 体は２つの部分に分かれている。 ● 節のある脚が８本。 ● 触角なし。
甲殻類 （例：カニやワラジムシ）	● 非常に硬い外骨格。 ● 節のある脚が10本。 ● ２対の触角。 ● ３対の口器。
多足類 （例：ヤスデやムカデ）	● 長い体、いくつもの体節に分かれている。 ● それぞれの体節に一対の脚がある。 ● 触角は１対。

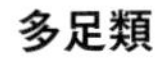

無脊椎動物は、植物、昆虫、甲殻類など、さまざまなものを食べるため、さまざまな特殊化した口器を持っている。
たとえば、タコには顎板(がくばん)があり、クモには鋏角(きょうかく)があり、クワガタムシには薄くスライスしたような顎がある。

アブラムシのように、有性生殖と無性生殖の両方を行うことができる無脊椎動物もいる。たとえば、女王バチはコロニーという群れ全体を作る。受精卵は雌の働きバチになるが、未受精卵は女王バチとの生殖専門の雄バチになる。

ウイルス

病気を引き起こす可能性のある小さな感染性の粒子は「ウイルス」と呼ばれる。生物は細胞でできているが、ウイルスは細胞でできていないため、分類上、生物には当てはまらない。ウイルスは、タンパク質の膜に包まれた遺伝物質の小さなパッケージである。動物、植物、細菌など、あらゆる綱の生物に感染することができるため、ウイルスは重要な存在である。

生物は生殖を行うが、ウイルスは自己増殖できない。代わりに、生物の細胞に感染し、その内部機構を乗っ取る必要がある。生物の細胞はウイルスの新しいコピーを作らされ、それを放出する。ウイルスは、地球上のほぼどこにでも見られる微小な粒子である。

ウイルスは規則的な形をしているものが多く、とても小さい。ほとんどのウイルスが、細菌の約100分の1の大きさである。

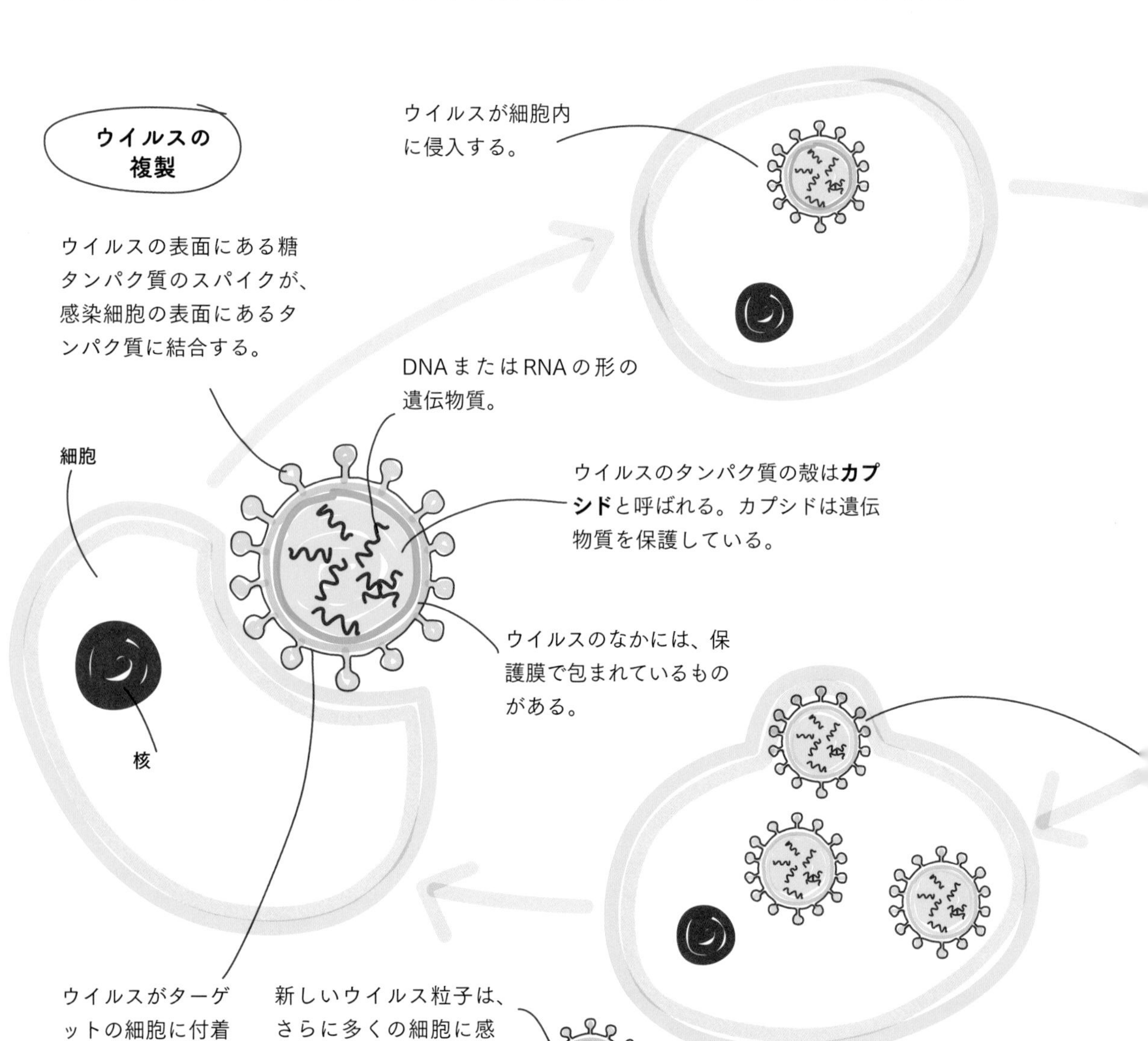

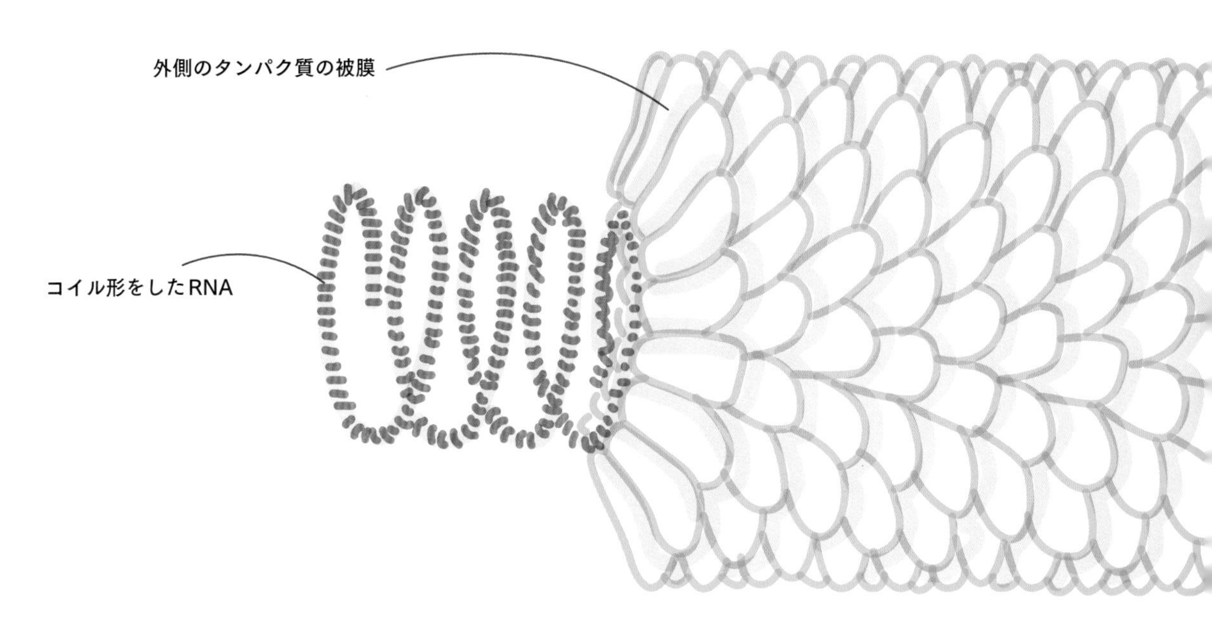

ウイルスの特徴

ウイルスがバラバラになる。ウイルスの遺伝物質が細胞の核に移動し、そこで遺伝物質が複製される。

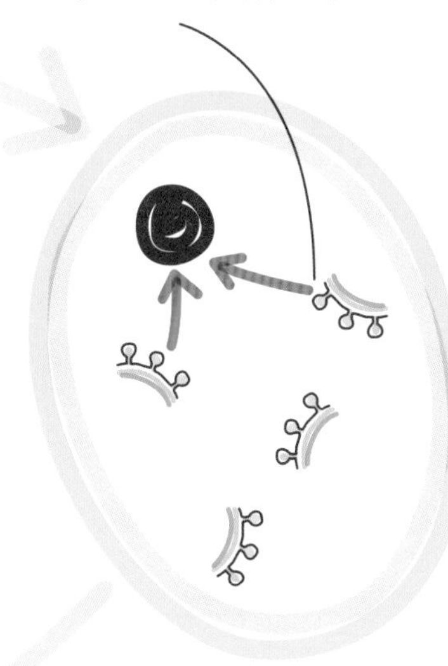

生物の細胞が新しいウイルス粒子を作る。細胞が破裂し、新しいウイルス粒子が放出される。ヒトの場合、細胞が傷つくことは、体調を崩す原因となる。

ほとんどのウイルスは**病原性**である。つまり、病気を引き起こすのである。ウイルス性疾患にはさまざまなものがある。たとえば、コロナウイルスはウイルスのなかでも大きなグループである。コロナウイルスは、一般的な風邪からCOVID-19、重症急性呼吸器症候群（SARS）などのより重篤な病気まで引き起こす。

ウイルスのなかには**人獣共通感染症**を引き起こすものもある。つまり、動物からヒトに感染する場合があるのだ。2020年のCOVID-19パンデミックは、コウモリで見つかったコロナウイルスが2番目の種（おそらくセンザンコウ）へ移動し、その後、ヒトに感染し、世界規模で広がったと考えられている。

ウイルスは、生物に感染するため**構造的に適応**している。たとえば、コロナウイルスは、小さなスパイクで覆われている。これがヒトの細胞表面の鍵となるタンパク質に作用し、ウイルスが細胞に付着し、やがて細胞内へと侵入することができる。

ウイルスは植物にも感染する。タバコモザイクウイルスは、タバコやトマトなど、多くの種類の植物に感染する。葉を変色させ、まだらな「モザイク模様」にする。これにより、植物は光合成がうまくできなくなり、植物の生育に影響が出る。

生物同様、ウイルスも進化する。宿主細胞がウイルスの遺伝情報をコピーするときに、エラーが生じる。これがウイルスの突然変異につながる。この突然変異が何の影響も及ぼさない場合もある。ウイルスの感染力を弱める突然変異もあるし、より危険性を高める突然変異もある。たとえば、突然変異によりウイルスの感染力を高めたり、種同士を移動できる能力を持つように進化する可能性もある。

分類

分類学
生物を系統的にカテゴライズすること。生物を理解するのに役立つ。

三ドメイン説
カール・ウーズが提唱。生物を細菌、古細菌、真核生物に分ける。

リンネ式階層分類体系
カール・リンネが提唱。生物を界、門、綱、目、科、属、種に分ける。

生物の系統と分類

ウイルス

病原性
動物、植物、その他の生物に病気を引き起こす。

進化
ウイルスは時間とともに変化する。生物の生きた細胞がウイルスをコピーする際に突然変異が発生する。

人獣共通感染性
ウイルスのなかには、動物からヒトに感染するものもある（例：一部のコロナウイルス）。

生きてもいないし死んでもいない
生物分類に従わない非生物。生物の細胞内でしか増殖できない。

広範に存在する。珍しいエネルギー源を利用する。実験室で培養するのは困難。
古細菌
広範に存在する。有益なことも有害なこともある。実験室で培養できる。
細菌
原核生物
膜で包まれた細胞小器官を欠く単細胞生物。
アメーバや粘菌を含む。多様なメカニズムによって摂食する。寄生して病気を広めるものもいる（例：マラリア原虫）。
原生生物
キノコや酵母を含む。従属栄養生物。細胞壁にはキチン質が含まれる。重要な分解者。病気を引き起こすものもいる。
真核生物
菌類
核のような膜に包まれた細胞小器官を持つ生物。
動物
従属栄養生物。動き回る。有性生殖を行う。胞胚から発生する。脊椎動物（例：哺乳類、鳥類、魚類）と無脊椎動物（例：節足動物、棘皮動物）に分けられる。
植物
光合成で自分の食べ物を作る。炭素を固定し、酸素を放出する。植物には非維管束植物（例：コケ植物）、または維管束植物（例：シダ植物、顕花植物）がある。多くの植物は種子や胞子を生み出すことがある。

Chapter

6

代謝

生物を構成する細胞は、常に何千もの極めて重要な化学反応を行っている。代謝とは、生物体内で起こるすべての化学反応を表す用語である。代謝は、酵素と呼ばれるタンパク質によってコントロールされている。エネルギー生産の基盤となる代謝は、異なる生物群間でも共有されているが、たとえば、光合成は緑色植物、藻類、および特定の細菌が行っているものである。このように、より限定されたものもある。本章では、生命活動を維持する代謝について詳しく学ぶ。

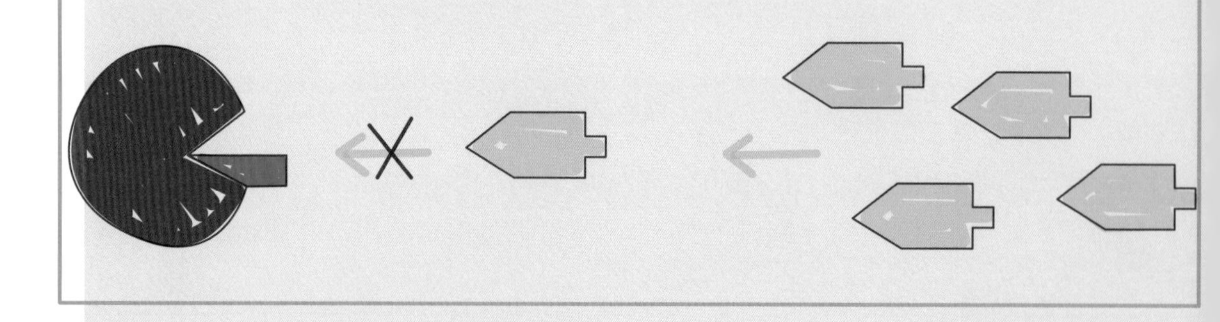

化学反応と経路

細胞は忙しい場所である。細胞が機能し続けるために、常にさまざまな化学反応が起こっている。多くの場合、個々の反応が互いにつながり合って、より大きな反応を形成している。

化学反応がつながることで、より複雑な化学反応経路が形成される。**酵素**と呼ばれるタンパク質は、この経路に沿ったさまざまなステップをコントロールしている。

複雑な化学反応経路

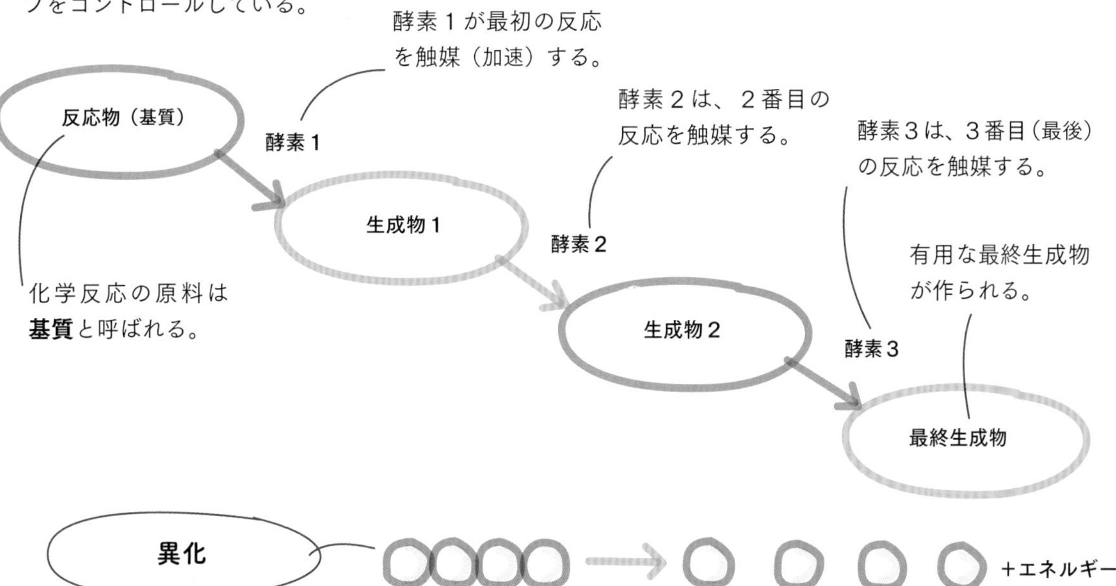

代謝反応には異化と同化がある。**異化**は、大きな分子を小さな分子に分解する。これによりエネルギーを放出する。呼吸は、グルコースを分解する異化の過程である。余分なタンパク質も異化で分解される。その後、生成物である尿素が尿中に排泄される。

同化は、小さな分子から大きな分子を作り出す。同化にはエネルギーが必要である。光合成は同化経路の１つである。グルコース分子が結合してデンプンやセルロースなどの炭水化物を形成する場合も同化である。

同化は、生物学的に有用な分子を作るのに役立つため、**生合成**とも呼ばれる。たとえば、細胞はグルコースと硝酸イオンを結合してアミノ酸を作り、そのアミノ酸を使ってタンパク質を作る。タンパク質は、細胞の情報伝達を助けたり、細胞反応をコントロールしたりと、重要な役割を果たしており、生物学的に有用な分子である。

同化　+エネルギー

酵素

酸素は「生体触媒」である。酵素があることで化学反応を加速するが、反応そのものに変化はない。何千種類もの酵素がある。それぞれが異なる基質と相互作用している。酵素は複雑かつ緻密に折りたたまれた3D構造のタンパク質分子である。このため、基質と呼ばれる小さな分子が、そこに結合できるようになっているのである。

鍵と鍵穴モデルは、酵素が基質とどのように相互作用し、化学反応を引き起こすのかを説明するためのものである。

酵素作用の鍵と鍵穴モデル

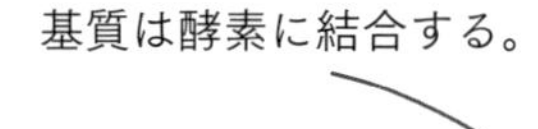

酵素は非常に緻密な3D構造をしている。

基質は非常に緻密な3D構造も備えている。

酵素と基質が結合する場所を**活性部位**という。

酵素の活性部位は鍵穴のようなものであり、基質は鍵のようなものである。これらは互いにぴったりと合う。特定の鍵穴は、特定の鍵でしか開けられないが、それと同様に、特定の酵素は特定の基質にのみ結合する。このように、酵素は非常に特異的である。ほとんどの酵素は通常、1種類の反応しか触媒できない。

一連の反応が終わると、酵素は元の形に戻る。これで再利用可能になった。

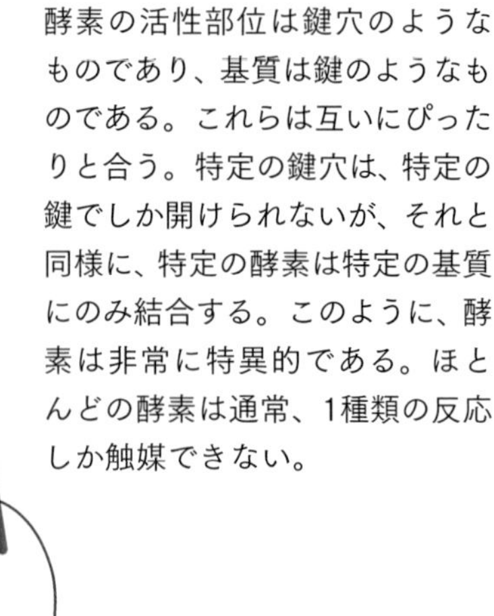

これは異化である。酵素は基質の分解を触媒し、これによってエネルギーが放出される。

生成物は、活性部位から放出される。

代謝速度に影響を与える要因

代謝は常に同じ速度で進行するとは限らない。それらの速度は、さまざまな要因の影響を受ける。基質濃度もその1つである。

基質分子の数が増えると、使用できる鍵が増える。これは反応を加速するが、ある濃度までである。

すべての活性部位が埋まっている場合、いわば鍵穴がない状態である。このとき、酵素は**飽和状態**にあるという。新たに基質を追加しようとも反応速度は変わらない。

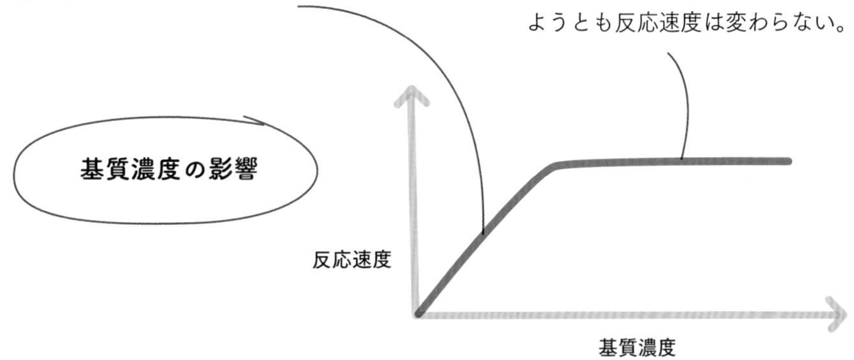

温度も代謝速度に影響する。

温度が上がると、反応速度が上がる。

反応には**最適温度**がある。これは反応速度が最大となるときの温度である。

温度の影響

最適温度より上がると、反応速度が低下する。これは、極端な熱によって活性部位の形状が変化してしまうためである（これを**変性**という）。変性が起こると、基質は活性部位に結合できなくなる。こうなると、反応は遅くなるか停止する。

反応速度

温度（℃）

酵素は、その場の環境の**pH**の影響も受ける。pHとは、特定の何かが酸性または塩基性である度合いの尺度のことである。各酵素は、特定のpHのときに最もよく機能する。このpHを**最適pH**という。これは、酵素が働く体内の場所によって影響される。

pHの影響

胃では、酵素が酸性のpHで最もよく機能する。

ヒトのほとんどの細胞では、酵素はpH7付近（中性）で最もよく機能する。

pHが最適値から外れすぎると、反応速度が低下する。これは、活性部位の形状が変化し、基質が結合できなくなるためである。これもまた、酵素が変性してしまうのだ。

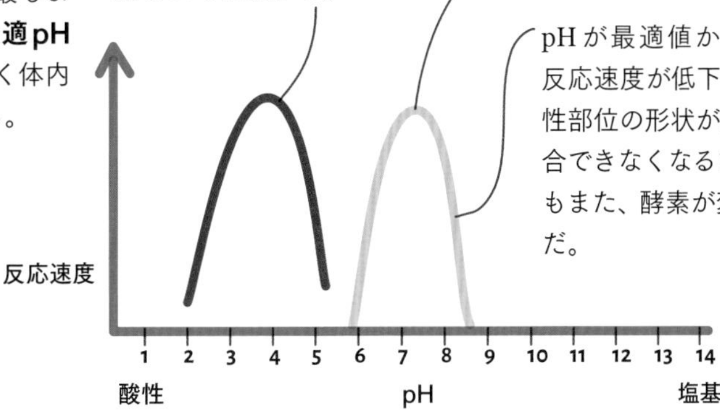

代謝速度

生物の代謝速度は、一定時間（通常は24時間）に消費するエネルギー量のことをいう。ジュール（J）、カロリー（cal）、またはキロカロリー（kcal）で測定される。1 kcalは1,000 calまたは約4,200 Jと同じである。

代謝速度は活動次第で変わる。生物が休んでいるときや眠っているとき、代謝速度は低くなる。これを**基礎代謝量**という。この間、心臓、肺、脳などの重要な器官を正常に機能させるだけの比較的少ないエネルギーしか必要ない。

代謝速度は、酸素消費量、二酸化炭素生産量、熱生成量など、さまざまな方法で測定できる。

熱量計は、代謝速度を測定するために使用される機器である。実験用の精密な熱量計を使えば、食べ物に含まれるエネルギー量を計算できる。ここに示されているような単純な熱量計は、比較的簡単に作ることができる。

食べ物のエネルギー（cal /g）＝

$$\frac{\text{水の質量（g）} \times \text{温度上昇（°C）}}{\text{食べ物の質量（g）}}$$

1 gの食べ物を燃やし、10 cm^3の水を15℃上昇させた場合：

10 cm^3の水の質量は10 gなので

食べ物のエネルギー含有量＝

$$\frac{10 \times 15}{1} = 150\ \text{cal / g}$$

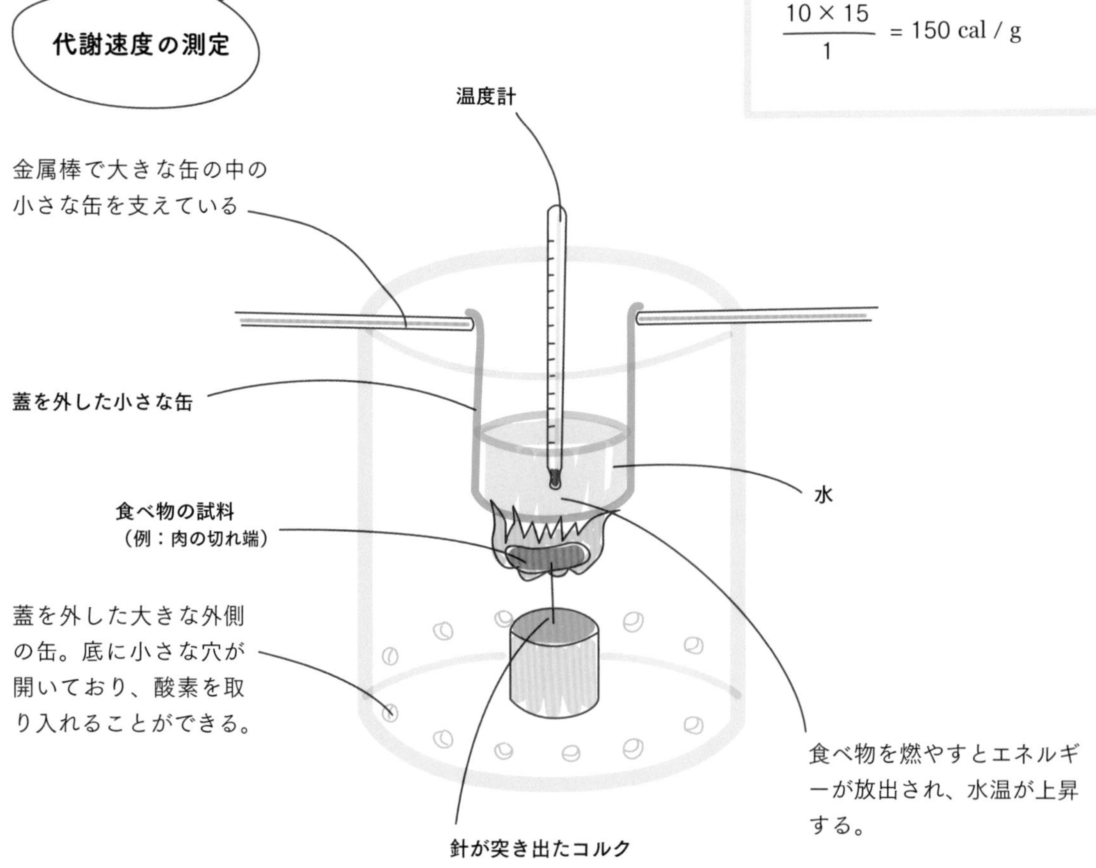

エネルギーの必要量

生物や個体が異なれば、必要なエネルギー量も代謝速度も異なる。

ゾウ
ウシ
ヒト
ネコ
イヌ
ハト
ウサギ
ネズミ
代謝速度
体重

一般に、質量の大きな生物は、質量の小さい生物よりも代謝速度が大きい（例：ゾウはネズミよりも代謝速度が大きい）。これは、大きな動物はより多くの細胞を持っているので、それらの細胞を働かせるために、より多くのエネルギーを必要とするためだ。つまり、体の大きさと代謝速度は比例しているのである。

代謝速度の大きい動物は、細胞に効率よく酸素を供給する必要がある。鳥類や哺乳類は、爬虫類や両生類よりも代謝速度が大きく、さらに哺乳類は魚類よりも代謝速度が大きい。これらは、解剖学的構造を反映している。

解剖学的構造は代謝の必要性を反映している

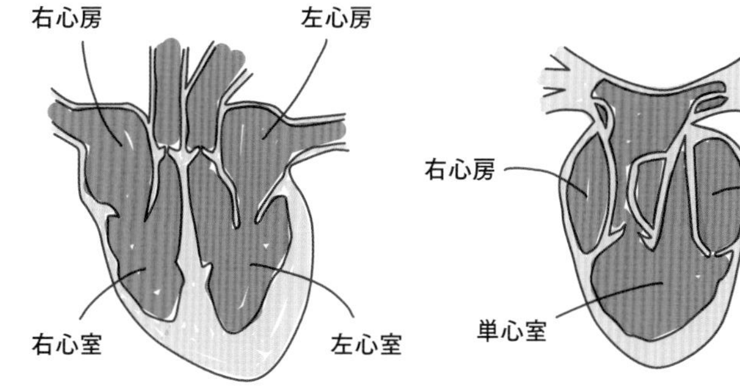

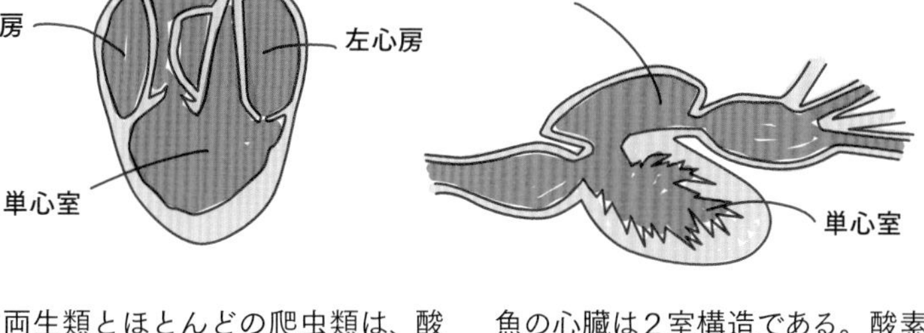

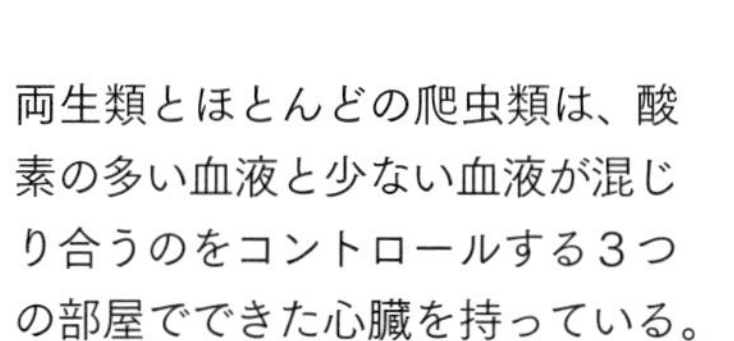

哺乳類と鳥類は、4つの部屋からなる心臓と、酸素の多い血液と少ない血液を分けることのできる複雑な循環系を持っている。

両生類とほとんどの爬虫類は、酸素の多い血液と少ない血液が混じり合うのをコントロールする3つの部屋でできた心臓を持っている。

魚の心臓は2室構造である。酸素の少ない血液をエラに送り込み、そこで酸素を多く含んだ後、体の残りの部分に送り出すのである。

代謝のコントロール

「酵素阻害剤」と呼ばれる分子は、酵素の作用をブロックし、代謝に影響を与えることができる。製薬会社はしばしばこの分子を利用して新薬を作る。

生物は自然界に存在する多くの**酵素阻害剤**を持っているが、人間が作った薬の多くも同様に働く。

たとえば、抗生物質は、細菌の酵素をブロックすることによって効果を発揮する。ペニシリンは、細菌が細胞壁を作るのに使われる酵素の活性部位をブロックすることで、細菌を殺す。

サリン、水銀、シアン化物などの毒物も酵素阻害剤である。サリンは、神経細胞の働きをコントロールするアセチルコリンエステラーゼと呼ばれる酵素の活性部位に結合し、これをブロックする。

ほとんどの酵素阻害剤は無害である。本来、酵素阻害剤は正常な代謝の一部であり、体内の細胞プロセスがスムーズに実行されるように助けてくれるものである。体内の多くの代謝経路は、遺伝的メカニズムの影響を受けている。特定の酵素がいつどこで活性化するかを、キーとなる遺伝子が決定しているのである。

代謝経路のなかには、特定の生物群に固有のものもある。たとえば、南極海に住むライギョダマシには凍結防止タンパク質を作る代謝経路がある。このタンパク質は、この魚が氷点下で生きるのに役立っている。

他の代謝経路はより広範である。たとえば、**解糖**は呼吸の一部であるが、これは、食べ物から得た糖をエネルギーに変換する複雑な代謝経路の第一ステップである。解糖には10種類の酵素触媒反応が含まれ、動物、植物、細菌のいずれにも共通する過程である。これは、解糖がこれらの生物の共通祖先において、はるか昔に進化したためだ。

南極のライギョダマシ

酵素阻害剤

さまざまな方法で機能するさまざまな種類の阻害剤がある。**競争的阻害**は、阻害剤が酵素の活性部位に結合し、通常の基質が結合するのを妨げるときに起こる。

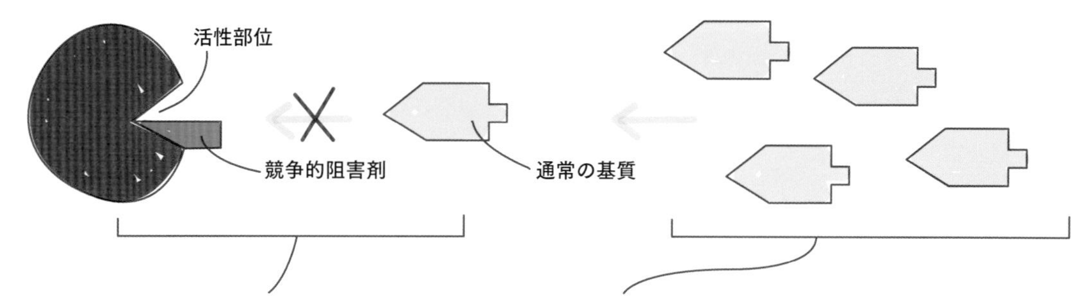

競争的阻害剤は、酵素の通常の基質と同様の3D構造を持っているため作用する。

基質分子の濃度を上げ、たくさんの活性部位（鍵穴）を用意すれば、競争的阻害の作用を上回ることができる。競争的阻害剤が希釈されるので、あまり効果がなくなる。

活性部位ではない酵素の一部に阻害剤が結合すると、**非競争的阻害**が起こる。

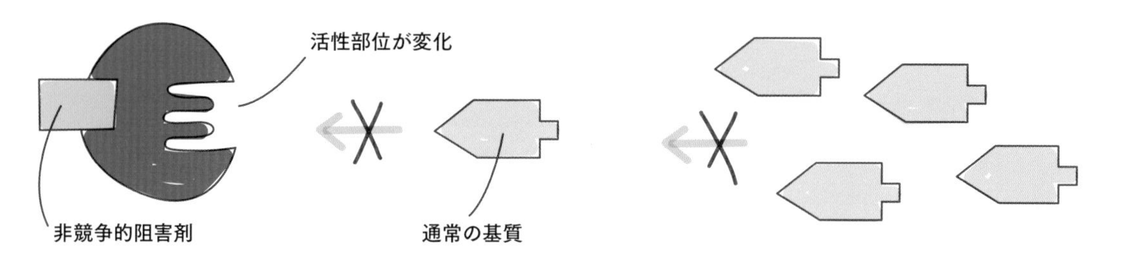

非競争的阻害剤が酵素に結合すると、活性部位の形状が変化し、通常の基質は結合できなくなる。その結果、反応が遅くなる。

競争的阻害とは異なり、非競争的阻害は基質の濃度を上げても元に戻すことはできない。

代謝経路の最終生成物が同じ経路のスタート地点にある酵素に「フィードバック」し、結合することによって通常の基質との結合を妨げる現象を**フィードバック阻害**という。これにより、一連の反応系が閉鎖されることになる。

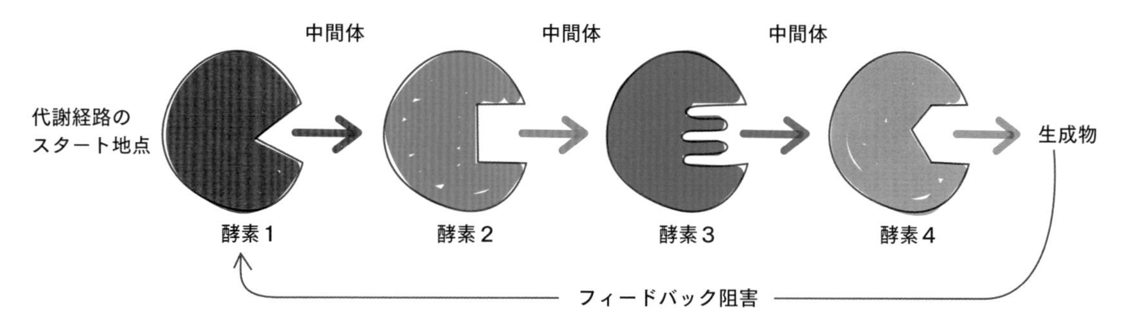

フィードバック阻害とは**負のフィードバック**の一種で、1つの事象が全体的な機能低下につながる。これは**ホメオスタシス**（生体システムが生存に最適な状態を維持するための自己調節）の一例である。

フィードバック阻害は可逆的である。阻害分子の濃度が低下すると、酵素は再び活性化できるので、反応が触媒され、再び開始されることになる。

呼吸

呼吸はすべての生物の細胞内で行われる主要な代謝経路の１つである。呼吸にはさまざまな段階と多くの異なる酵素が関与している。呼吸は、食べ物からエネルギーを取り出し、体の成長、修復、運動などの重要なプロセスに必要な燃料を生物に提供するため、重要なものである。

好気呼吸（こうき）

好気呼吸には酸素が必要である。好気呼吸中、グルコースは酸素と反応し、二酸化炭素、水、およびエネルギーを生成する。

グルコース	+	酸素	→	二酸化炭素	+	水	+	エネルギー（ATP）
$C_6H_{12}O_6$		$6O_2$		$6CO_2$		$6H_2O$		
反応物				生成物				

好気呼吸の原料は周りの環境から取り入れる。酸素は私たちが呼吸する空気中に含まれている。グルコースは食べ物に含まれている。

二酸化炭素は息を吐くときに空気中に放出される。水は私たちの細胞によって使われる。エネルギーは、アデノシン三リン酸（ATP）と呼ばれる分子の形で作られる。

このエネルギーの大部分は細胞によって使われるが、一部は周りの環境へと失われる。環境にエネルギーを放出する反応を、**発熱反応**という。

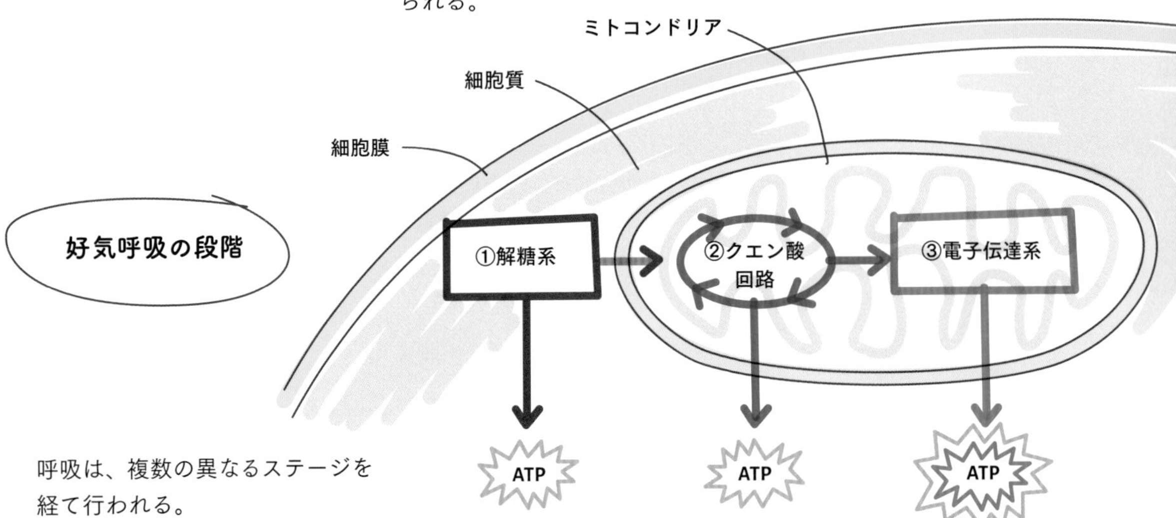

呼吸は、複数の異なるステージを経て行われる。

1. 呼吸の第1ステージは解糖系と呼ばれ、解糖は細胞質で行われる。グルコースは、より小さな分子へと分解される。このとき、少量のATPが取り出される。

2. 解糖からの生成物は、クエン酸回路（クレブス回路）と呼ばれる第２ステージの燃料となる。クエン酸回路はミトコンドリア内で行われる。このとき、少量のATPが取り出される。

3. クエン酸回路からの生成物は、電子伝達系と呼ばれる第３ステージに燃料を供給する。電子伝達系はミトコンドリア内で行われる。このとき、大量のATPが取り出される。

嫌気呼吸

嫌気呼吸は酸素が不要である。嫌気呼吸では、グルコースが分解され、エネルギーを含むさまざまな生成物が作られる。

ほとんどの生物は好気呼吸を行うが、酸素が不足すると、嫌気呼吸を始める生物もいる（例：私たちの筋肉は、酸素が不足すると嫌気呼吸を行う）。

嫌気呼吸には２つの大きな欠点がある。

1. 乳酸が精製され、筋肉に蓄積される。余った乳酸は肝臓で分解されるが、これには酸素が必要である。この分解に必要な酸素量のことを、**酸素負債**という。運動直後にヒトがハァハァと息を切らして喘ぐのはこのためである。体が酸素負債を返済しようとしているのだ。

2. グルコースは完全には分解されないため、嫌気呼吸は好気呼吸よりも効率が悪い。使用するグルコース１分子あたりのエネルギー生成量も小さくなる。

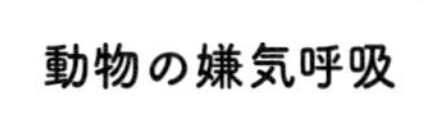

動物では、グルコースが分解されて乳酸とエネルギーが作られる。

植物や微生物の嫌気呼吸

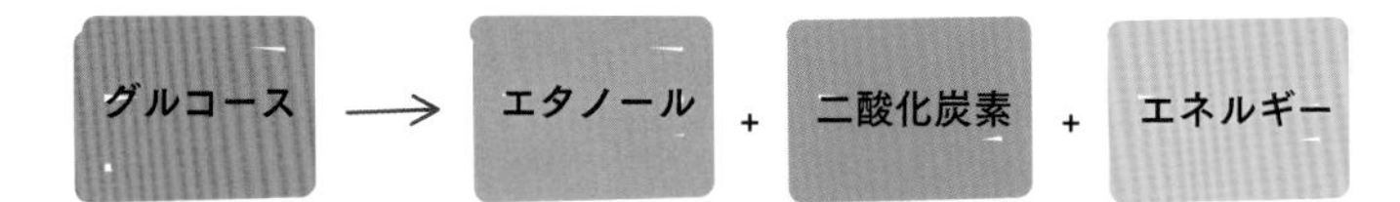

植物も嫌気呼吸を行う。ここでは、グルコースが分解され、エタノール、二酸化炭素、およびエネルギーが作られる。

微生物も嫌気呼吸を行う。その過程で乳酸を作るものもいれば、エタノールや二酸化炭素を作るものもいる。微生物が嫌気呼吸することを**発酵**という。

発酵は経済的に重要である。たとえば、酵母はビール製造に使われる。嫌気呼吸する酵母は、エタノールを作り、アルコール度数を高め、二酸化炭素を作り、発泡性を高める。

パン作りにも酵母が使われる。生地中の糖を燃料に嫌気呼吸が行われ、作られた二酸化炭素によってパンが膨らむ。一緒にアルコールも発生するが、パンが焼けるにつれて蒸発してなくなる。

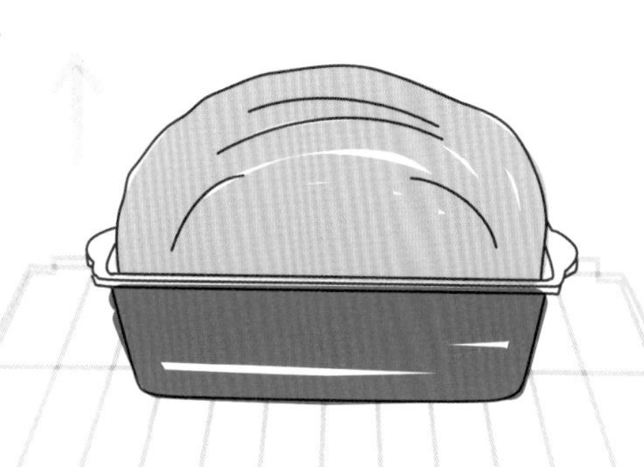

光合成

主要な代謝経路のもう１つを「光合成」という。これは、植物が養分を作るために行う過程である。このとき、副産物として酸素も作られる。植物には、光合成を行うのに役立つ多様で特殊な適応能力がある。

光合成のしくみ

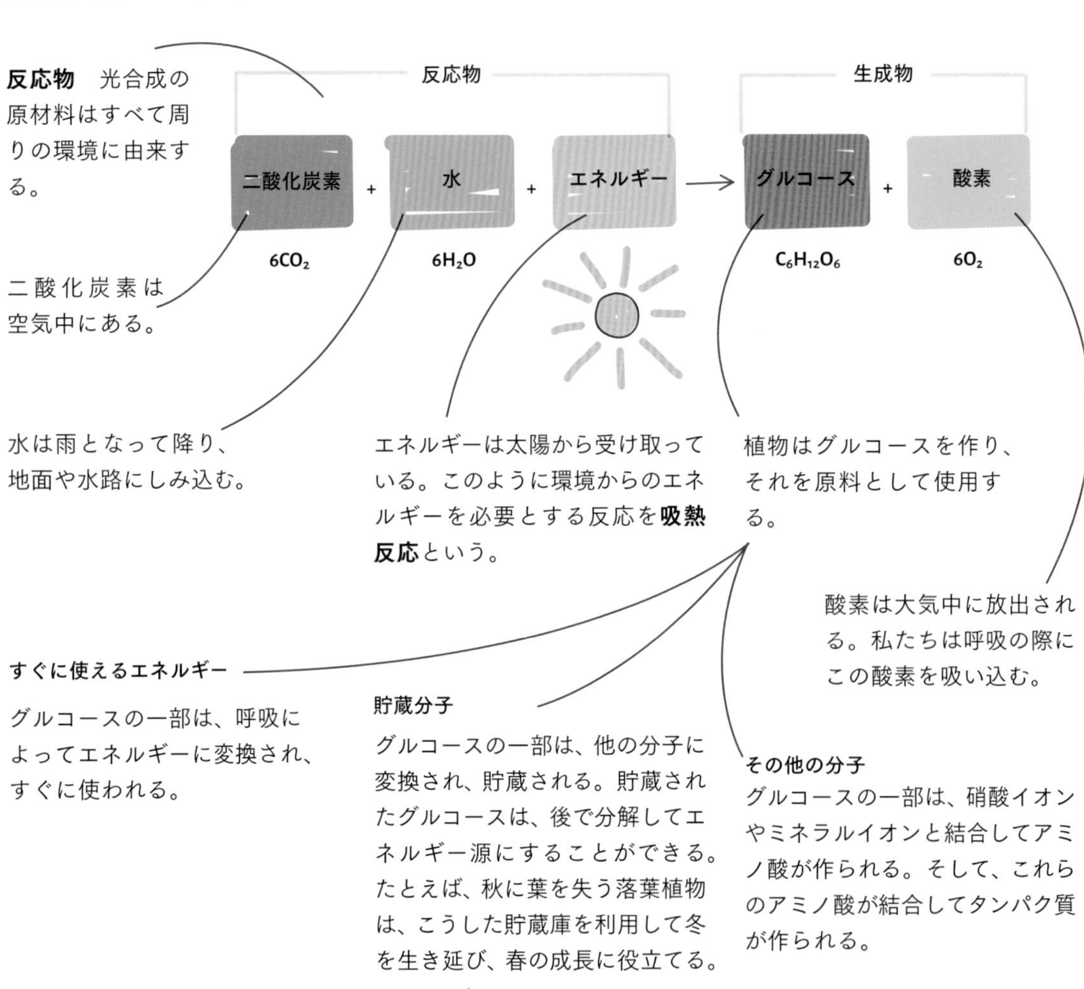

光合成と呼吸の関係

光合成と呼吸は密接に関係している。この関係があるからこそ、地球上の生物は生存することができるのである。光合成の生成物は呼吸の反応物であり、呼吸の生成物は光合成の反応物である。つまり、呼吸の反応式は、光合成の反応式の正反対である（98ページ参照）。

葉緑体は、緑色植物の細胞内にある特殊な細胞小器官である。ここで光合成が行われる。

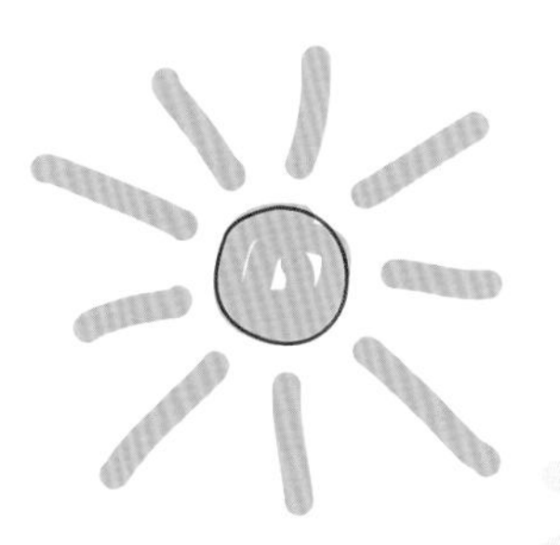

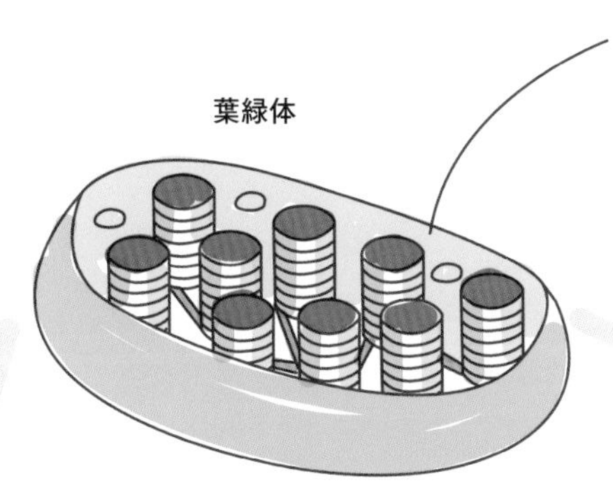

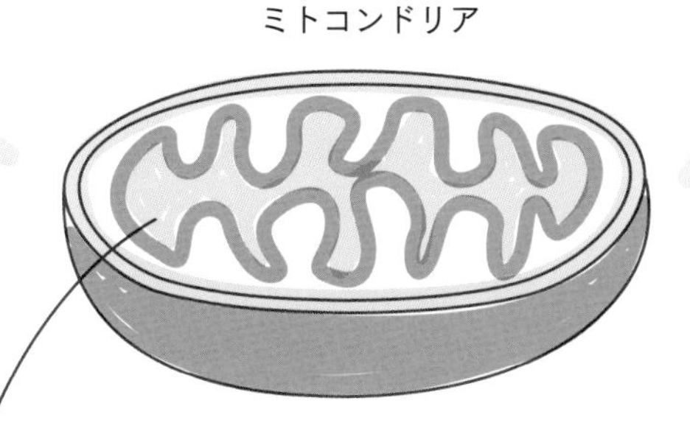

ミトコンドリアの内膜は折りたたまれている。そのため、酵素とその基質が結合する表面積が大きくなっている。これにより、呼吸の効率が高くなっている。

光合成は、地球上の全生物を直接的または間接的に支えており、重要である。植物は地球の生物量の大部分を占める。植物が消費されると、養分は食物連鎖を経由していく。光合成は、年間推定1500億トンの炭水化物を作る。私たちはこれを食べ物として利用し、植物の成長を促進するために、肥料を使う。

呼吸は、生物が食べ物からエネルギーを作り出すことを可能にするため、重要である。

また、呼吸と光合成も**炭素循環**の一部を形成するため、重要である。炭素循環とは、周りの環境中の炭素を再利用するために使われる一連の経路のことである。

まとめ

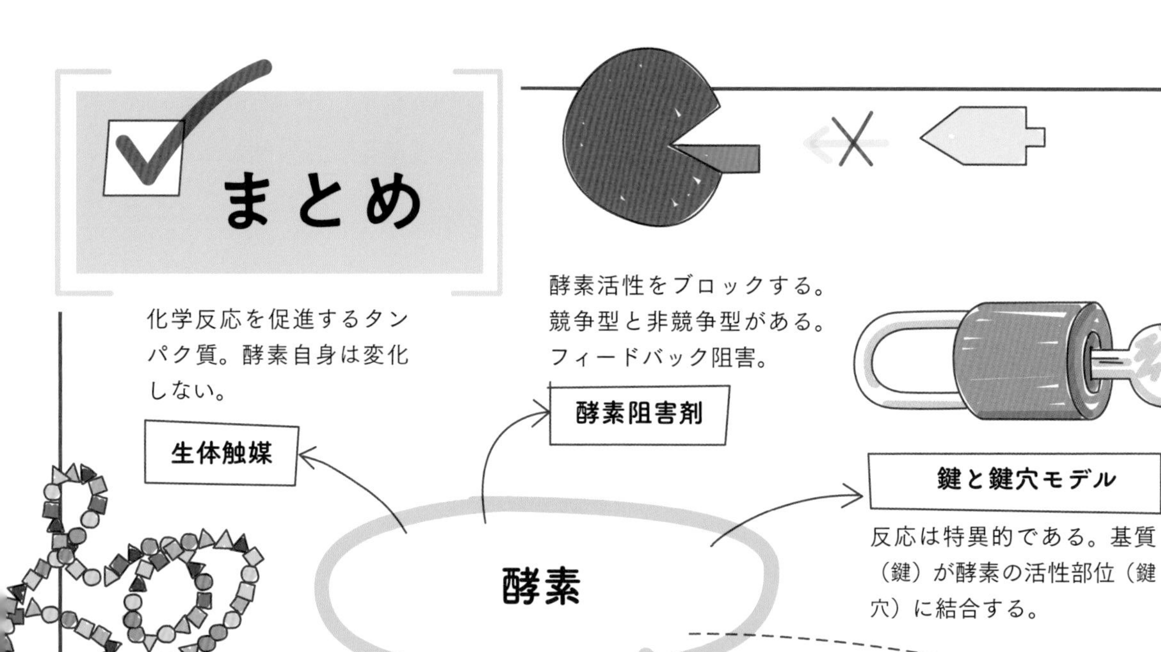

酵素
生体触媒
化学反応を促進するタンパク質。酵素自身は変化しない。
酵素阻害剤
酵素活性をブロックする。競争型と非競争型がある。フィードバック阻害。
鍵と鍵穴モデル
反応は特異的である。基質（鍵）が酵素の活性部位（鍵穴）に結合する。

代謝

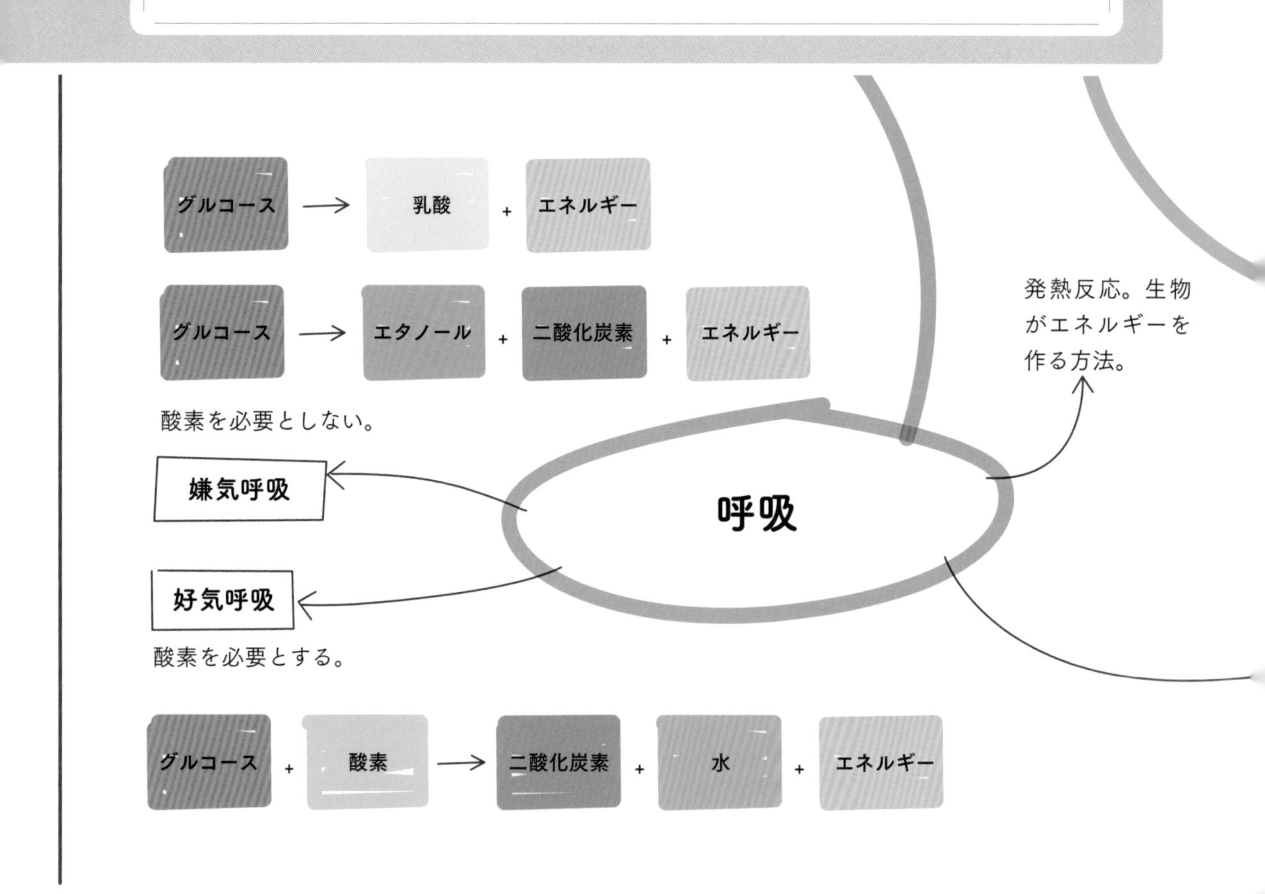

呼吸
発熱反応。生物がエネルギーを作る方法。
嫌気呼吸
酸素を必要としない。
グルコース → 乳酸 + エネルギー
グルコース → エタノール + 二酸化炭素 + エネルギー
好気呼吸
酸素を必要とする。
グルコース + 酸素 → 二酸化炭素 + 水 + エネルギー

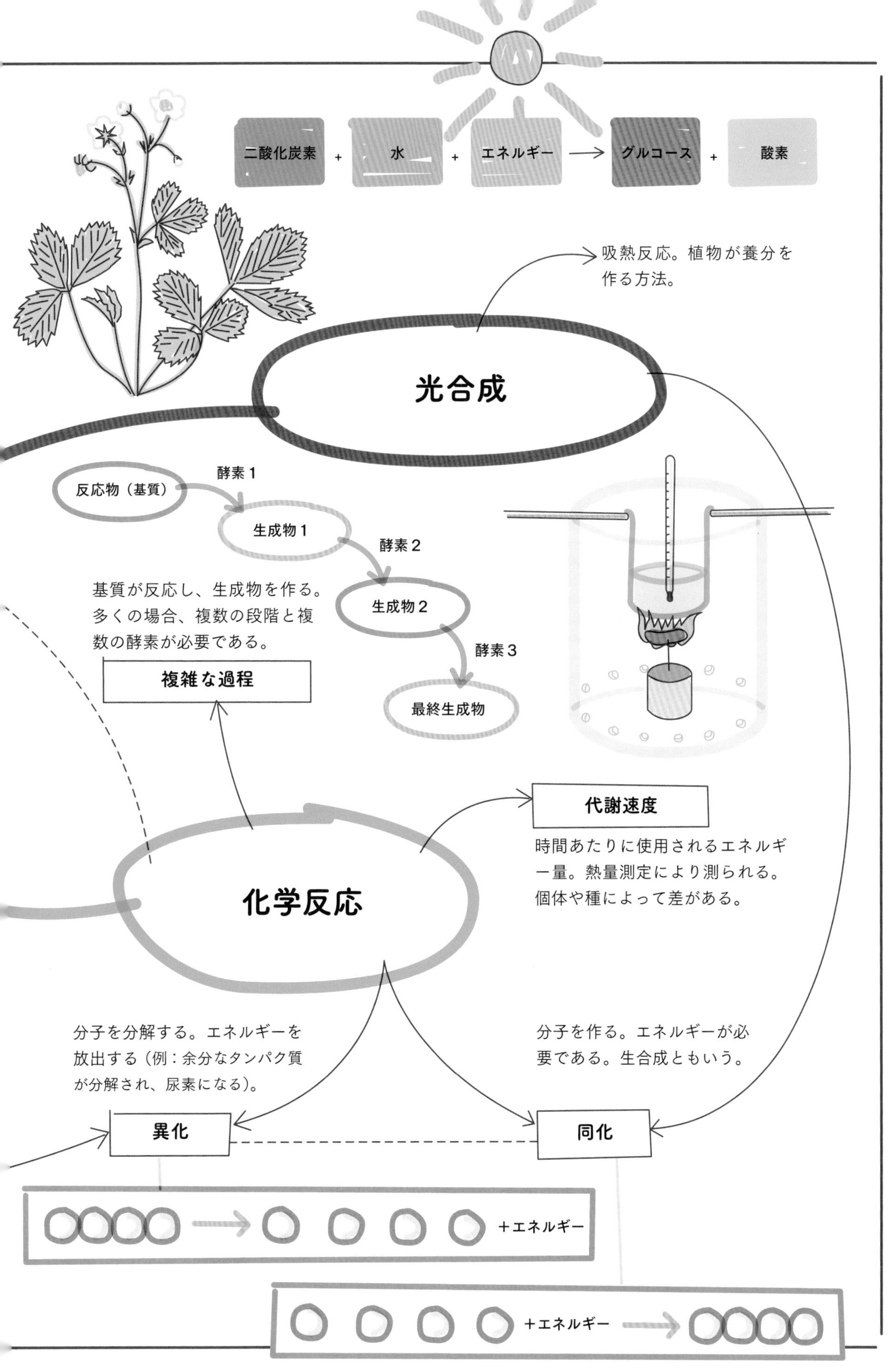
二酸化炭素 + 水 + エネルギー → グルコース + 酸素
吸熱反応。植物が養分を作る方法。
光合成
酵素1
反応物（基質）
生成物1
酵素2
生成物2
酵素3
最終生成物
基質が反応し、生成物を作る。多くの場合、複数の段階と複数の酵素が必要である。
複雑な過程
代謝速度
時間あたりに使用されるエネルギー量。熱量測定により測られる。個体や種によって差がある。
化学反応
分子を分解する。エネルギーを放出する（例：余分なタンパク質が分解され、尿素になる）。
分子を作る。エネルギーが必要である。生合成ともいう。
異化
同化
＋エネルギー
＋エネルギー

Chapter

7

植物の構造と機能

植物は、応答性があり、組織化され、調整された生物である。動物同様、細胞が組織や器官に分かれて配置され、それらが互いに連携して生産システムを形成している。植物は高度に専門化されており、土から水やミネラルを獲得し、太陽光から光合成によって食物を作ることができる。葉には細胞が複雑に配置され、維管束は水や食べ物の輸送に特化している。植物は上へ上へ、外へ外へと伸び、その行動の多くはホルモンによって調整される。植物は病気や欠乏症になってしまうこともあるが、健康を維持するための洗練された一連の適応策をとるように進化してきた。植物についてもっと知ってみよう。

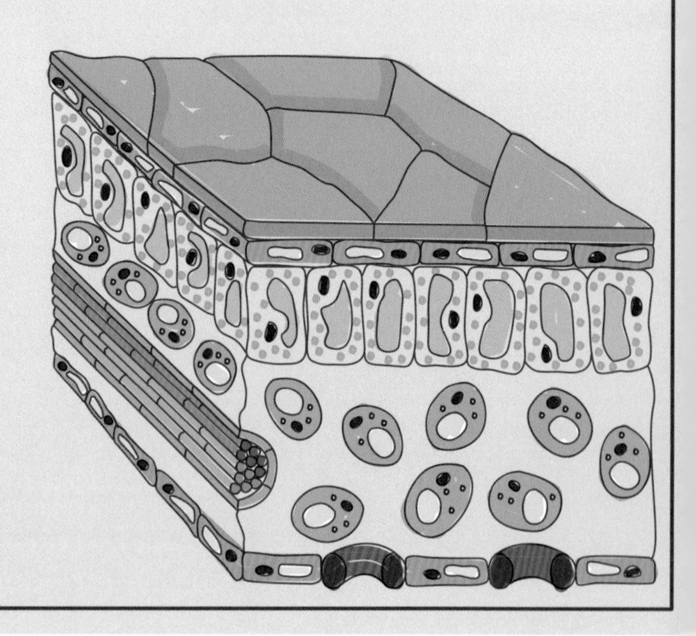

蒸散

植物は、光合成を行い、成長するために、継続的な水の供給を必要とする。この過程を「蒸散」という。水は根から植物に入る。その後、茎や葉に吸い上げられ、大気中へと蒸発していく。

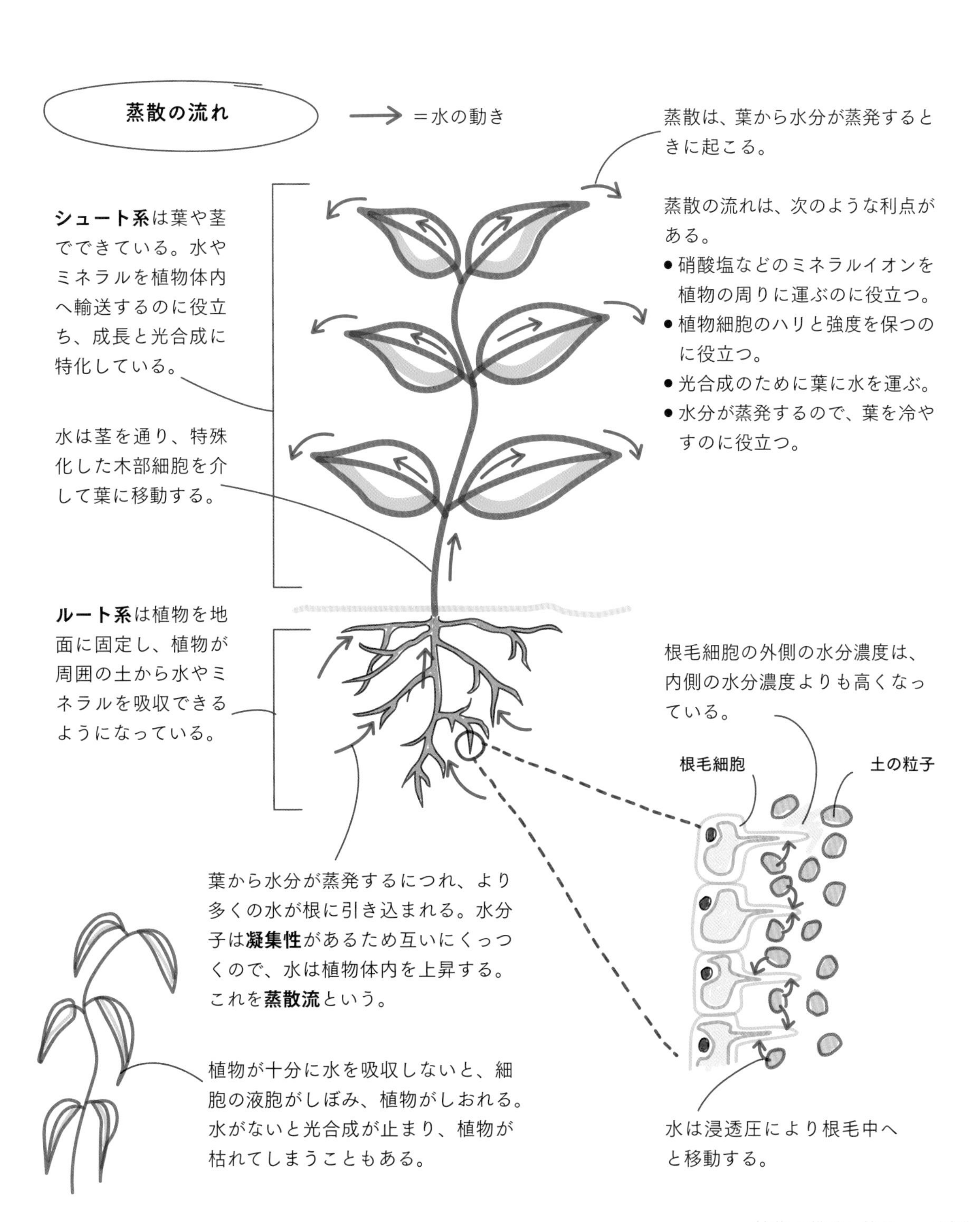

維管束系

動物と同じように、植物にも重要な分子の移動を助ける血管に似たシステム（維管束系）がある。植物には、動脈や静脈の代わりに、特殊な細胞から作られた一連の中空の管がある。この管には、道管と師管の２種類がある。

木部

木部にある道管では、水やミネラルイオンを根から茎や葉へと運ぶ。

最初に道管が形成されるときは、生きた細胞でできているが、時間が経つにつれ、道管の細胞内で**リグニン**という化学物質が中空のらせんを作る。やがて細胞は死に、リグニンを足場にした中空の管が残る（木化）。

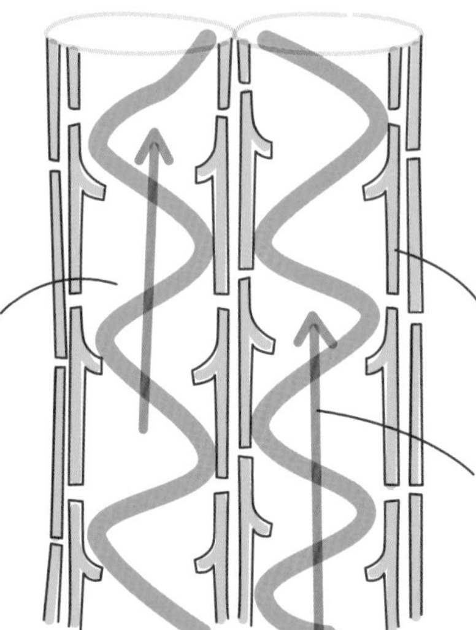

木化した細胞は非常に強力である。リグニンのらせんがあることで、構造的な支えとなり、植物が立ち上がるのを助けている。

細胞壁

水やミネラルは、蒸散によって一方向にしか流れず、つまり上向きに流れる。

師部

師部にある師管は、光合成によって作られた糖を、すぐに使ったり（例：分裂組織）、貯蔵したり（例：球根や塊茎）するため、植物体内の他の部分に運ぶ。

師管細胞は細長い生きた細胞で、末端壁に孔が開いている。この孔によって、水や水に溶けた物質が細胞から細胞へと管に沿って通過することができる。養分が流れる余裕を作るために、師管細胞には核やリボソームを含む多くの基本的な細胞小器官がない。

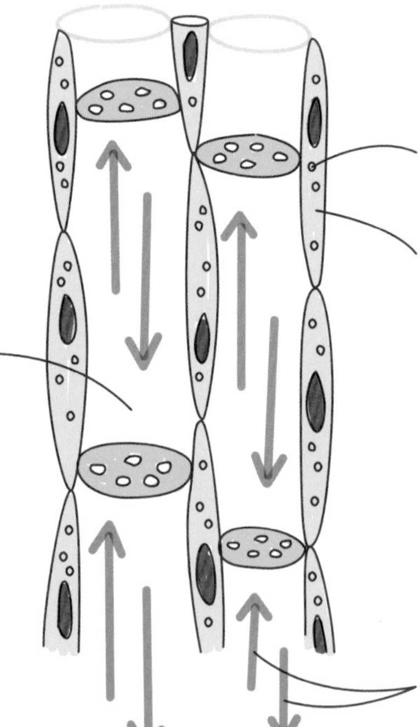

ミトコンドリア

１つまたは複数の**伴細胞**が各師管細胞に付着している。伴細胞には多くのミトコンドリアがあり、師管細胞にエネルギーを供給している。

溶解した糖は両方向に流れることができる。これを**転流**という。転流は能動的な過程であり、エネルギーを要する。

植物の成長

ほとんどの動物と違って、植物は一生を通じて成長し続ける。植物には「分裂組織」という特殊な成長領域があるためだ。分裂組織には、活発に分裂する幹細胞があり、幹細胞により、新しい植物組織を作ることができる。

一次成長

根や茎が伸び、植物の背丈が高くなることを**一次成長**という。一次成長は、根と芽の先端に分裂組織があるために起こる。それらは**頂端分裂組織**という。

新しい細胞のいくつかは幹細胞である。幹細胞は分裂組織にとどまり、より多くの新しい細胞を作り続ける。

根毛細胞

新しい細胞の一部は、分裂組織から離れて移動し、根毛細胞や表皮細胞などの特殊な細胞へと分化している。

細胞分裂の盛んな部分

頂端分裂組織で幹細胞は分裂し、新しい細胞を作る。これが一次成長である。

根冠

二次成長

樹木などの植物も、直径が大きくなる。これは**二次成長**によるものである。これらの植物の茎にも分裂組織が含まれている。そのため、二次成長が起こる。これらの**側部分裂組織**は、分裂する細胞が円形に並んでいる。

新しい細胞が作られるにつれて、茎や幹の直径が大きくなる。二次成長は、年輪を生成する。年輪は樹木の年齢を決定するのにも使われる。

側部分裂組織には幹細胞があり、幹細胞は体細胞分裂によって分裂し、新しい細胞を作る。これが二次成長である。

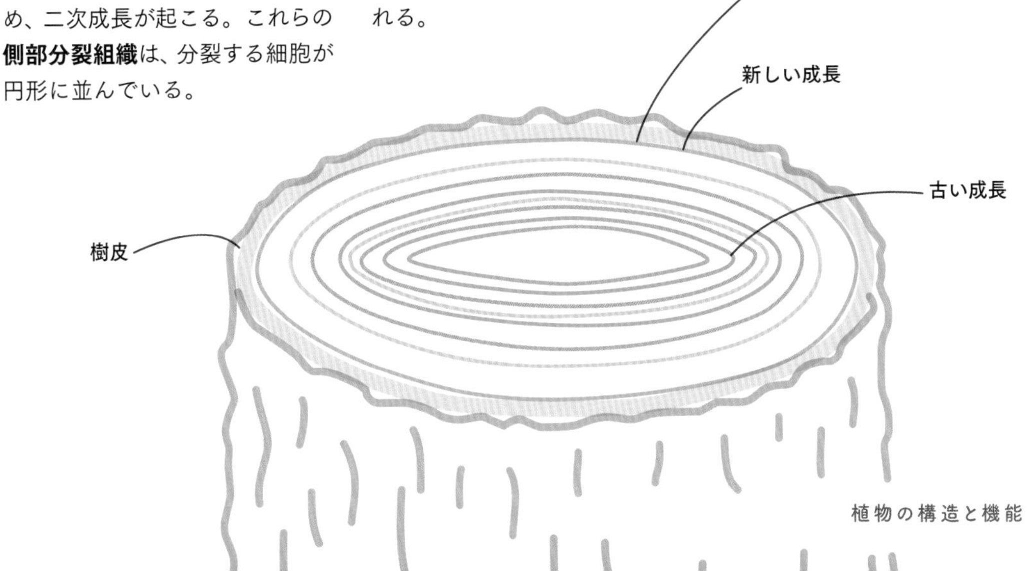

葉の構造

動物同様、植物の器官も高度に特殊化されている。葉は、光合成と植物内外への物質輸送を最大化するように、特に適応している。葉にはさまざまな種類の組織があり、その細胞には「葉緑体」という特殊な細胞小器官がある。ここで光合成が行われる。葉緑体には緑色の色素である「クロロフィル」が含まれ、太陽光からエネルギーを吸収している。

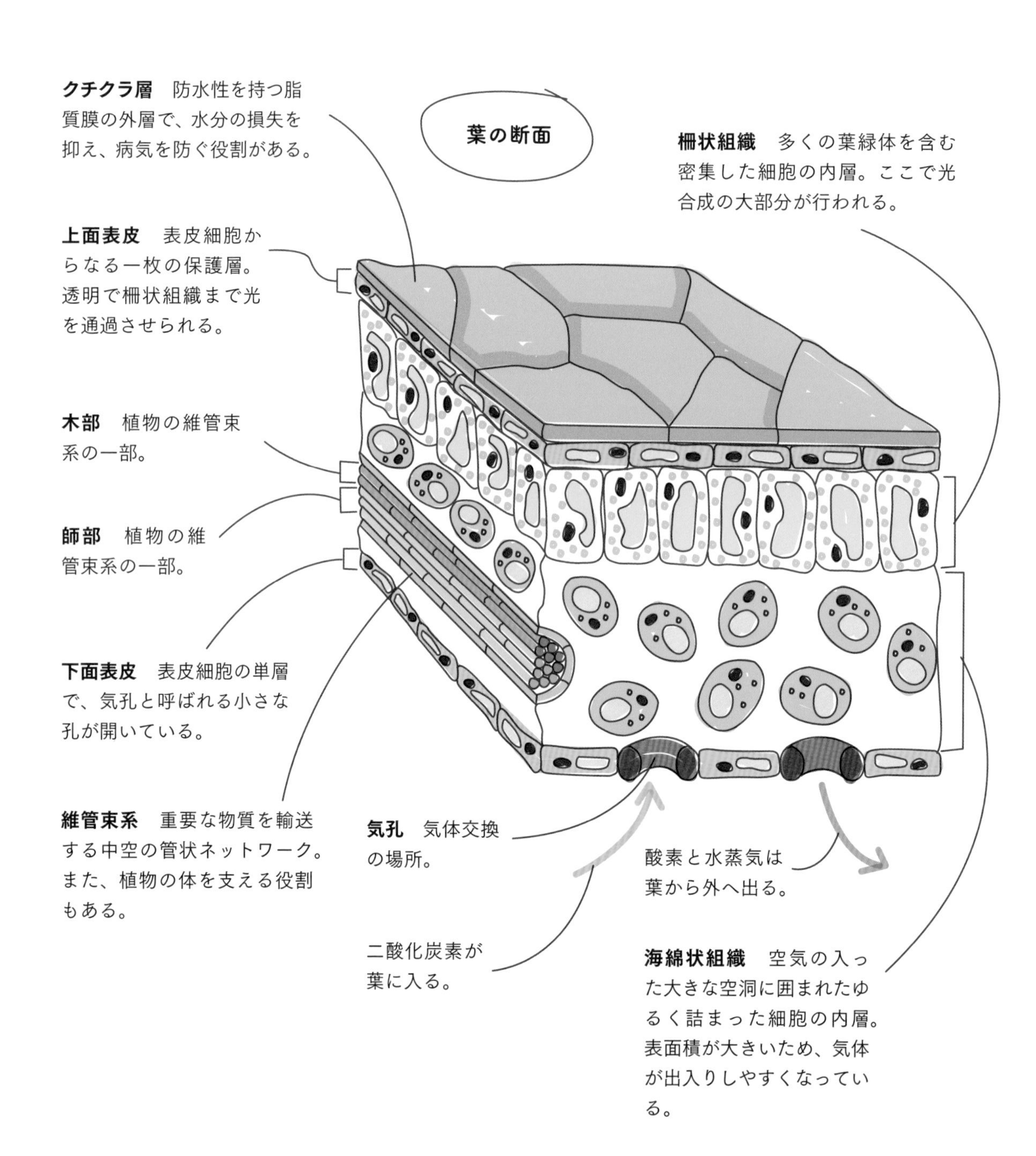

気体交換

葉、茎などの器官の表皮に見られる小さな孔を**気孔**という。気孔を介して気体が葉に出入りする。植物は、光合成のために二酸化炭素を取り入れ、ついでに作られた廃棄物である酸素を外へ排出する必要がある。その手助けをするのが気孔である。

蒸散は、温度、湿度、風などの環境条件の影響を受ける。植物はこれらの変化に対応するために気孔を開閉させる。気孔は蒸散のコントロールにも役立っている。

気孔

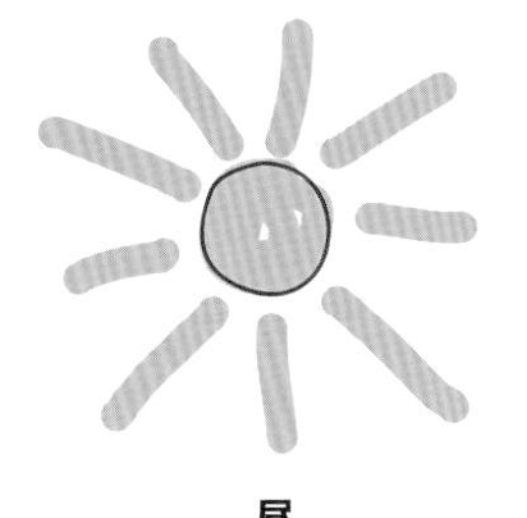

昼

ほとんどの植物は、日中、光合成しやすくするために気孔を開けている。特に乾燥しているときや暑いときなどは、余分な水分の損失を防ぐために、日中でも気孔を閉じていることがある。

孔辺細胞は、気孔を囲む特殊な細胞である。それらは、気孔の大きさや開き具合をコントロールしている。

孔辺細胞が膨らむと、気孔が開く。これで、気体が細胞に出入りできるようになる。

酸素は気孔から大気中に拡散する。

水は気孔から大気中に蒸発する。これが蒸散である。

二酸化炭素は気孔を通って植物の細胞内に入り込む。

夜

ほとんどの植物は、光合成に必要な日光が当たらない夜間には気孔を閉じている。

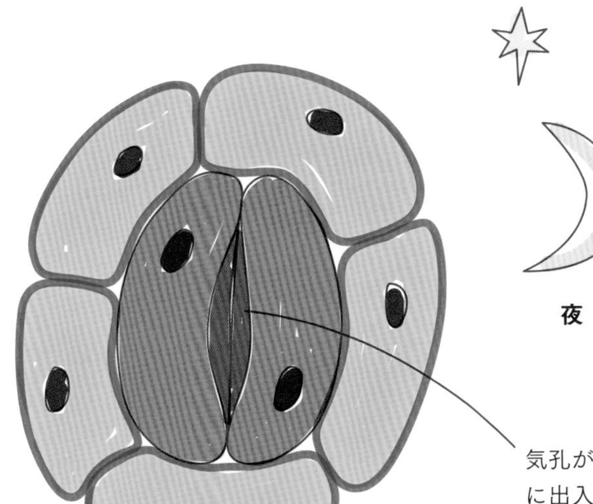

気孔が閉じていると、気体は細胞に出入りできない。

植物ホルモン

植物はホルモンと呼ばれる分子を使って環境の変化に対応する。「オーキシン」は植物の成長ホルモンである。オーキシンは、ルート系やシュート系の先端の成長をコントロールする。ルート系とシュート系では反対の効果があり、重力に対する植物の反応に影響を与える。

重力屈性

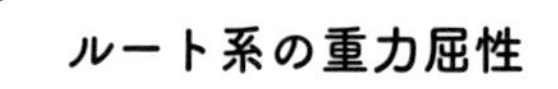

植物は、土から水や養分を吸収できるように根を下に伸ばす必要がある。

根が地中で横向きに伸びている場合、重力によってオーキシンが根の下側に沈む。このとき、根の下側には、上側に比べてより多くのオーキシンが存在する。

根の中では、オーキシンが成長を抑制している。根の上側はより成長し、下側はあまり成長しない。すると、根は下に曲がる。

植物が重力に反応することを**重力屈性**という。

根は重力に向かって伸びるため、**正の重力屈性**を示す。

シュートは重力から離れる方向に伸びるため、**負の重力屈性**を示す。

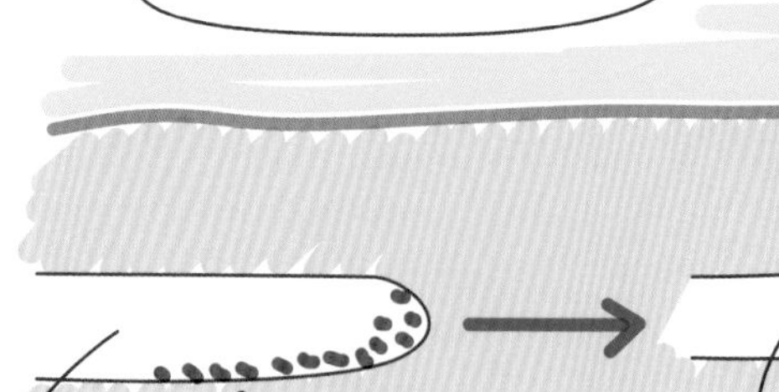

植物は、葉が太陽からエネルギーを吸収し、光合成によって食べ物を作れるように、シュートを上向きに成長させる必要がある。

発芽したばかりの種子から出たシュートが地中で横向きに伸びている場合、シュートの上側と比較して下側により多くのオーキシンが存在することになる。

シュートでは、オーキシンが成長を促進する。シュートの上側はあまり成長しない。下側はさらに成長する。すると、シュートは上に曲がる。

光屈性

植物は光に対してさまざまな反応を示す。この反応は**光屈性**という。また、オーキシンというホルモンによってコントロールされている。シュートにおいて、オーキシンは細胞をさらに成長させる。

オーキシンの人為的利用には次のようなものがある。

- 除草剤
  雑草の葉にオーキシンを散布すると、雑草の細胞分裂が制御不能になり、植物は枯死する。
- 発根粉末
  根の成長を促進するため、園芸植物の挿し木にオーキシン粉末をつける

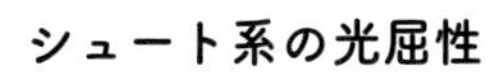

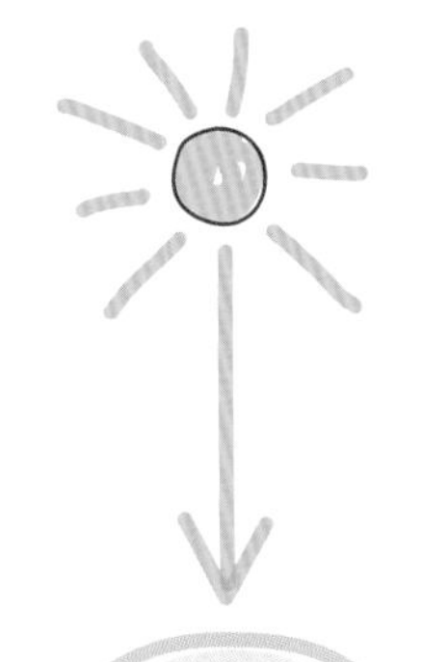

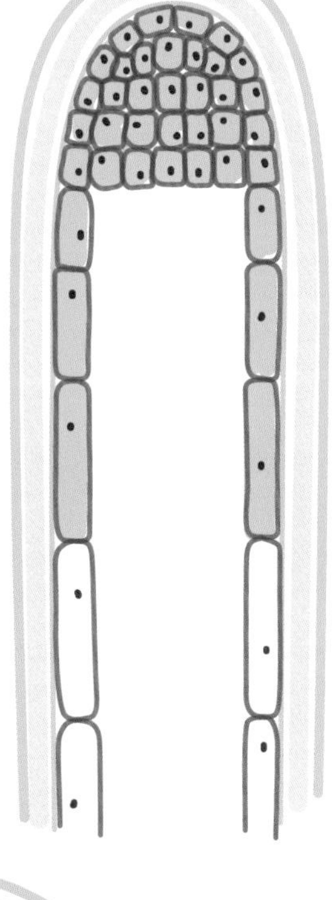

植物に上から光を当てると、オーキシンはシュートの先端に均等に行きわたる。これにより、先端がまっすぐ上に伸びる。

ジベレリンも植物ホルモンの一種である。ジベレリンは種子の発芽、茎の成長、開花を促進する。たとえば、植物の栽培では、発芽を早め、一度に全種子を発芽させるためにジベレリンを使う。また、切り花業界では、一年中花を咲かせるためにジベレリンを使う。

エチレンも植物ホルモンの一種である。気体というのが珍しい。植物の成長や果実の成熟に影響を与える。たとえば、バナナは青く熟していないうちに摘み取られることがよくある。そしてスーパーに並ぶまでの間に、エチレンで処理される。エチレンにより果物が熟し、お客さんに提供するための準備を整えるのである。

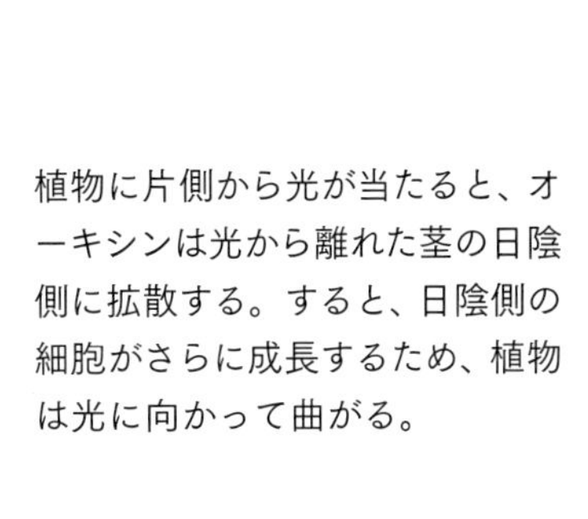

植物に片側から光が当たると、オーキシンは光から離れた茎の日陰側に拡散する。すると、日陰側の細胞がさらに成長するため、植物は光に向かって曲がる。

植物の欠乏症、病気、および防御

植物には複雑な栄養要件がある。これらの要件が満たされないと、うまく育たない。また、植物は、病気を引き起こすさまざまな生物（病原体）によって病気に罹ることもある。植物は、病気から身を守るためにさまざまな防御機構を進化させてきた。

欠乏症

植物は土からさまざまなミネラルを取り入れる必要がある。そのため、植物は能動輸送を使う。ほとんどのミネラルは少量で済むが、窒素、マグネシウム、カリウムなどのミネラルは大量に必要である。ミネラルバランスが取れていないと、植物はうまく育たない。これらの欠乏はさまざまな形で現れる。

ミネラルとミネラル欠乏症

ミネラル	細胞は次の目的で使用する	必須	欠乏
硝酸塩	タンパク質を作る	細胞の成長	生育不良 （葉が黄色になる）
リン酸塩	DNAを作る	呼吸、細胞増殖	根の生育不良 （葉が変色する）
カリウム化合物	酵素の働きを助ける	呼吸、光合成	花や根の生育不良 （葉が変色する）
マグネシウム化合物	クロロフィルを作る	光合成	葉が黄色になる

病気

植物は、細菌、ウイルス、菌など、さまざまな害虫や病原体に感染する。葉の異常、生育不良、腐敗、コブなど、病気によってさまざまな症状が現れる。

バラの黒星病は、菌が原因の病気である。葉に斑点ができ、落葉する。これにより光合成が十分に行えず、植物はうまく育たなくなる。治療のためには、感染した葉を取り除き、殺菌剤を散布する。

斑点や変色した葉

アブラムシと呼ばれる樹液を吸う小さな昆虫は、キャベツやジャガイモなどの作物の主な害虫である。アブラムシは多くの損害をもたらす。そこで、アブラムシを殺すために殺虫剤が使われる。

害虫

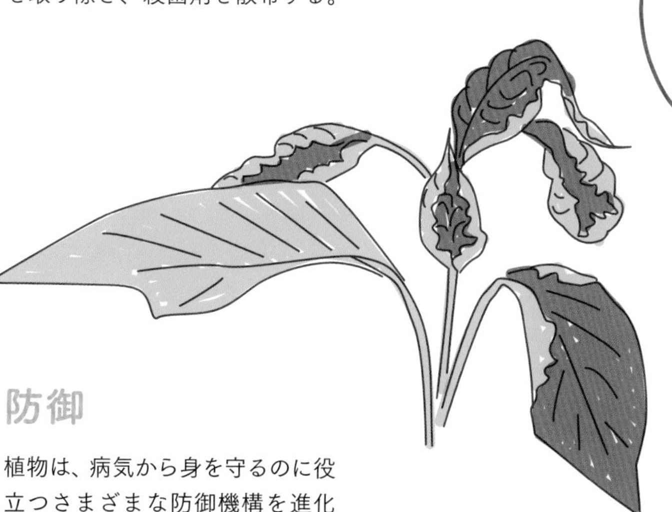

茎と葉が変形する

防御

植物は、病気から身を守るのに役立つさまざまな防御機構を進化させてきた。

物理防御

- 外側の脂質状のクチクラ層は、病原体に対するバリアの役割を果たす。
- セルロースで作られた細胞壁は、病原体に対するさらなるバリアとなる。
- 樹皮は死んだ植物細胞の厚い層にすぎないが、これはもう1つの保護層となっている。

化学防御

- 一部の植物は、抗菌化学物質を生成する（例：ハーブのタイムには、特定のウイルス、細菌、菌を殺す化合物が含まれている）。
- 植物のなかには、動物がそれらを食べるのを思いとどまらせる毒を作るものがある（例：スノードロップやヒヤシンスは有毒な化合物を作る）。

機械的防御

- 植物によっては、チクチク刺さるトゲがあり、食べにくいものがある（例：観賞用のバラにはとげがある）。
- 植物によっては、虫が触れると葉が垂れたり丸まったりするものがある。これにより、昆虫が葉から落ちてしまう（例：ミモザの葉は、触ると葉をたたんで垂れ下がる）。

まとめ

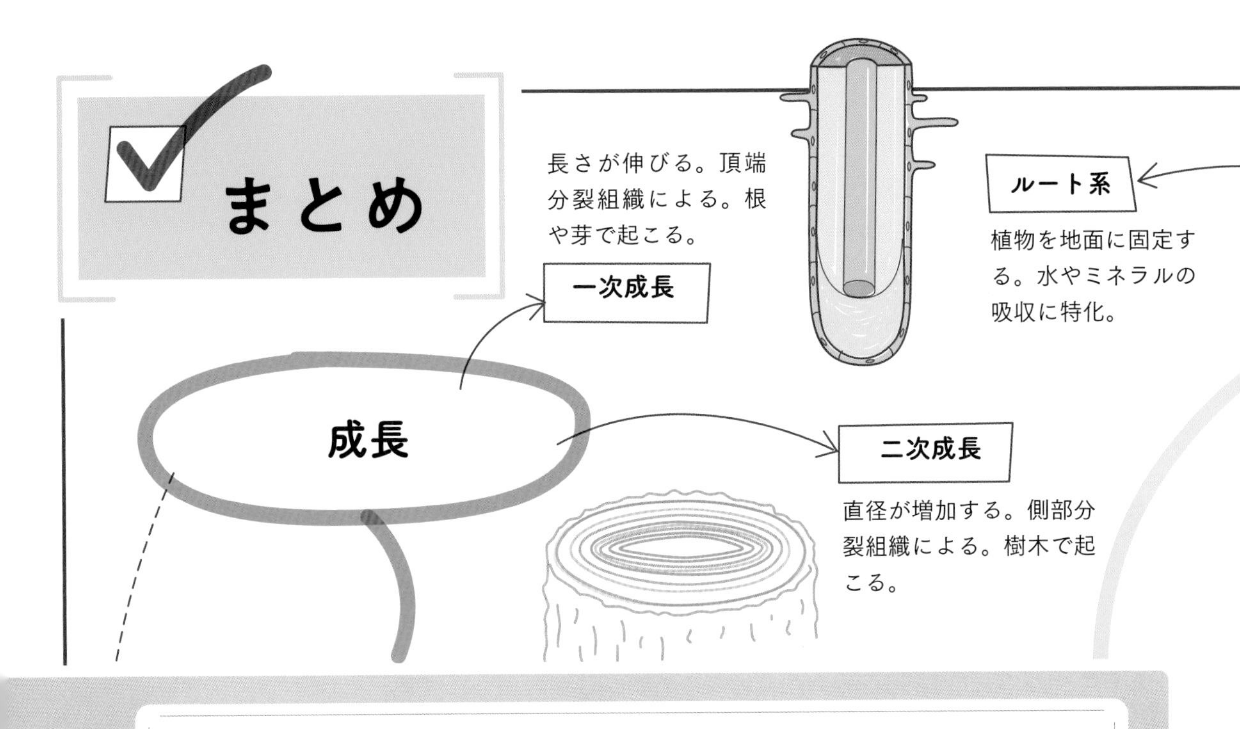

植物の構造と機能

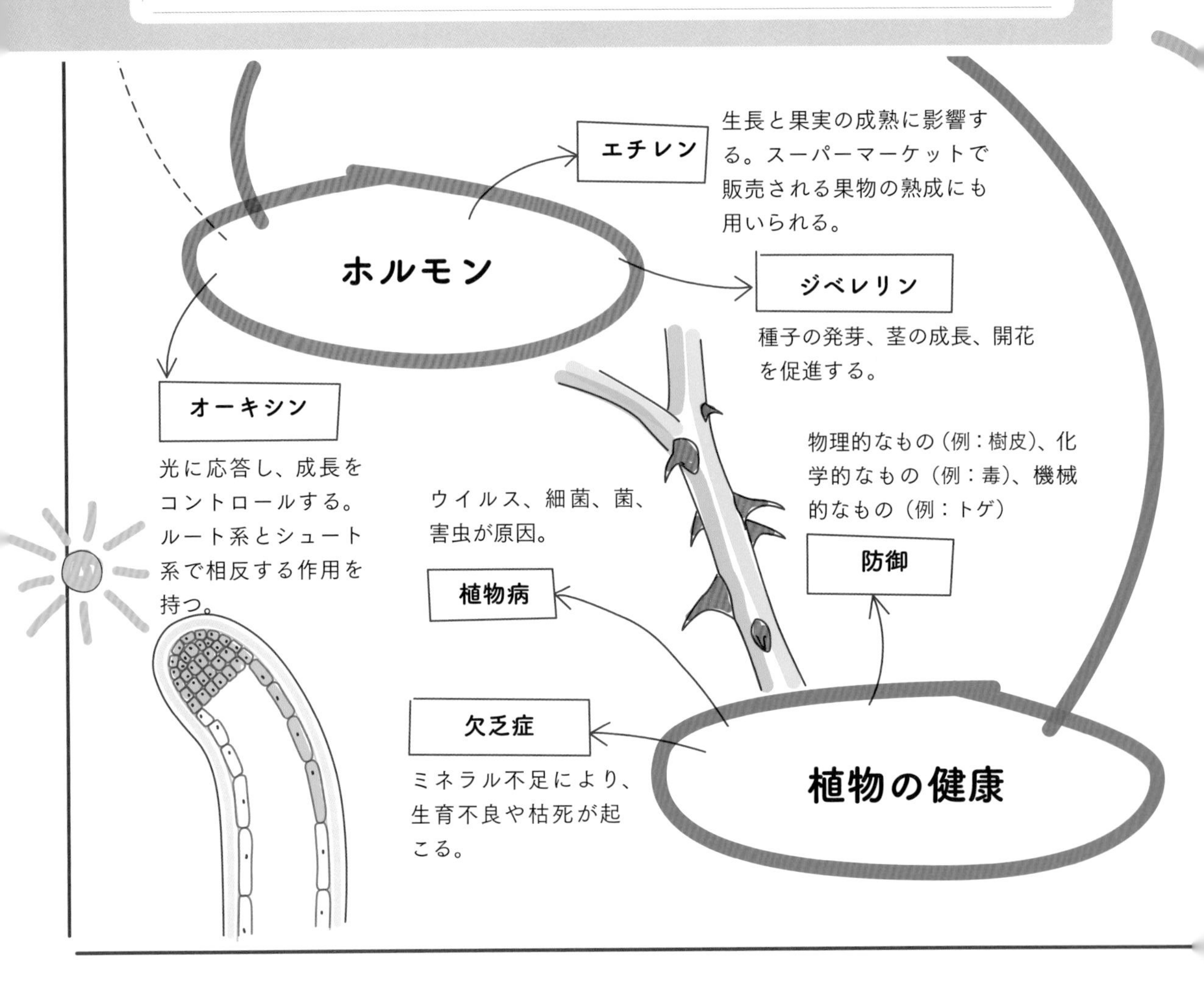

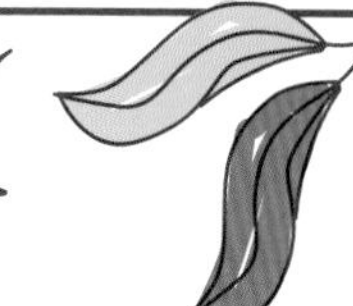

ルート系・シュート系

シュート系

成長、光合成、物質の移動に特化。

葉の構造

クチクラ層

脂質状の外層。水分の損失を減らす。病気の予防に役立つ。

表皮

単層の細胞。保護作用。透明で光を通す。

柵状組織

たくさんの葉緑体がぎっしり詰まった細胞。ここで光合成が行われる。

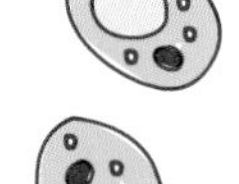
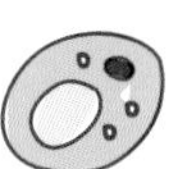

海綿状組織

ゆるく詰まった細胞とたくさんの空洞。ここで気体が拡散する。

気孔

孔辺細胞に囲まれた小さな孔。葉に出入りする物質をコントロール。

輸送管

木部

死んだ木化細胞を介し、水やミネラルイオンを輸送する。

師部

端にたくさんの孔の開いた特殊な生細胞を介して糖を輸送する。

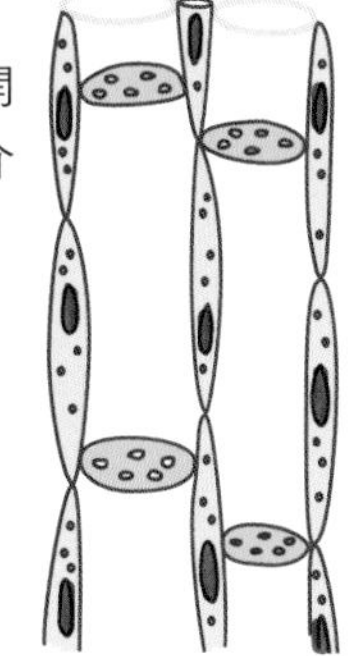

維管束系

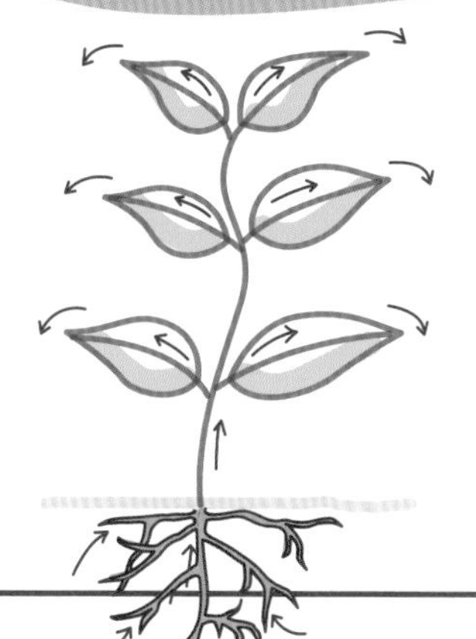

蒸散

水は根から植物体内に引き込まれる。葉から蒸発して外へ拡散する。

転流

溶けた物質は植物体内を移動する。

Chapter

8

ヒトの構造と機能

本章では、環境は絶えず変化しているにもかかわらず、人体がどのようにして比較的一定の体内環境を維持しているのかについて学ぶ。外部の変化を感じ取るのに役立つ特殊な感覚器を扱う。たとえば、脳は神経やホルモンを使って感覚の情報を処理し、反応を調整することによって、特殊なヒトの器官系が呼吸や消化などの重要な機能を提供している。他の動物にも同様のシステムが存在する。それらが互いに連携しあうことで、生物の生命維持に役立っている。

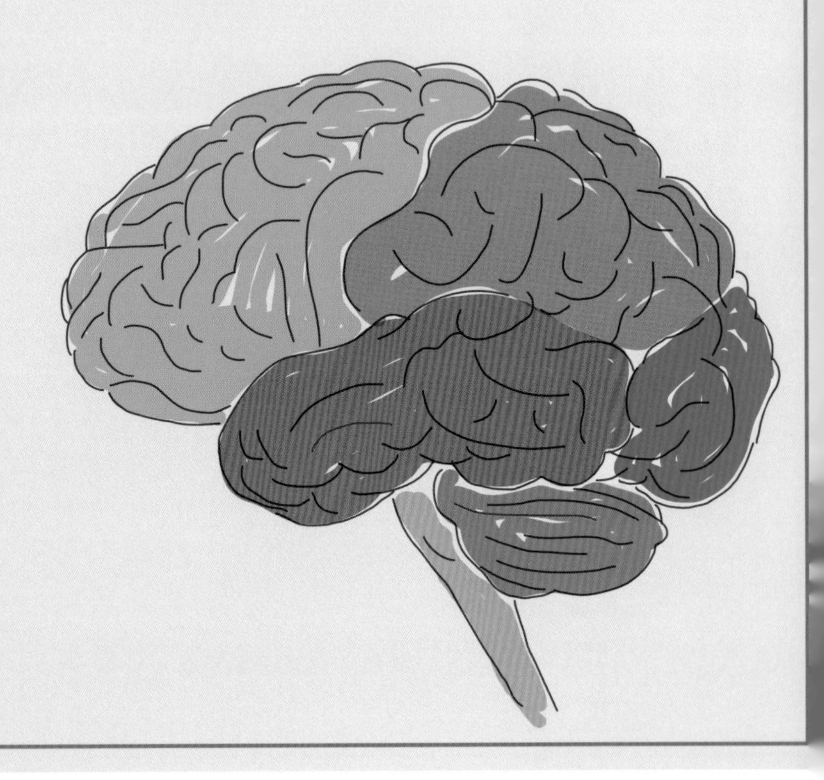

器官系

動物の体は組織や器官として組織化された細胞で構成される。それらはシステムとして互いに連携して機能する。人体の場合、11種類の異なる器官系がある。

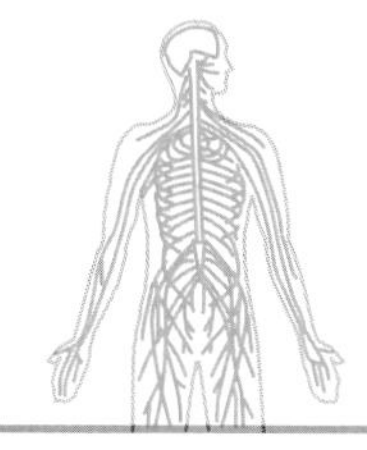

神経系　環境からの刺激に反応し、体中に電気信号を伝え、適切な反応を構築する。

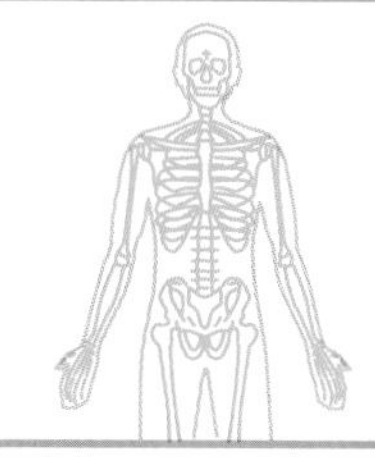

骨格系　全身の骨と関節で構成される。体を支え、保護し、運動を可能にし、血球を生産する。

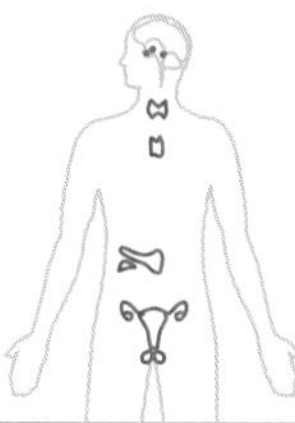

内分泌系　ホルモン分泌腺の集合体。成長、発達、代謝など、多くの機能をコントロールする。

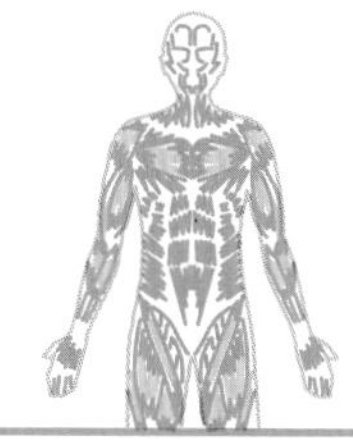

筋系　関節の安定、姿勢維持、動作をコントロールする。

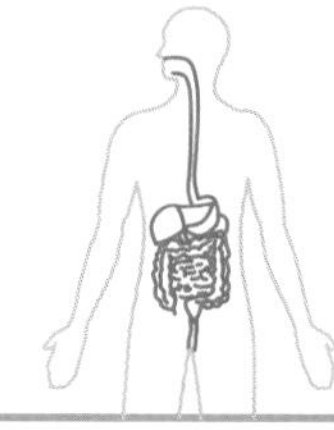

消化器系　養分を体内に吸収できるように、食べ物をますます細かく分解する。

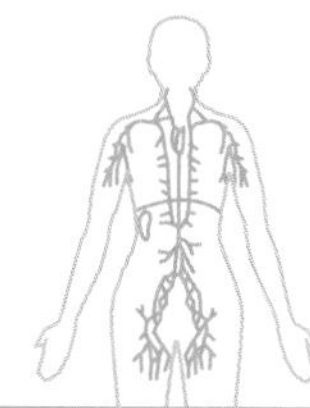

リンパ系・免疫系　免疫反応を高め、白血球を体中に運ぶことで、病気から体を守る手助けをする。

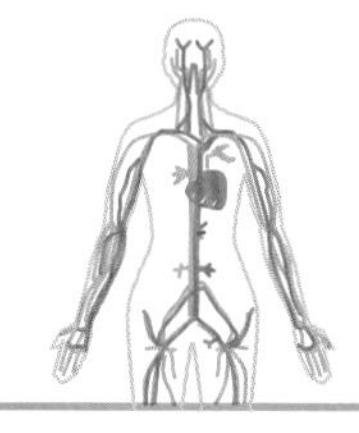

循環器系　心臓、血管、血液が関与するネットワークで、体内に酸素と栄養を供給し、ホルモンを運搬し、老廃物を排出する。

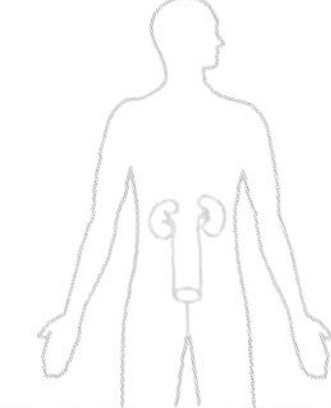

泌尿器系　体内の老廃物を尿として排出する。血液中の水分や塩分をコントロールする。

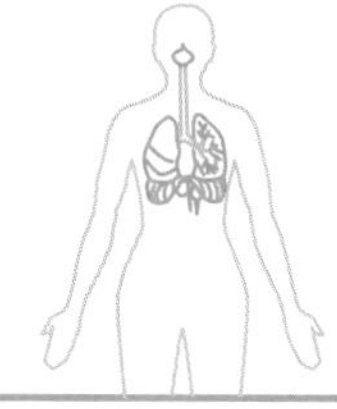

呼吸器系　肺を含む、気体交換を可能にする器官群。酸素が体内に運ばれ、二酸化炭素は排出される。

外皮系　皮膚、髪、爪が含まれる。それらは、主にバリアとして機能し、体を外界から保護している。

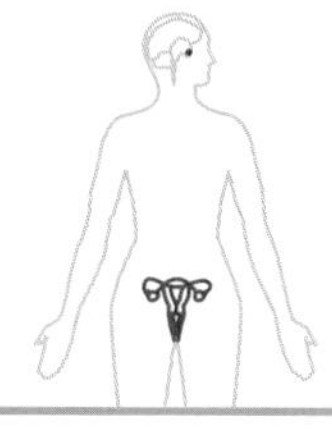

女性の生殖器系　卵を生産する。発生中の胚に栄養を与え、保護するのに役立つ。

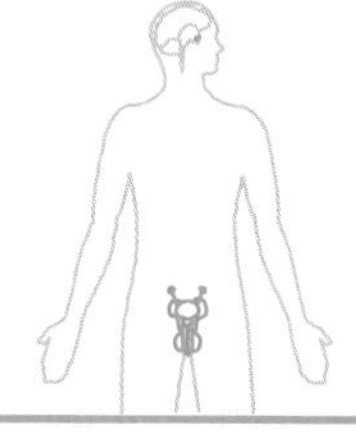

男性の生殖器系　卵を受精させることができる精子を作る。

ホメオスタシス

生物がうまく機能するためには、体内の状態をコントロールすることが必要である。たとえば、体温や血糖値は一定の範囲内に保たなければならない。「ホメオスタシス」とは、外部環境が変化しても、生物と細胞が安定した比較的一定の内部環境を維持する能力である。

ホメオスタシスは自動制御される。つまり、考える必要がない。ホメオスタシスはホルモンや神経系によって自動制御されることで実現している。この**自動制御システム**には、感覚器、効果器、およびコントロールセンターが含まれている。

ホメオスタシスは、**負のフィードバック**（97ページ）と呼ばれるしくみによって維持されている。たとえば、体温が上昇すると、コントロールセンターが体温を低下させる。体温が下がると、コントロールセンターが体温を上昇させる。

自動制御システム

感覚器　「刺激」または環境変化を感知する（例：耳と皮膚）。

コントロールセンター　受信情報を解釈し、適切な反応を調整する（例：脳や膵臓）。

効果器　適切な反応を実行する。体内の状態を最適なレベルに戻す（例：骨格筋や唾腺）。

血糖値の調節

インスリンとグルカゴンという２種類のホルモンは、血液中のグルコース濃度をコントロールするのに役立つ。どちらも膵臓で作られる。負のフィードバックは、血糖値を正常範囲に保つのに役立つ。

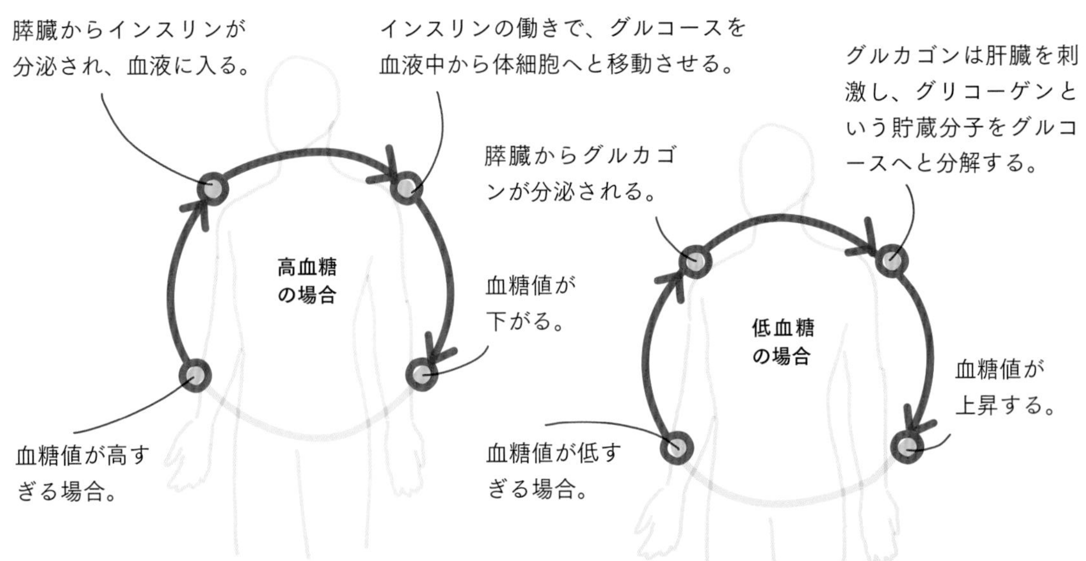

体温調節

人体は約37℃で最もよく機能する。ヒトは暑すぎたり寒すぎたりすると、その変化を体が感知し、さまざまな反応を引き起こす。

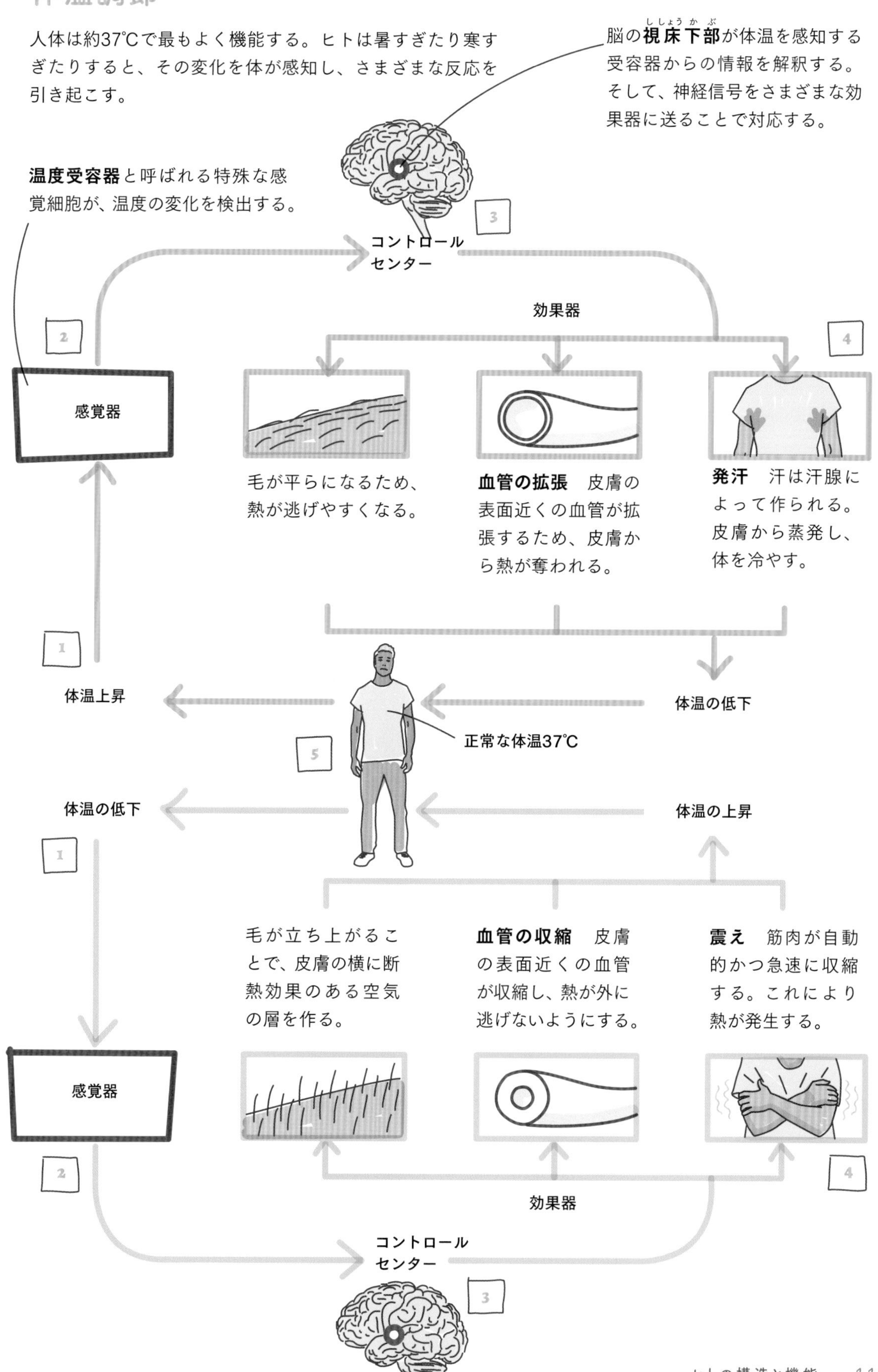

神経系

「神経系」は、周囲の環境に対応できるように、私たちのふるまいを計画し、調整する。神経系は、脳や脊髄(せきずい)、そして体の残りの部分をつなぐいくつもの「神経」で構成されている。神経は、神経伝達物質と呼ばれる電気と化学物質を使って情報を伝える。

中枢(ちゅうすう)神経系（CNS：Central nervous system） 脳と脊髄が含まれる。これは体のコントロールセンターである。受容体という感覚細胞から情報を受け取り、効果器を介して応答を調整する。

末梢(まっしょう)神経系（PNS：Peripheral nervous system） CNSを体の残りの部分に接続するすべての神経が含まれる。PNSの神経は、外部の変化を感知し、CNSからの指示を実行する。

シナプス 隣接する2つのニューロン（神経細胞）の間に存在する隙間。

運動ニューロン CNSから効果器に電気信号を運ぶニューロン。

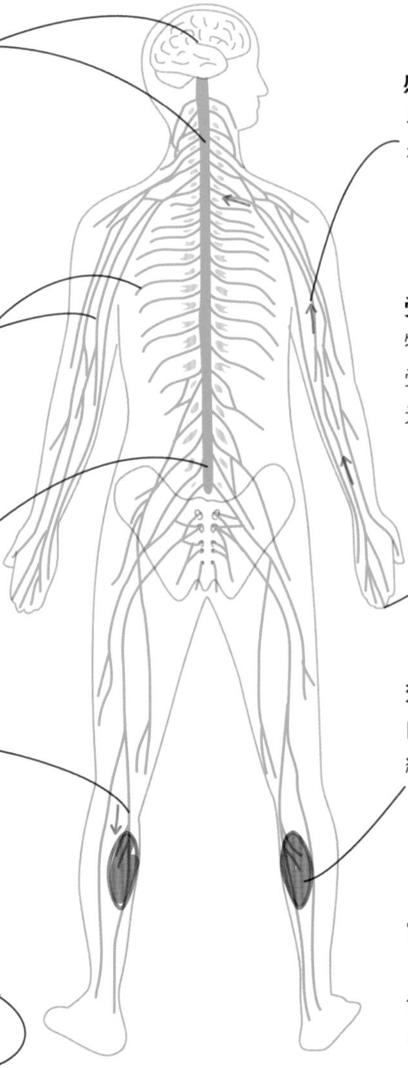

電気信号は、1つのニューロンに沿って移動する。

シナプス

感覚ニューロン 体の周りにある受容体からCNSに電気信号を伝えるニューロン。

受容体 環境の変化を感知する特殊な感覚細胞（例：指には触覚受容体、口には味覚受容体、眼には光受容体がある）。

効果器 電気信号に反応する筋肉や腺（例：筋肉の場合、縮んだり緩んだりする）。

電気信号がシナプスに到達すると、**神経伝達物質**と呼ばれる化学伝達物質が放出されるきっかけとなる。ドーパミンやセロトニンなどの神経伝達物質は、隙間（シナプス）を越えて拡散し、次のニューロンの特殊な部位に結合する。

これで、電気信号は経路を進むことができる。

反射

ニューロンは情報をすばやく伝える。その過程には意識的な思考が必要な場合もあるが、自動的に行われる場合もある。脳の意識的な部分が迂回され、反応をより迅速に起こす場合もある。これを**反射**という。いわば自動応答である。たとえば、誰かがあなたの眼に明るい光を当てると、何も考えなくとも瞳孔は小さくなる。

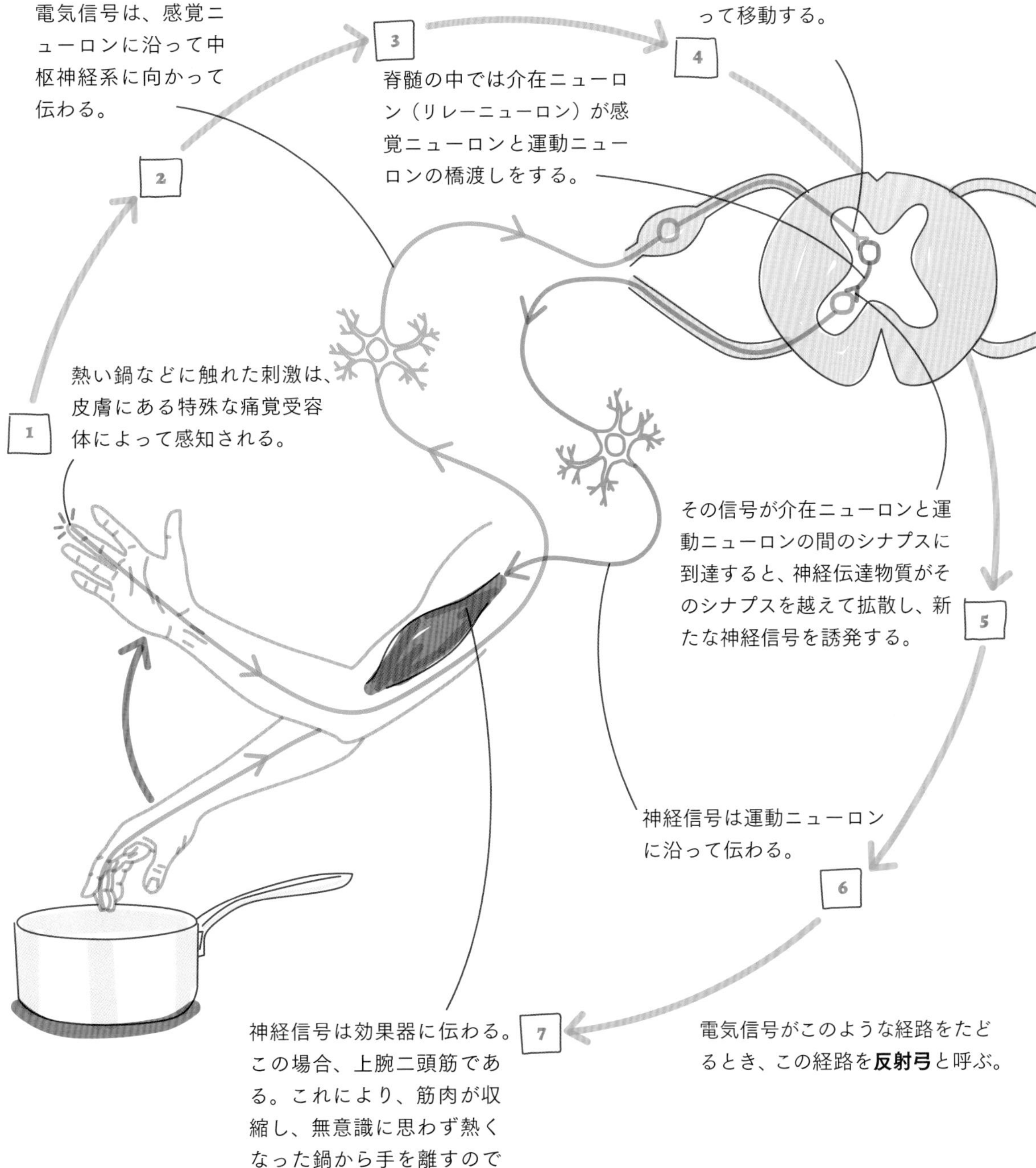

脳

ヒトの脳は、この世で最も洗練されたコンピューターのようである。シナプスと呼ばれる何兆もの接合部を介して互いに通信する何十億ものニューロンがここに含まれる。考える、学ぶ、感じる、見る、呼吸する、動くなど、あらゆることをコントロールしている。

成人の脳の重さは約1.3 kgで、ペットのウサギとほぼ同じである。新鮮な脳は、とろみのあるオートミールのように柔らかくてふにゃふにゃしている。脳は頭の中で**髄膜**という丈夫な膜と**頭骨**という骨の層で保護されている。ヒトの脳はさまざまな部位で構成されている。場所ごとに異なる役割を担っているのである。

脳の外側

前頭葉には、体の動きをコントロールする**運動野**と、思考や問題解決を助ける**前頭前野**がある。前頭葉には**ブローカ野**も含まれる。ブローカ野に障害が起こると、話すことが困難になる。

頭頂葉には、触覚、温度、圧力などの感覚を解釈する**体性感覚野**が含まれる。つまり、運動野は物理的にコーヒーカップを手に取ることを可能にするが、体性感覚野はそのカップが熱いことを伝える。

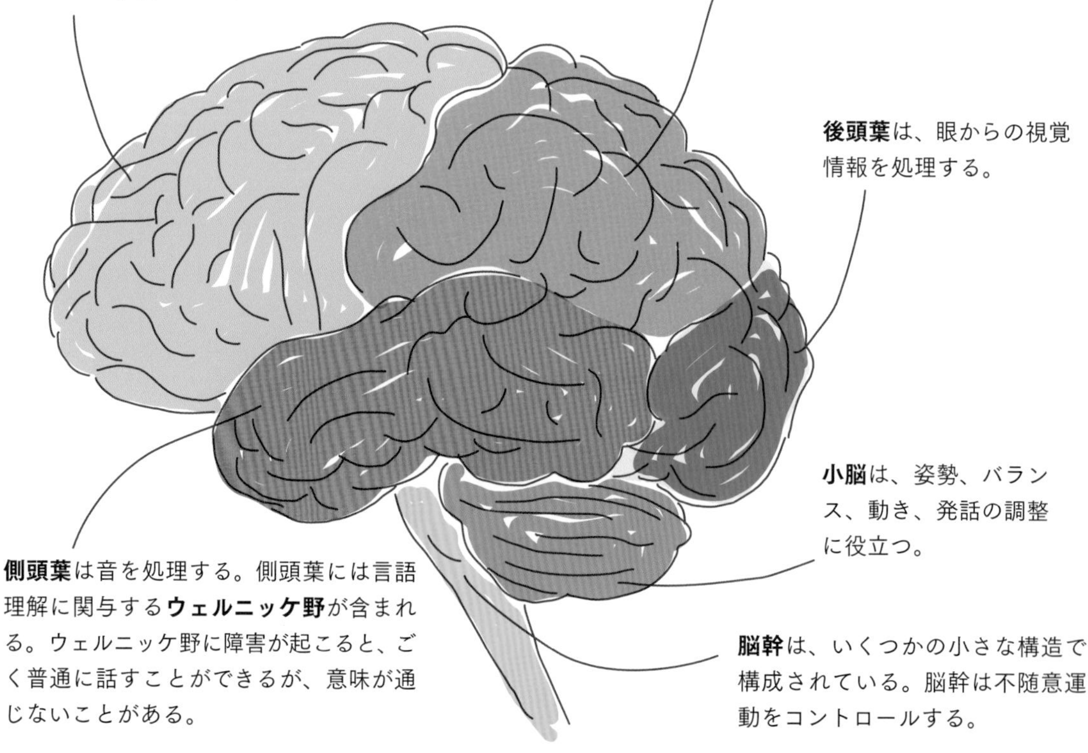

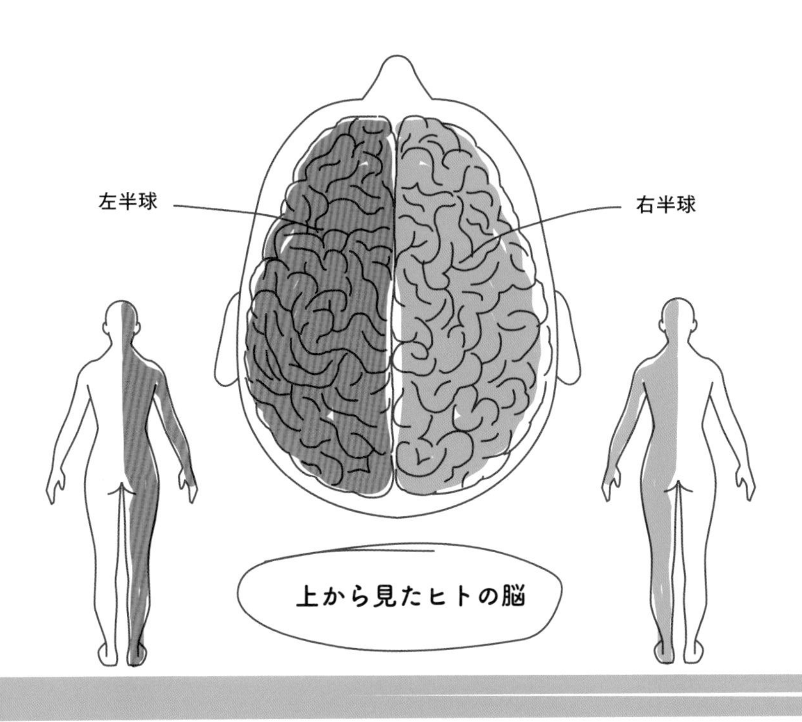

大脳は、脳の上部に見られる灰色のしわのある組織の層である。考える、話す、動くなどの自発的な行動をコントロールするのに役立つ。

大脳の表面は**皮質**という。皮質は中央で2つの半球に分かれている。**左半球**は体の右側を、**右半球**は体の左側をコントロールする。

脳の内側

神経系は視床下部の下垂体を介して内分泌系と連結している。視床下部はホルモンを作って分泌する。体温、空腹、喉の渇き、血圧などをコントロールする。

視床は、脊髄に出入りする情報を処理する。

小脳は、バランス、協調運動、および筋肉活動をコントロールするのに役立つ。

海馬は学習と記憶に関与している。

下垂体はホルモン分泌によってホメオスタシスの維持に役立つ。

延髄は脳幹の一部である。呼吸、心拍、血圧などの無意識の活動をコントロールする。また、くしゃみや嘔吐をコントロールする特殊な細胞もここにある。

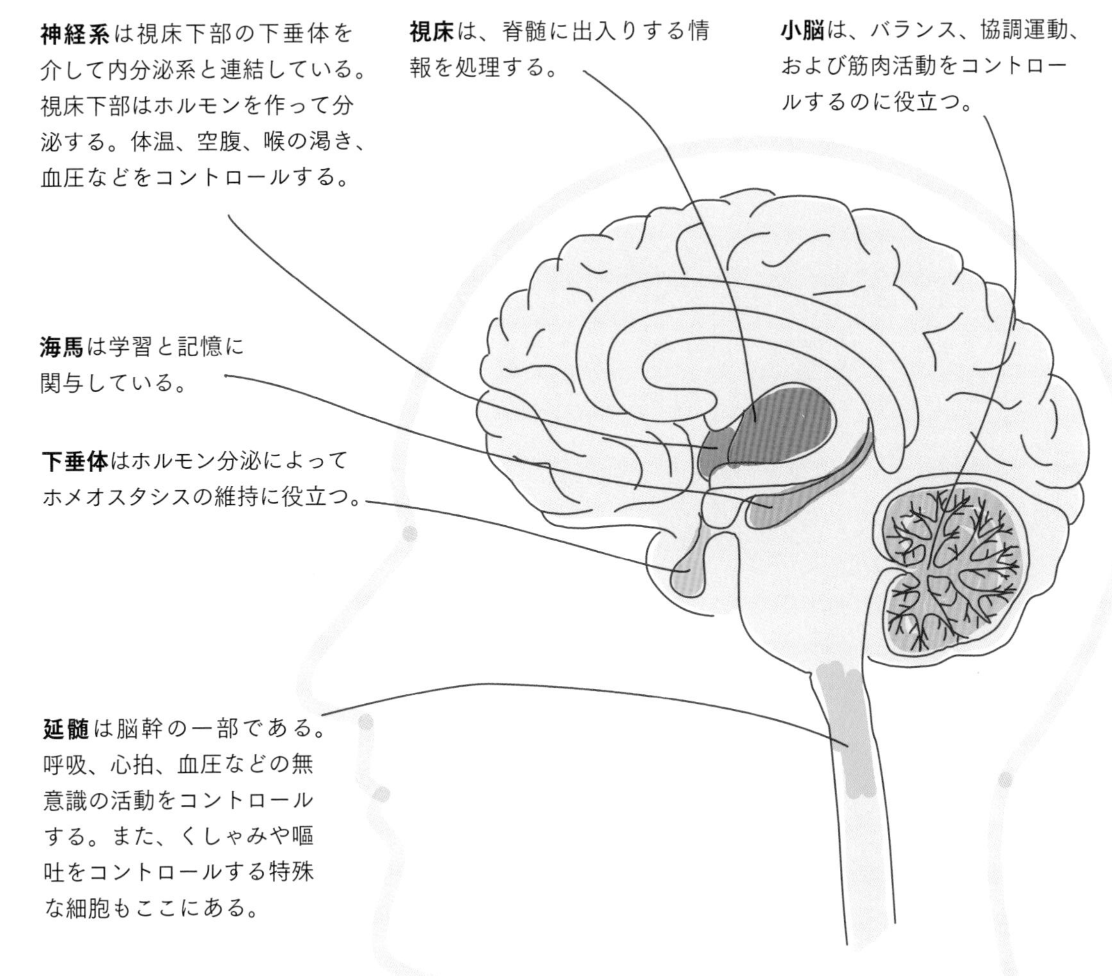

感覚器

私たちの体には、眼、耳、舌など、環境の変化を感知するさまざまな感覚器がある。感覚器から中枢神経系に情報が伝えられることで、私たちは環境の変化に対応できる。

虹彩　瞳孔の直径を変える筋肉が含まれている。眼に入る光の量をコントロールする。

チン小帯　緩んだり縮んだりし、水晶体の形状をコントロールする。

網膜　光を感知する視細胞が集まった層。

角膜　眼の前側にある透明な膜。光を内側に曲げる。

瞳孔　光を取り入れるための、眼の中央にある穴。

水晶体　光を曲げて、眼の奥に焦点を合わせる。

毛様体筋　緩んだり縮んだりを繰り返すことで、水晶体の形状をコントロールする。

強膜　外側を覆っている丈夫な保護膜。

視神経　網膜の光受容体から脳に神経信号を運ぶ。

眼

眼は重要な感覚器である。コントラスト、色、動きなどの複雑な刺激を感知できる。眼は独立したユニットに見えるかもしれないが、実際には中枢神経系の延長線上にある。眼の奥から出ている視神経は直接脳につながっている。

桿体細胞　主に網膜の周辺にある細胞の一種。桿体細胞は周辺視に使われ、薄暗い場所でもうまく機能する。

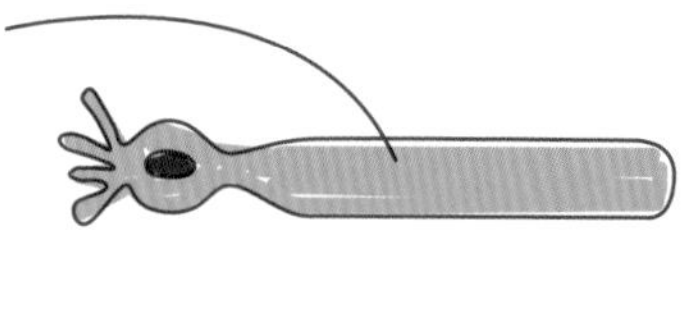

錐体細胞　網膜にある細胞の一種。色覚をつかさどっている。明るい場所で最もよく機能する。ヒトの眼には、赤、緑、青の３種類の錐体細胞がある。それらは、可視光のさまざまな色に敏感である。

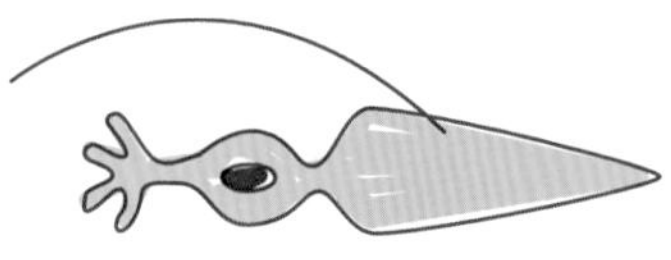

虹彩反射

明るすぎる光は眼にダメージを与える可能性がある。網膜の光受容体が非常に明るい光を感知すると、瞳孔を小さくする反射が引き起こされる。

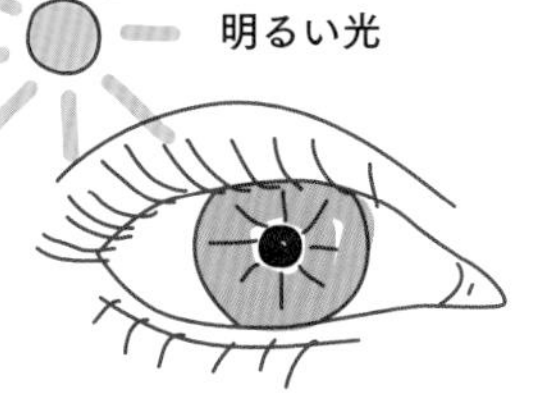

- 円形の筋肉（瞳孔括約筋）が縮む。
- 放射状の筋肉（瞳孔散大筋）が緩む。
- 瞳孔が小さくなる。

→その結果、眼に入る光が少なくなる。

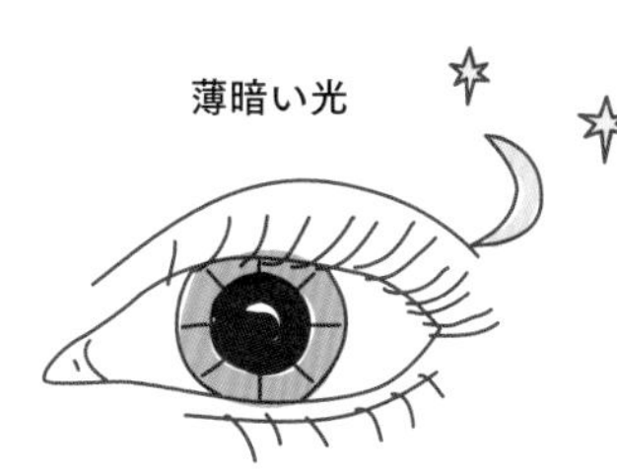

- 円形の筋肉（瞳孔括約筋）が緩む。
- 放射状の筋肉（瞳孔散大筋）が縮む。
- 瞳孔が大きくなる。

→その結果、眼に入る光が多くなる。

遠近調節

眼は、さまざまな距離にある物体にピントを合わせることが得意である。筋肉は緩んだり縮んだりを繰り返すことで、うまく網膜上に像を作る。これにより、画像が鮮明になる。

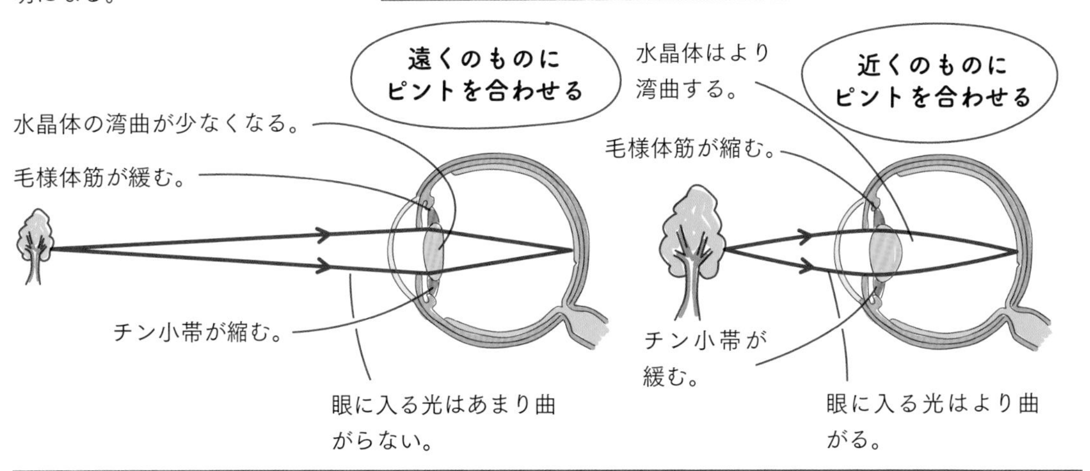

遠視と近視

遠視、近視はレンズで矯正できる。

遠視の場合、近くの物体に焦点を合わせるのに苦労する。

近くの物体の像は、網膜の後ろに焦点が合っているため、ぼやけて見える。

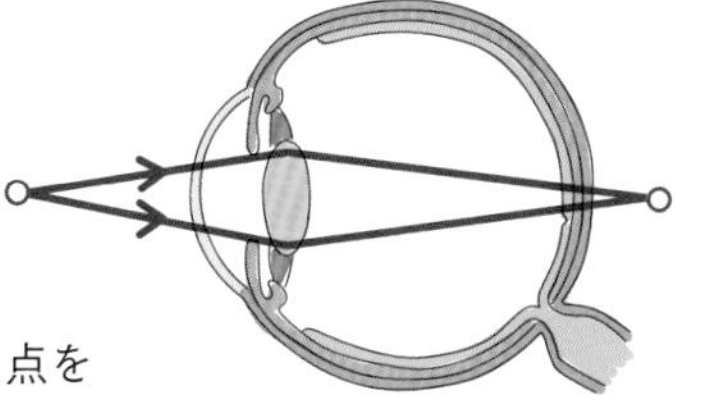

これは、凸レンズを使えば網膜に光線を集められるので矯正できる。

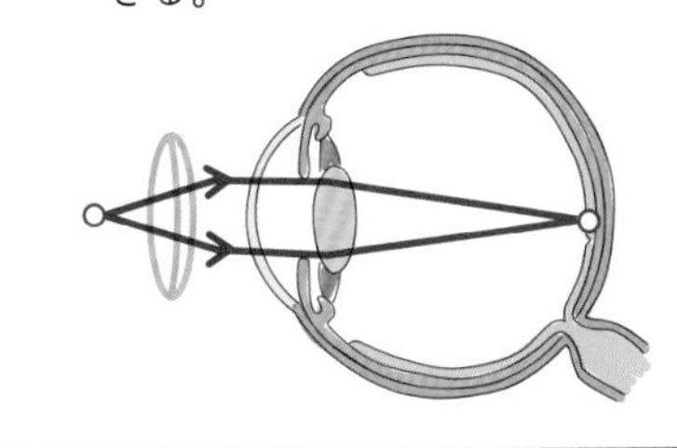

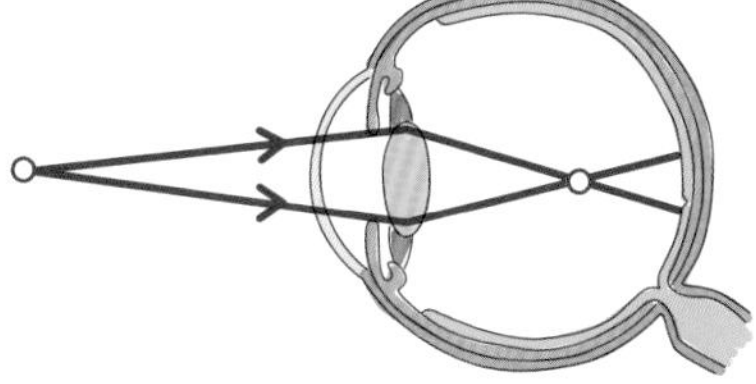

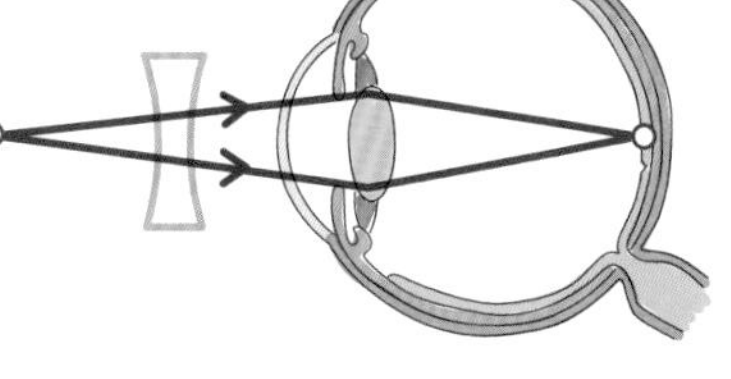

近視の場合、遠くの物体に焦点を合わせるのに苦労する。

遠くの物体の像は、網膜の前に焦点が合っているため、ぼやけて見える。

これは、凹レンズを使えば網膜に光線を集められるので矯正できる。

耳

耳は、音波を受信して集め、電気信号に変換し、その信号を脳に伝えることに特化している。

外耳（耳介） 耳の外から見える部分。漏斗のような形で、音波を集めて内耳に送る。

ツチ骨 槌（ハンマー）の形をした、中耳にある3つの小さな骨の1つ。音波に反応して振動する。

キヌタ骨 砧という槌で布を打つ台の形をした、中耳にある3つの小さな骨の1つ。ツチ骨が動くことで振動する。

アブミ骨 鐙という馬具の形をした、中耳にある3つの小さな骨の1つ。ツチ骨、キヌタ骨が動くと振動する。

半規管 液体で満たされた3つの小さな管。聴覚よりもバランス感覚に関与する。

うずまき管（蝸牛） 液体で満たされたカタツムリ（蝸牛）に似た形の管。アブミ骨が振動すると動く。これにより、電気信号を誘発する。

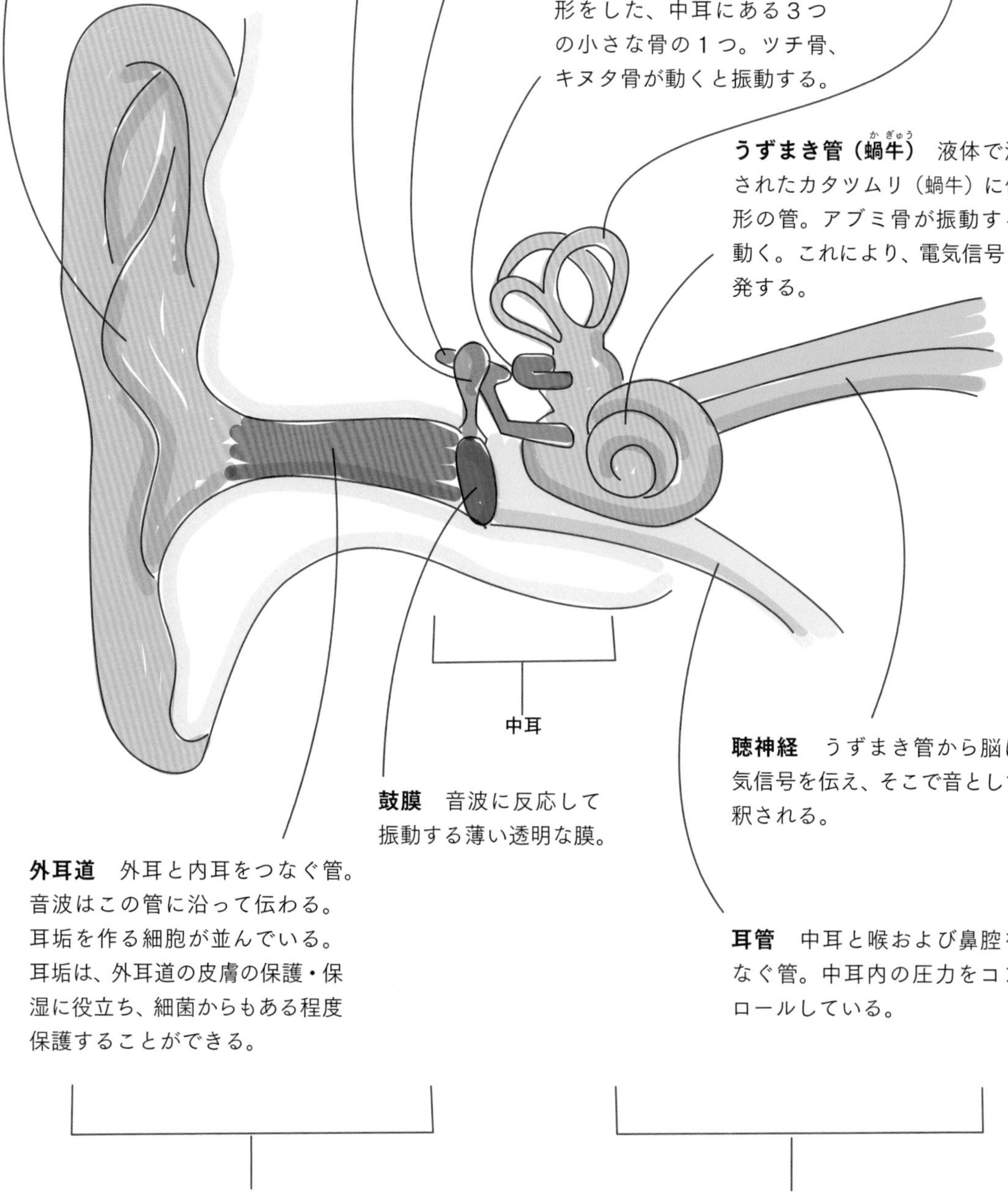

中耳

鼓膜 音波に反応して振動する薄い透明な膜。

聴神経 うずまき管から脳に電気信号を伝え、そこで音として解釈される。

外耳道 外耳と内耳をつなぐ管。音波はこの管に沿って伝わる。耳垢を作る細胞が並んでいる。耳垢は、外耳道の皮膚の保護・保湿に役立ち、細菌からもある程度保護することができる。

耳管 中耳と喉および鼻腔をつなぐ管。中耳内の圧力をコントロールしている。

外耳

内耳

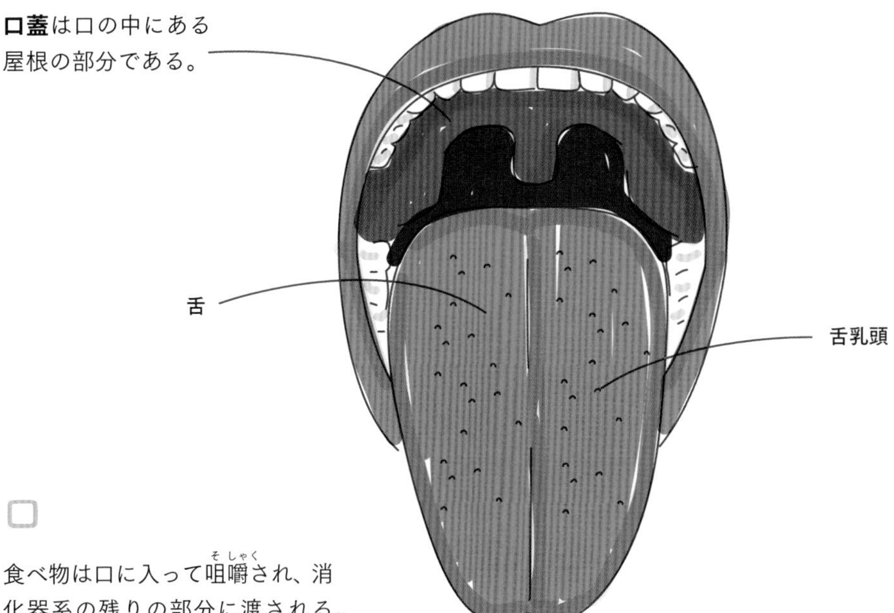

□

食べ物は口に入って咀嚼（そしゃく）され、消化器系の残りの部分に渡される。飲み込む前に味わう。そのため、**舌**にはさまざまな特殊な味覚細胞があり、食べ物を美味しく食べるための手助けをしている。

舌は口の中にある筋肉でできた器官である。食べ物を噛んだり飲み込んだり、音を出すのにも使われる。舌は唾液によって保湿され、多くの神経や血管が通っている。舌の上面は、**舌乳頭**（ぜつにゅうとう）と呼ばれる小さな隆起で覆われている。食べ物の触感を感じるのに役立つものや、食べ物を味わうのに役立つものなどの種類がある。味覚をつかさどる舌乳頭を味蕾（みらい）という。

その他の感覚器

視覚、聴覚、味覚、嗅覚、触覚の五感が有名だが、実際には50種類もの感覚が存在する可能性があると科学者らは考えている。

眼、耳、鼻などのわかりやすい感覚器もあるが、体には多くの特殊な感覚細胞がある。

これらは、従来の五感に加えて、他の感覚を認識するように装備されている。たとえば、次の通りである。

- **空腹感**は食べる必要性に駆られる感覚。
- **温度覚**は異なる温度を知覚する能力。
- **侵害受容**は痛みを知覚する能力。
- **平衡覚**はバランスを知覚する能力。
- **固有受容覚**は体のさまざまな部位がどこにあるかを知る能力（例：目を閉じたまま鼻に触れることができる）。

内分泌系

内分泌系は、体が環境の変化に対応するのに役立つ。内分泌系はさまざまな腺でできている。腺は、「ホルモン」という化学分子を血流に分泌する。ホルモンは体中をめぐり、特定の器官に影響を与える。

甲状腺　首にあり、チロキシンなどの甲状腺ホルモンを分泌する。甲状腺ホルモンは代謝に影響する。子どもの場合は成長や発達にも影響する。

下垂体　脳の底部にあるエンドウマメほどの大きさの腺。多くの異なるホルモンを分泌する（例：乳房の乳汁分泌を促すプロラクチン、成長と代謝をコントロールする成長ホルモン）。下垂体は他の腺の活動をコントロールするため、しばしば「内分泌中枢」や「マスター腺」と呼ばれる（例：下垂体ホルモンは、副腎、甲状腺、卵巣、および精巣に作用することで、他のホルモン分泌を促す）。

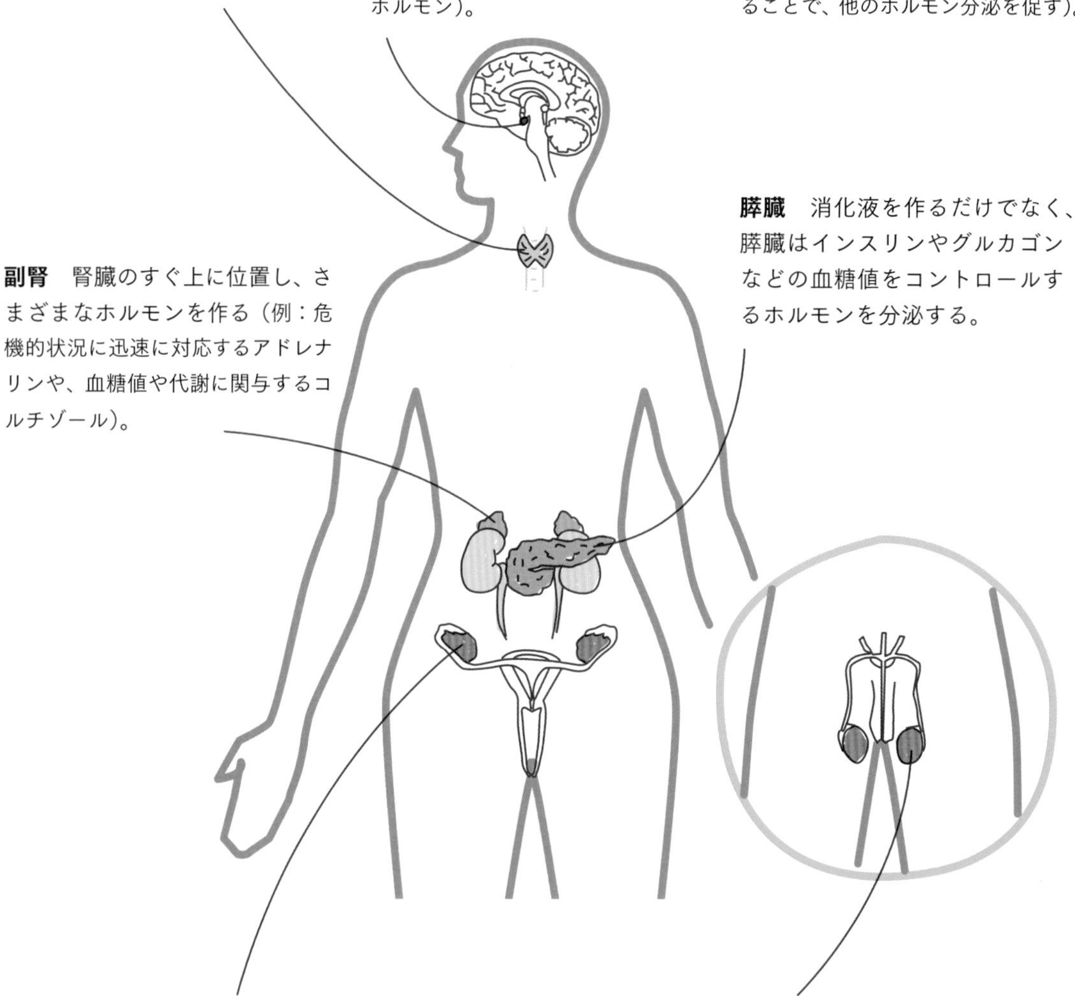

副腎　腎臓のすぐ上に位置し、さまざまなホルモンを作る（例：危機的状況に迅速に対応するアドレナリンや、血糖値や代謝に関与するコルチゾール）。

膵臓　消化液を作るだけでなく、膵臓はインスリンやグルカゴンなどの血糖値をコントロールするホルモンを分泌する。

卵巣（女性のみ）　エストロゲンを生成し、乳房、陰毛、その他の二次性徴の発達、月経周期、生殖機能に影響を与える。

精巣（男性のみ）　テストステロンを生成し、精子の生成、顔の毛、のどぼとけ、およびその他の二次性徴の発達に影響を与える。

闘争・逃走反応

ほとんどのホルモンは効果が出るまでに時間を要するが、効果がすぐに出るホルモンもある。闘争・逃走反応が良い例だろう。

脅威　危険またはストレスの多い状況を察知。

脳　信号を処理。

副腎　アドレナリンやコルチゾールを血流に分泌。

身体的影響　ホルモンは体を防御する（闘争）か逃げる（逃走）ように準備する。

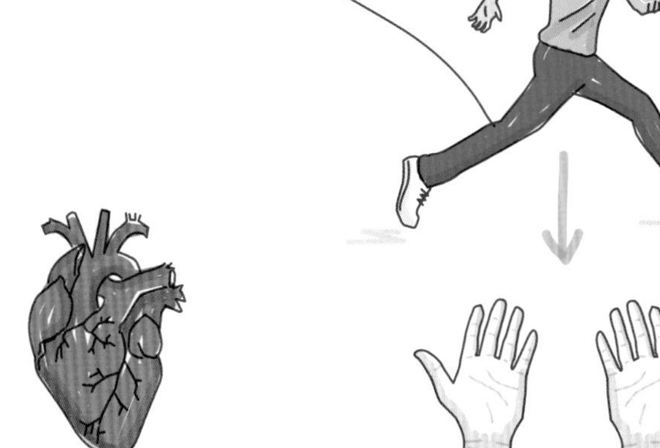

内分泌系と神経系の違い

内分泌系は、血液中を循環するホルモンを介し、特定の組織に影響を与える。ホルモンは、分解されるまで長い時間をかけてゆっくりと作用し、その反応は体の広い範囲に影響を与える傾向にある。一方、神経系は神経を介し、筋肉や腺に影響を与える。神経信号は短時間で急速に作用し、反応は体の特定の部位に限定される。

心拍数と血圧が上昇する。すると、より多くの血液が脳や筋肉などの重要な器官に送り込まれ、体が活動できるようになる。

血液が重要な器官に送られるので、手や足などの四肢は冷たく、しめつけられるように感じるかもしれない。

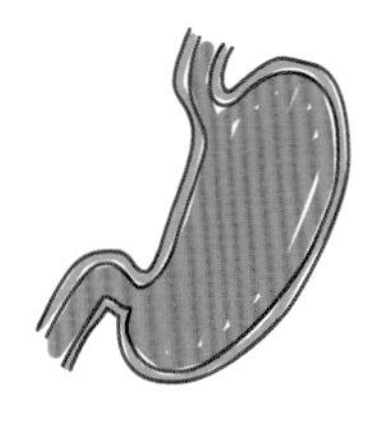

消化が遅くなるので、体は闘争・逃走反応に集中できる。

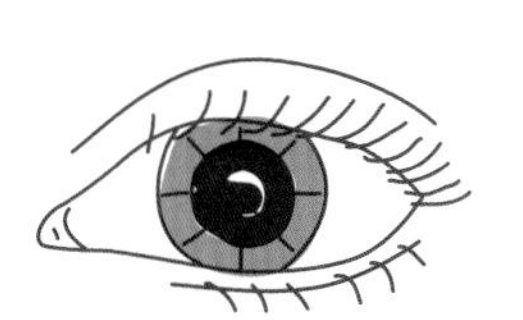

瞳孔が大きくなるので、より多くの光が眼に入るようになり、よく見えるようになる。

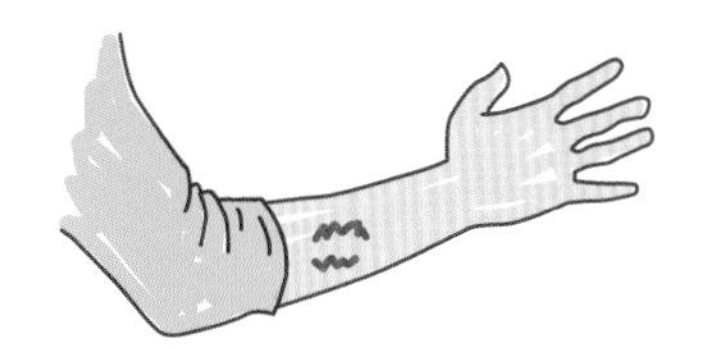

痛みの反応が鈍くなるので、怪我を意識しなくてすむ場合もある。

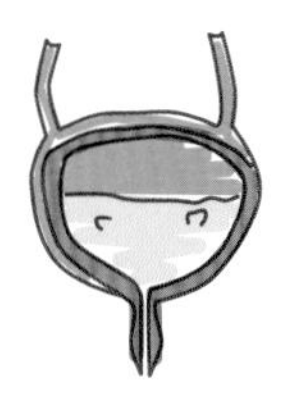

非常にストレスの多い状況では、膀胱がうまくコントロールできなくなる人もいる。

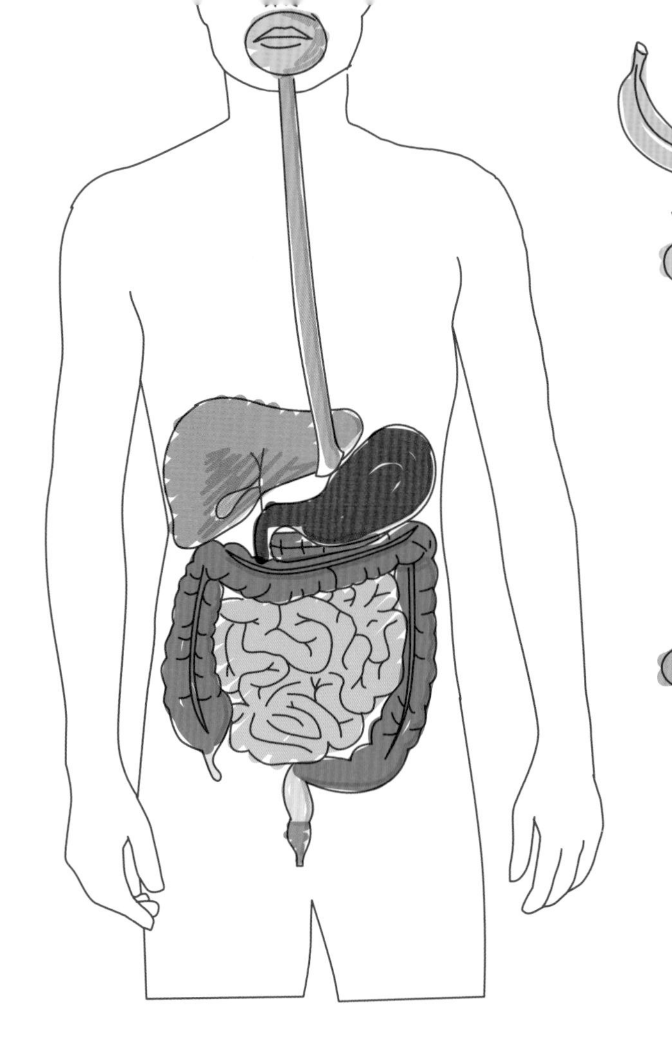

口

口は消化が始まる場所である。噛むことで、食べ物を細かく砕くことができる。味蕾が食べ物の化学組成を感知し、消化器系の細胞が消化酵素の分泌を促す。唾液に含まれる酵素であるアミラーゼによって、食べ物の中の炭水化物を化学的に消化し始める。

食道

食道は筋肉の管であり、口と胃をつないでいる。筋肉の収縮の波が食道を伝って食べ物を胃へと押し込む。これを**蠕動運動**（ぜんどう）という。蠕動運動は胃や腸の中を食べ物が移動するのにも役立つ。

消化器系

大人の消化器の長さは最大9mにもなる。さまざまな器官がたくさん含まれている。食べ物が消化器系を通過するとき、食べ物はより小さな断片に分解される。これは、咀嚼によって機械的に、また消化管に分泌されるさまざまな酵素によって化学的に行われる。食べ物が分解されると、体は有用な分子を吸収する。これが私たちのエネルギー源となる。消化できない食べ物はすべて排出される。

胃

胃は食べ物を貯蔵し、消化するのに役立つ。この伸縮性のある器官の内部には、最大2ℓの食べ物と液体を貯蔵できる。胃の内壁にある腺から分泌される胃液は、食べ物の断片をスープ状の懸濁液に変える。胃液には、タンパク質を分解する塩酸と、そのタンパク質をより小さな分子に分解するプロテアーゼと呼ばれる酵素が含まれている。

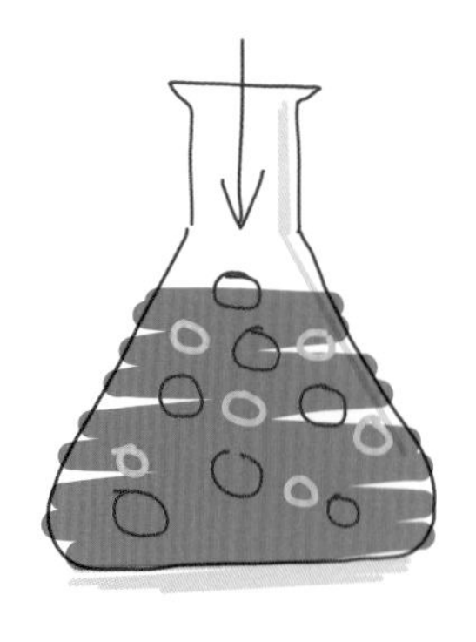

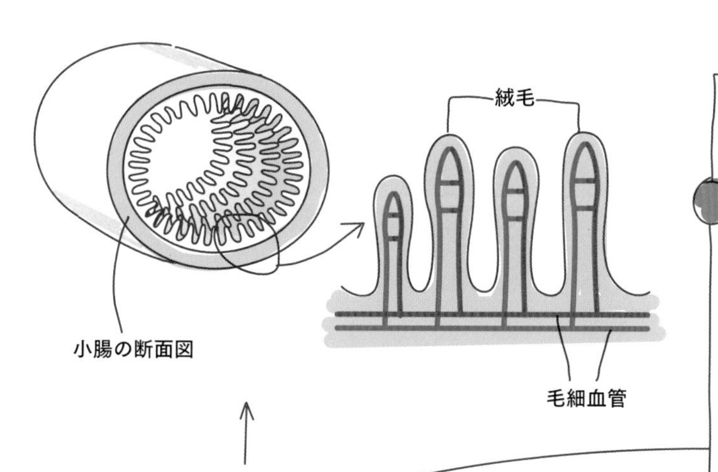

小腸

なかば消化された食べ物が小腸に入る。「小」という字はついているが、決して小さくない。長さは約7mで、大腸の長さの4倍以上もある。ただし、直径は小さい。小腸では、肝臓と膵臓の助けを借りて、食べ物がさらに小さな分子に分解される。そして、有用な養分が血液中に拡散し、全身に運ばれる。小腸の内壁は、絨毛（じゅうもう）という小さなヒダで覆われている。これらには、微絨毛というさらに小さなヒダがある。微絨毛があることで、消化のための表面積を増加させる。

膵臓

膵臓は、小腸に分泌する消化液を作る。膵液には消化酵素が含まれ、脂肪、炭水化物、タンパク質、DNA分子をより小さな断片に分解するのに役立つ。

肝臓

肝臓は、**胆汁**と呼ばれる濁った色の液体を小腸に分泌する。胆汁中の分子は、脂肪を乳化（水中で均一に分散）するのに役立ち、より簡単に消化できるようにする。

胆嚢（たんのう）

胆嚢は、小腸に放出される前に胆汁を貯蔵し、濃縮する。

虫垂（ちゅうすい）

虫垂は小さな袋状の組織。免疫系で役割を果たしていると考えられている。

大腸

消化されなかった食べ物は大腸へと押し込まれ、そこで水分と電解質の一部が血流に吸収される。

直腸

大腸でも消化されなかったものは直腸に入る。この残り物が私たちの出す便である。直腸は糞便を貯蔵する。

肛門

肛門は消化器系の最後の部位で、直腸の外側の開口部である。便は、適切なタイミングを見計らって肛門から排出される。

循環器系と呼吸器系

循環器系と呼吸器系は、血液を全身に送り出し、二酸化炭素を排出し、呼吸に必要な酸素を供給するために協働している。循環器系には、心臓、血管、および血液が含まれる。呼吸器系の主要な器官は肺である。

心臓

心臓は体の重要な器官の１つである。心臓には、２つの心房と２つの心室、計４つの部屋がある。心臓の壁は筋肉でできており、収縮して全身に血液を送り出す。また、心臓には弁があり、血液が正しい方向に流れるようにしている。

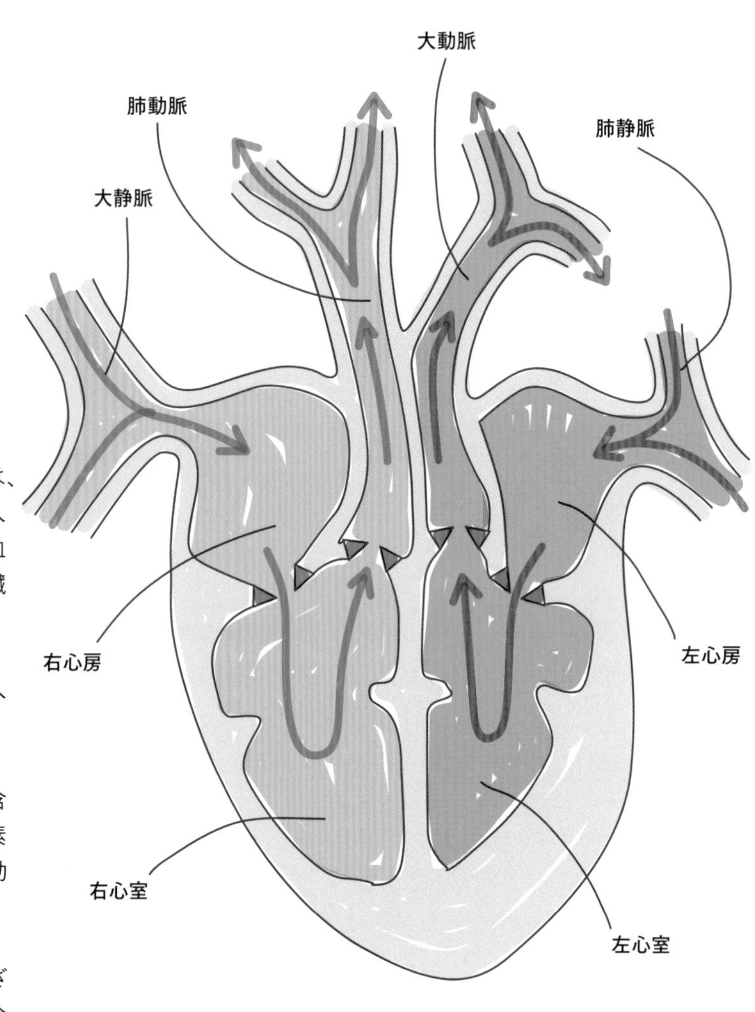

心臓のしくみ：

1. 酸素を多く含んだ血液は、肺静脈を介して心臓に入る。酸素の少なくなった血液は、大静脈を介して心臓に入る。
2. 心房が縮み、血液を心室へと押し込む。
3. 心室が縮み、酸素を多く含んだ血液が大動脈へ、酸素の少なくなった血液が肺動脈へと押し出される。
4. 血液は動脈を介してさまざまな器官へ流れ、静脈を介して戻ってくる。
5. 心房が血液で満たされ、再び循環が始まる。

弁

酸素の少ない血液

酸素の多い血液

2つの循環

循環器系は、2つの回路が結合してできている。

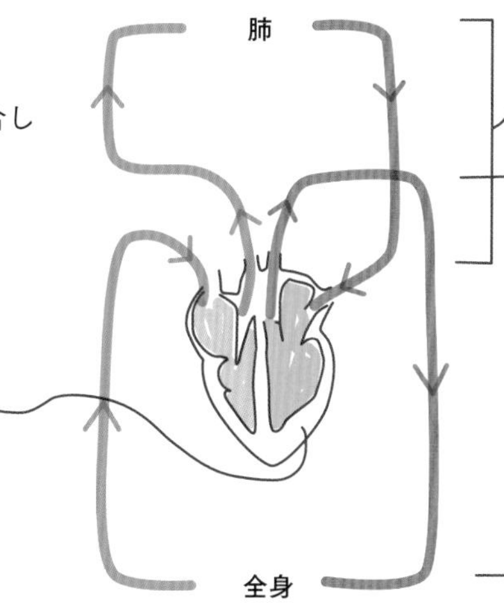

左心室の壁は右心室の壁よりも厚くなっている。これは、左心室から全身へと血液を送り出さなければならないからである。

肺循環　右心室は、酸素の少なくなった血液を肺へと送り込み、そこで酸素を取り込む。酸素を多く含んだ血液は心臓へと戻る。

体循環　左心室は、酸素を多く含んだ血液を全身へと送り出す。細胞や器官が酸素を使い果たすと、血液は酸素不足になる。その後、その血液は心臓に戻り、肺へと送り出される。

肺

肺は気体交換に特化されている。循環器系は、酸素の少なくなった血液を肺へと送り、そこで酸素を取り入れ、心臓を介して全身へと運ばれていく。

呼吸器系

気管　軟骨の輪で補強された大きな管。口と気管支をつないでいる。

胸膜　肺を包んでいる湿った膜で、肺の気密性を保つ。

気管支　気管支は2本ある。気管支は気管を肺につなぐ主要な気道である。

肺胞　細気管支の先端にある小さな気嚢。ここで気体交換が行われる。酸素は隣接する血管から中へ拡散し、二酸化炭素は隣接する血管から外へ拡散する。

細気管支　気管支は、細気管支という極小の管に分かれる。

肋間筋　肋骨を動かし、呼吸を助けるために縮んだり緩んだりする筋肉。

横隔膜　呼吸を助けるために縮んだり緩んだりを繰り返す大きなシート状の筋肉。

血管

血液は血管を通って体中を循環している。血管には、毛細血管、静脈、動脈の3種類ある。

毛細血管
とても小さな血管が網の目のように張り巡らされている。血管壁は薄く、細胞1つ分の厚みしかない。そのため、気体交換が可能なのである。

静脈
酸素が少なくなった血液（肺静脈を除く）を全身から心臓まで低圧で運ぶ。血管壁は薄く、低圧でも血液が正しい方向に流れるように弁が備わっている。また、血液が流れやすいように、流路が広くなっている。

動脈
酸素を多く含む血液（肺動脈を除く）を高圧で心臓から全身に運ぶ。厚く筋肉質な血管壁である。高圧を維持しやすいように流路が狭くなっている。

骨格系と筋系

骨格系は、脳や心臓などの重要な器官を支え、保護している。血球を作る働きもある。筋系と連携しながら、動きをコントロールし、姿勢を維持する働きをしている。

ヒトの骨格

ヒトの骨格は200以上の骨で構成されている。それぞれの骨は、自ら血液供給する生きた組織である。骨にはカルシウムやその他のミネラルが含まれ、丈夫で柔軟な骨になっている。

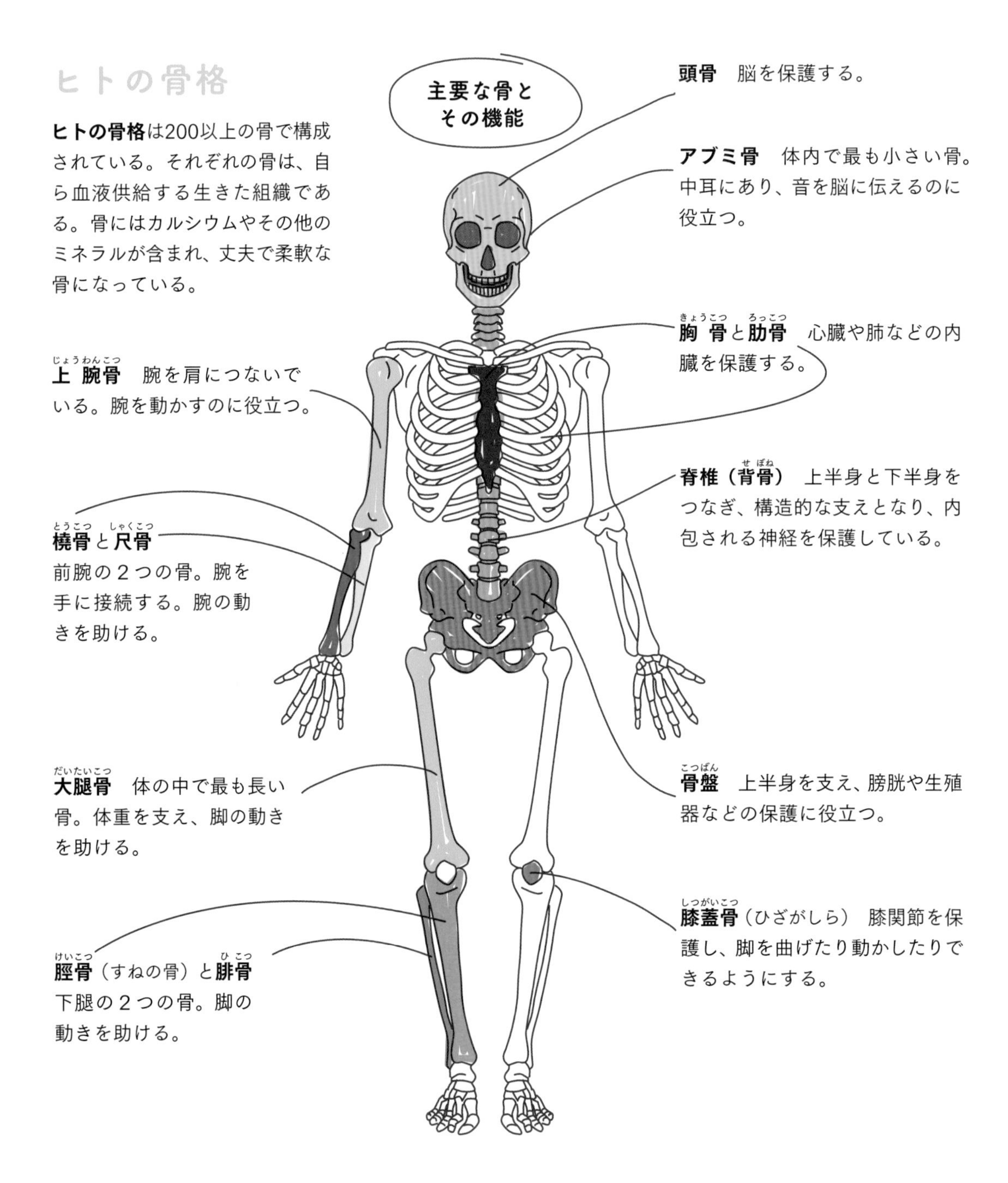

関節

関節は骨をつなぎ、骨格を動かすのに役立つ。膝や肘などの蝶番関節は、骨が前後に動くのに役立つ。肩や股関節などの球関節は、骨を色んな方向に回転させることができるようにする。

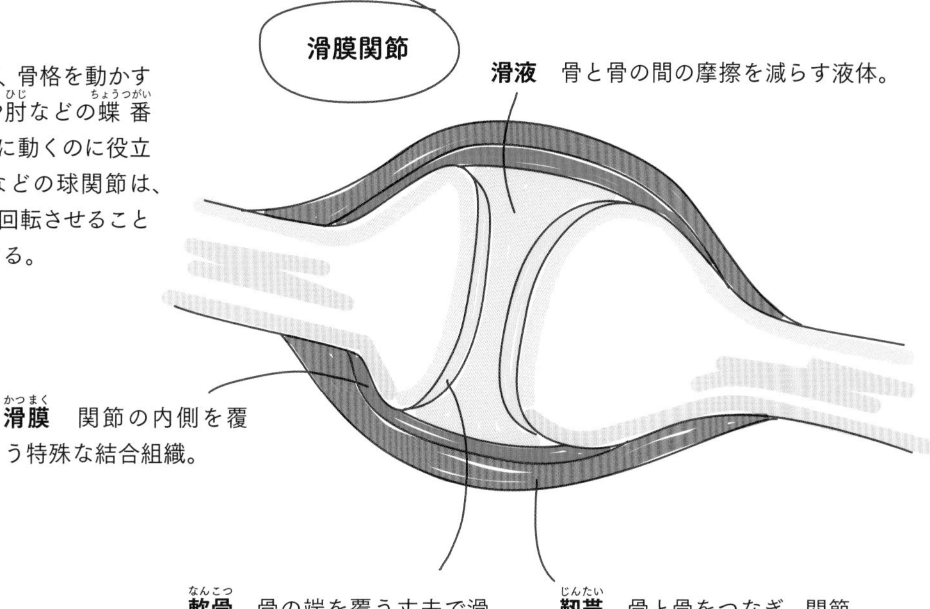

筋肉

関節は筋肉がなければ機能しない。筋肉は特殊な組織の一種である。結合組織の一種である**腱**によって、筋肉は骨に付着している。筋肉が収縮することで骨を動かす。筋肉と骨はしばしば共に行動する。

肘関節は、**拮抗的**に働く2つの筋肉によってコントロールされている。これは、上腕二頭筋が縮むと上腕三頭筋が緩み、逆もまた同様であることを意味する。

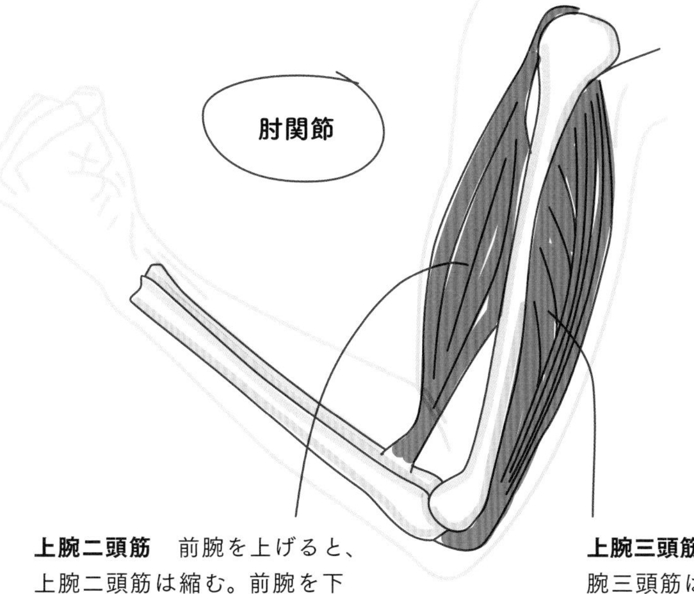

血球

大きな骨には、**骨髄**と呼ばれる柔らかな組織が含まれる。骨髄は血球を作る。血液の細胞にはさまざまな種類がある。

赤血球　体中に酸素を運搬する特殊な細胞。小さく柔軟で、核がなく、平らな円盤のような形をしている。

白血球　免疫系の一部をつかさどり、病気と闘う特殊な細胞。

まとめ

ホメオスタシス

血糖値や体温を一定に保つための自動制御システム。

コントロールセンター

神経系と内分泌系。刺激を感知し、自動応答を編成。

負のフィードバック

変化を補正し、正常な状態へと戻す（例：体温調節）。

ヒトの構造と機能

その他のシステム

内分泌系

腺から血液中に分泌されるホルモン。器官に影響を与える。

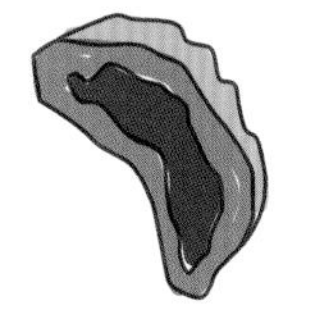

消化器系

多くの異なる器官が協力し、食べ物を分解し、養分を吸収している。

循環器系と呼吸器系

血液を全身に送り出す。呼吸に必要な酸素を運ぶ。不要な二酸化炭素を取り除く。

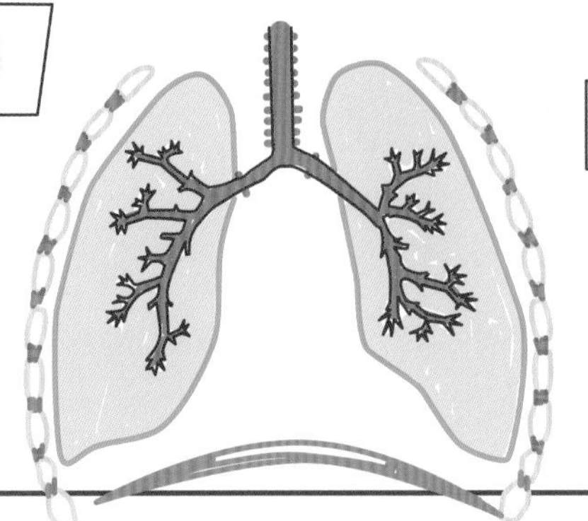

骨格系と筋系

保護と支持を提供する。運動できるようにしている。血球は骨髄で作られる。

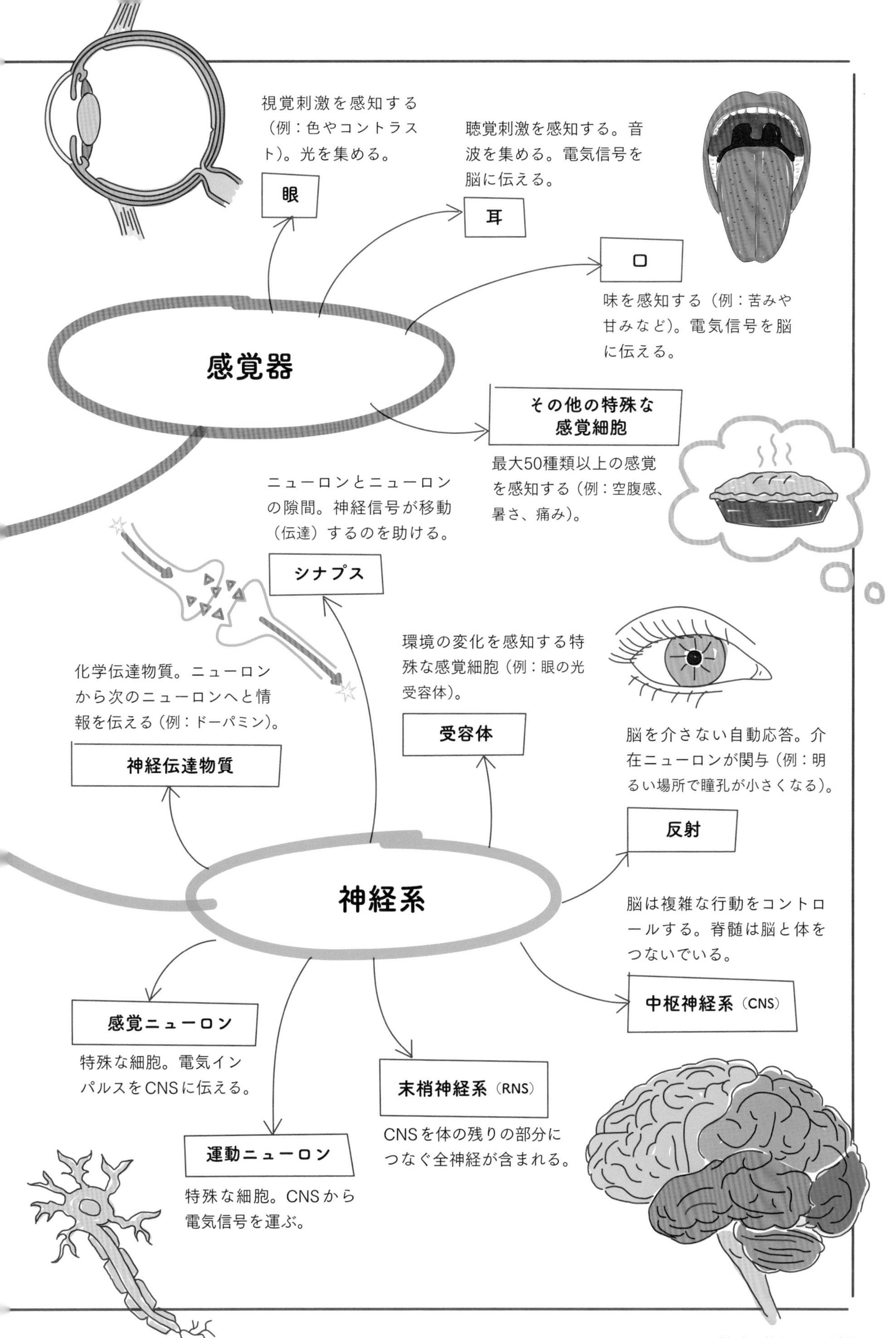
感覚器
視覚刺激を感知する（例：色やコントラスト）。光を集める。
眼
聴覚刺激を感知する。音波を集める。電気信号を脳に伝える。
耳
口
味を感知する（例：苦みや甘みなど）。電気信号を脳に伝える。
その他の特殊な感覚細胞
最大50種類以上の感覚を感知する（例：空腹感、暑さ、痛み）。
ニューロンとニューロンの隙間。神経信号が移動（伝達）するのを助ける。
シナプス
化学伝達物質。ニューロンから次のニューロンへと情報を伝える（例：ドーパミン）。
神経伝達物質
環境の変化を感知する特殊な感覚細胞（例：眼の光受容体）。
受容体
脳を介さない自動応答。介在ニューロンが関与（例：明るい場所で瞳孔が小さくなる）。
反射
神経系
脳は複雑な行動をコントロールする。脊髄は脳と体をつないでいる。
中枢神経系（CNS）
感覚ニューロン
特殊な細胞。電気インパルスをCNSに伝える。
末梢神経系（RNS）
CNSを体の残りの部分につなぐ全神経が含まれる。
運動ニューロン
特殊な細胞。CNSから電気信号を運ぶ。

Chapter

9

ヒトの健康と病気

健康で幸せなときが一番である。運動や食事など、しっかりとしたライフスタイルの選択により、健康を維持できる。感染性微生物、遺伝子の異常、環境要因など、病気にはさまざまな原因が考えられる。世界には健康格差が存在するため、ある地域の人々は、その他の地域よりも健康状態の悪い人が多いことがある。幸い、科学者らは常に新薬を開発し、病気を防いだり、処置したり、治したりするのに貢献している。本章では、ヒトの健康と病気について詳しく説明する。

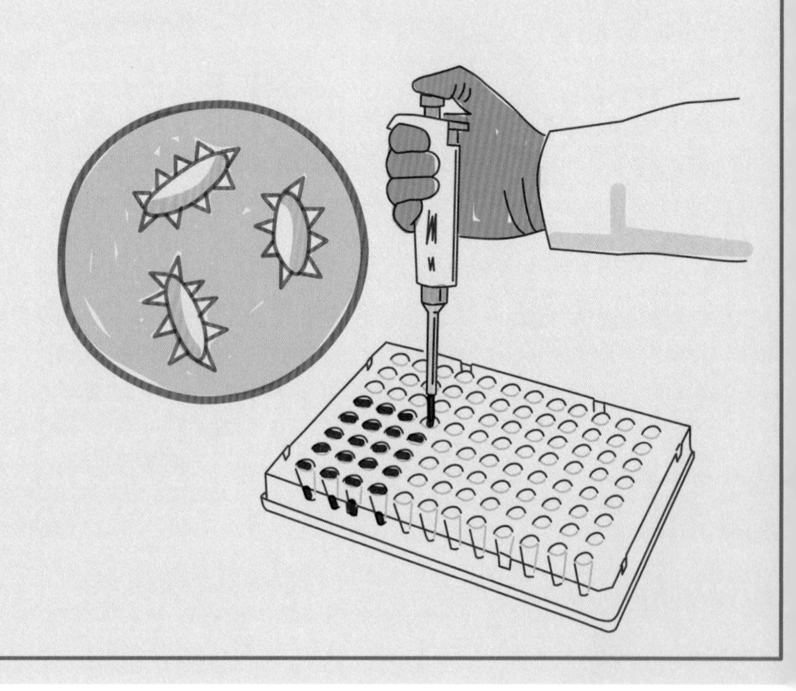

健康格差

世界中の人々が、構造的医療格差を経験しているが、これは回避できるものである。その状況により、病気を経験する可能性が高い人々がいる。「健康格差」は、地理的、教育的、およびその他の要因の違いを反映している。

濃い色の地域：疾病負担が大きい。ここに住む人々の平均寿命は短い

薄い色の地域：疾病負担が少ない。ここに住む人々の平均寿命は長い

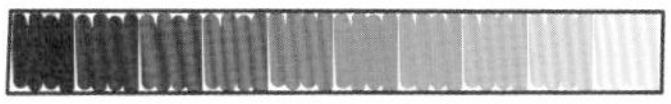

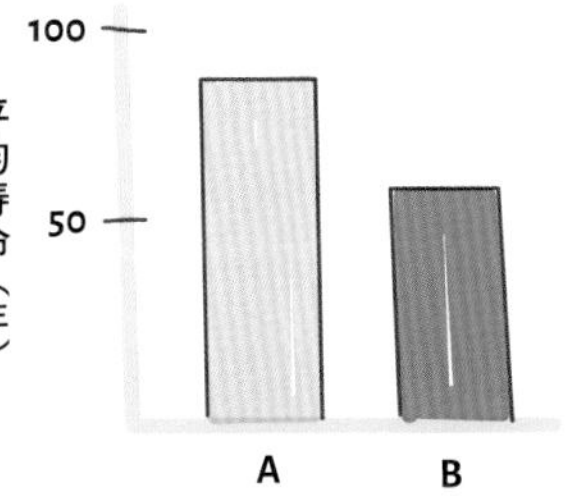

平均寿命は、期待される寿命の尺度である。出生時の平均余命は、その後の健康の良い指標である。平均寿命は国によって34歳も異なる。

A：高所得国（例：日本の平均寿命は85歳）
B：低所得国（例：シエラレオネ共和国の平均寿命は55歳）

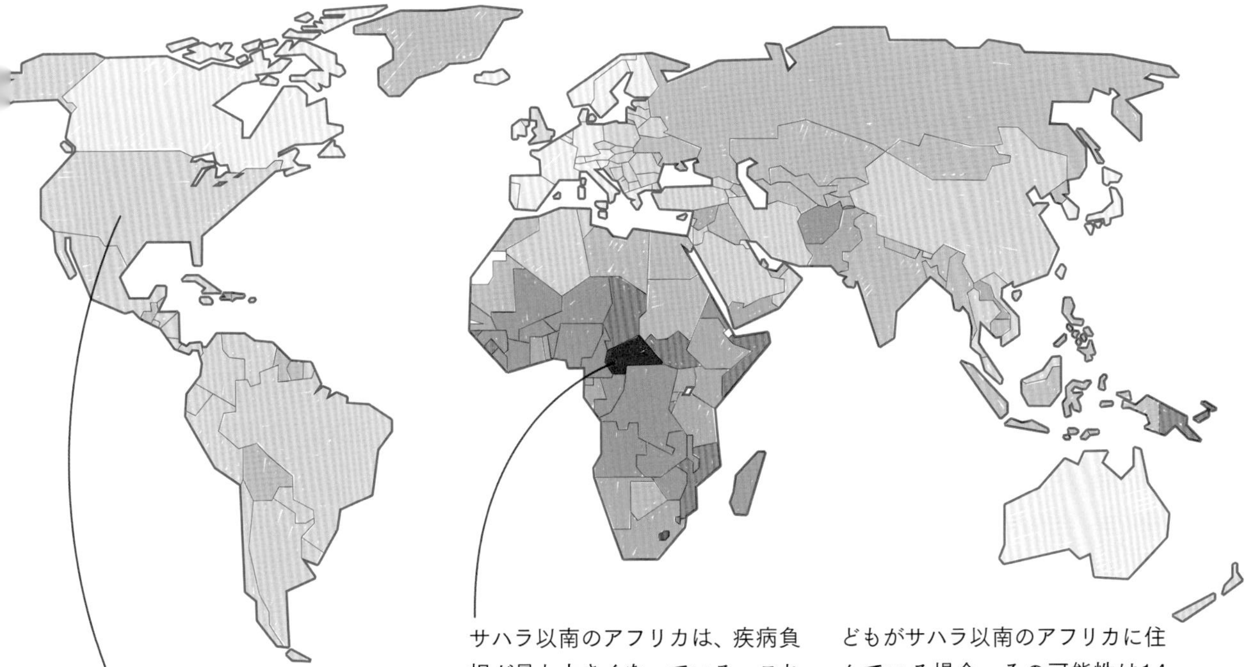

アメリカでも健康格差は生じている。たとえば、アフリカ系アメリカ人は人口の13%を占めるが、HIV感染と診断された人のほぼ半分を占める。

サハラ以南のアフリカは、疾病負担が最も大きくなっている。これは、貧困と基本的な資源の不足によるものである。それには地理的・社会的要因が相互作用している。毎日、1万5,000人の子どもが5歳の誕生日を迎える前に亡くなっている。これらは本来ほとんど予防可能なものである。子どもがサハラ以南のアフリカに住んでいる場合、その可能性は14倍も高くなる。さらに、農村部において、貧しい家庭の子どもは、裕福な家庭の子どもよりも死亡する可能性が高くなる。死亡の原因は、食料やきれいな水などの基本的な資源の不足、マラリアやはしかなどの病気である。

伝染病

ヒトからヒトへ、あるいは動物とヒトの間で広がる病気は、「伝染病」または「感染症」と呼ばれる。それらは、「病原体」と呼ばれる病気の原因となる微生物によって引き起こされる。結膜炎のように比較的軽いものもあれば、マラリアのように深刻なものもある。

伝染病はさまざまな伝染経路で広がる可能性がある。

感染者との**直接接触**（例：水ぼうそうは、感染者と感染しやすい人が濃厚接触することで広がる。HIVは性交を介して広がることがある）。

汚染された物質・物体との**間接的な接触**（例：HIVに感染した麻薬使用者が注射針を共有することによって、HIVが広がることがある）。

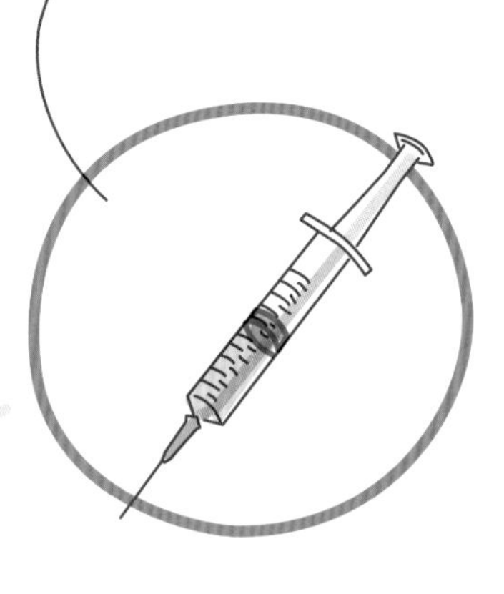

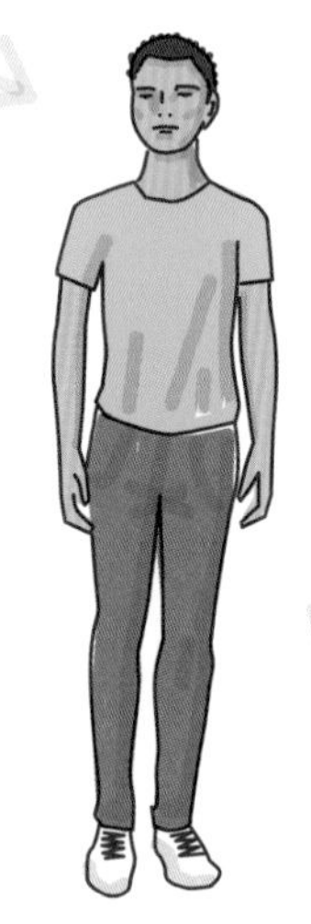

空気感染（例：風邪をひいた人がくしゃみをすると、ウイルスの粒子を含んだ何千もの小さな飛沫が空気中に放出される。これを他のヒトが吸い込むことで感染する）。

水経由（例：コレラを引き起こす細菌は、汚染された水によって広がる）。

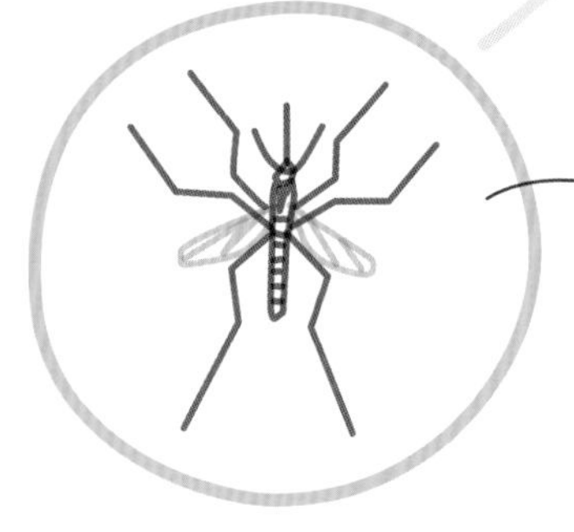

ベクター経由　生物は病原体をヒトに渡すことができる（例：蚊などの吸血昆虫は、マラリアを媒介することがある）。

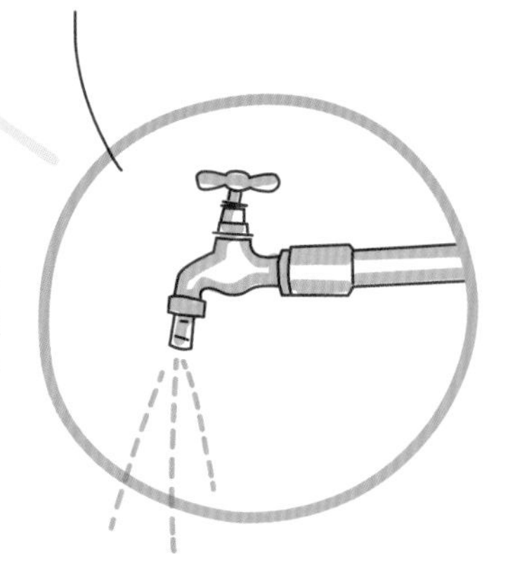

伝染病の原因

伝染病を引き起こす主な病原体には、細菌、菌、原生生物、ウイルスの４種類がある。

細菌

私たちの体には何兆もの細菌がいる。ほとんどは無害だが、なかには病気を引き起こすものもいる。たとえば、**結核**（TB：tuberculosis）は、空気感染する細菌性疾患で、肺を侵す。世界各地で発生し、毎年100万人以上が結核により死亡している。

抗生物質は細菌の成長を遅らせたり止めたりする。特定の細菌に効く抗生物質もあれば、色々な細菌に効く抗生物質もある。1920年代に発見されて以来、抗生物質は何百万人もの命を救ってきた。

結核は抗生物質で治すことができる。しかし、現在、細菌はこれらの抗生物質のいくつかに対して耐性を持ち始めている。**薬剤耐性**によって、肺炎や淋（りん）病などの治療が困難になり、感染症が増加している。今や抗生物質耐性は世界の健康にとって最大の脅威の１つとなっている。

菌

約300種類の菌がヒトの病気を引き起こす。抗真菌治療は、これらの多くを制御するのに役立つ。たとえば、アスペルギルス症は、呼吸器系に影響を与える真菌感染症である。症状は軽度から重度まであり、多くの場合、抗真菌薬で治療する。

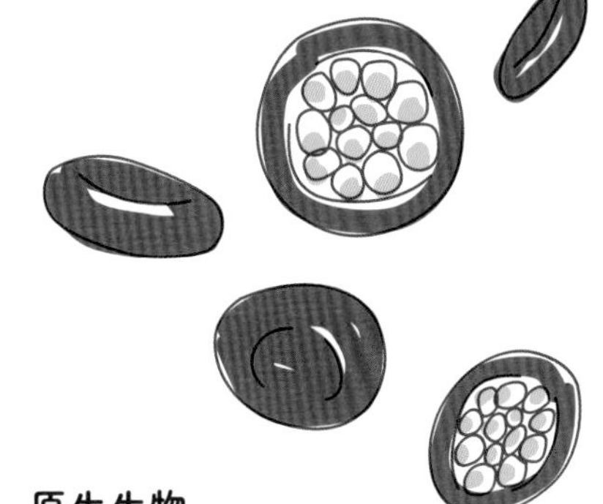

原生生物

原生生物はさまざまな病気を引き起こし、なかには、ヒトを死に至らしめるものもいる。多くの場合、原生生物はベクターによってヒト宿主に運ばれる。マラリアはマラリア原虫という原生生物によって引き起こされる病気である。これは、カに刺されることでヒトに広がる。毎年、2億人以上の新しい症例が報告されている。マラリアに罹ると、発熱、頭痛、悪寒などの症状が現れる。治療せずに放置すると、症状は悪化する。マラリアは、毎年約40万人の命を奪っている。

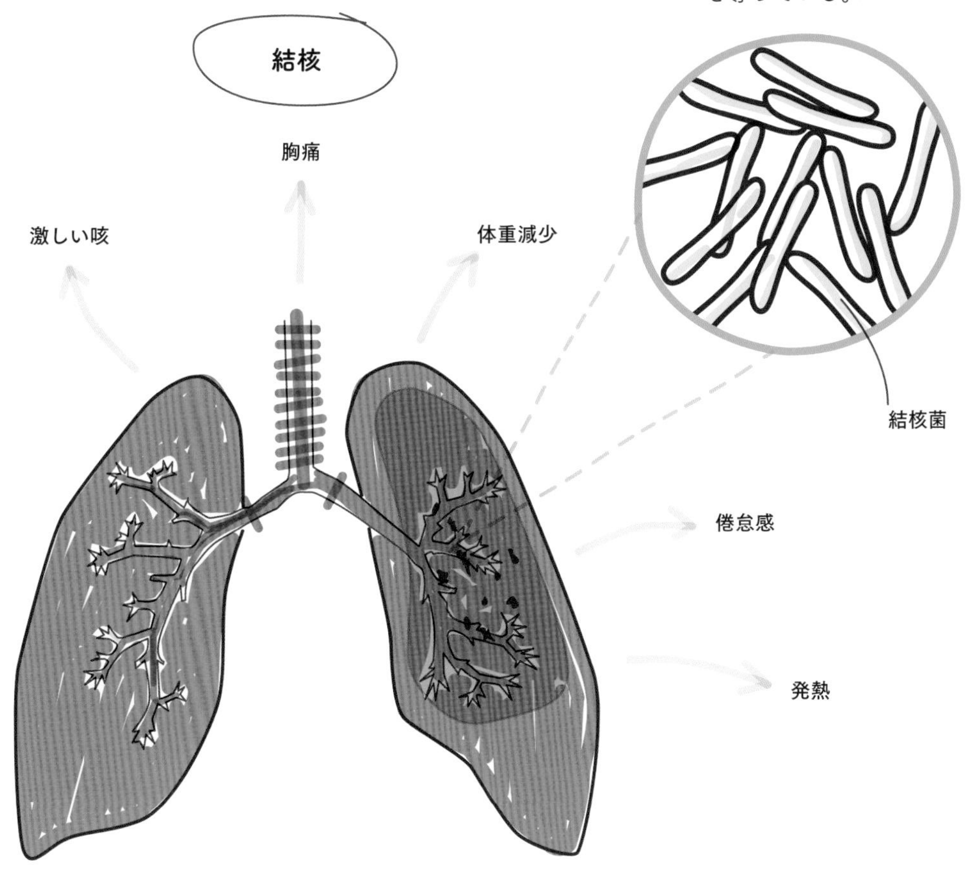

ウイルス
ウイルスは、生物の生きた細胞に感染する。ウイルス性疾患は抗生物質では処置できず、効果のある抗ウイルス薬はほとんどない。たとえば、コロナウイルスは、呼吸器感染症の原因となるウイルスの一種である。風邪のような軽症のものも、COVID-19のようにヒトを死に至らしめるものもある。

2020年、SARS-CoV-2というコロナウイルスがきっかけで世界的なパンデミックが起こった。SARS-CoV-2 は COVID-19 という病気を引き起こす。

潜伏期間　SARSCoV-2が体内に侵入。喉、気道、肺の細胞がウイルスのコピーを大量に作り出し、それがさらに多くの細胞に感染する。患者は、最初のうち無症状だが、他の人に病気を広める可能性がある。ウイルスを保有しているにもかかわらず、症状が出ない場合もある。

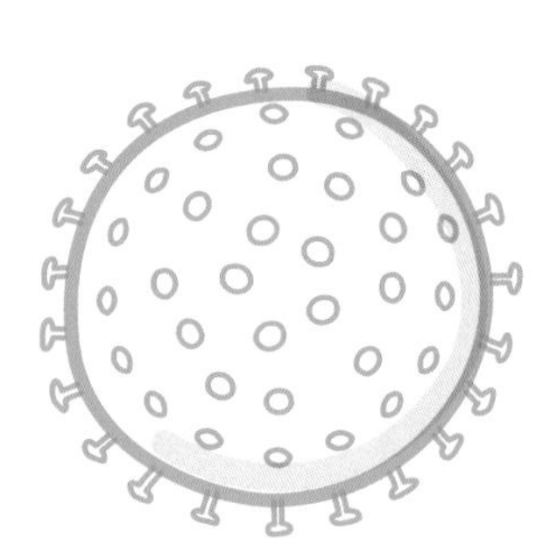

軽症　感染者の多くは、発熱、空咳、味覚や嗅覚の喪失などの軽度の症状を経験する。体内ではサイトカインという分子を作り、免疫系を活性化させる。ほとんどの人は１～２週間で回復する。

COVID-19の患者は、さまざまな器官に影響を及ぼす幅広い症状を経験する可能性がある。科学者らは、これはウイルスが人体内の細胞を標的とする方法によるものだろうと考えている。

ウイルスは、ヒトの細胞の表面にあるACE-2という受容体タンパク質に結合する。ウイルスが最初に体内に侵入したとき、鼻、喉、肺のACE-2受容体に結合する。そして、複製・拡散するにつれ、腸、心臓、腎臓などの他の器官のACE-2受容体に結合する。これが体の他の部分に影響を与える症状につながると考えられている。

中等症　危険なほど高レベルの炎症が起こる場合がある。肺では、肺炎を引き起こすことがある。なかには、呼吸できるように人工呼吸器が必要になる場合がある。ときには血栓が発生し、患者は血液をサラサラにする薬が必要になる場合もある。多くの人は回復するが、肺、心臓、腎臓、脳などの臓器に長期的な障害が残る人もいる。

重症　少数ながらもかなりの割合で発症する。体に十分な酸素が行きわたらず、器官が機能しなくなる。パンデミック開始から最初の６か月だけで、世界中で60万人以上がCOVID-19で死亡した。

〔訳注：ここで説明しているCOVID-19の軽症／中等症／重症の分類は、日本の医療従事者が評価する標準とは異なる〕

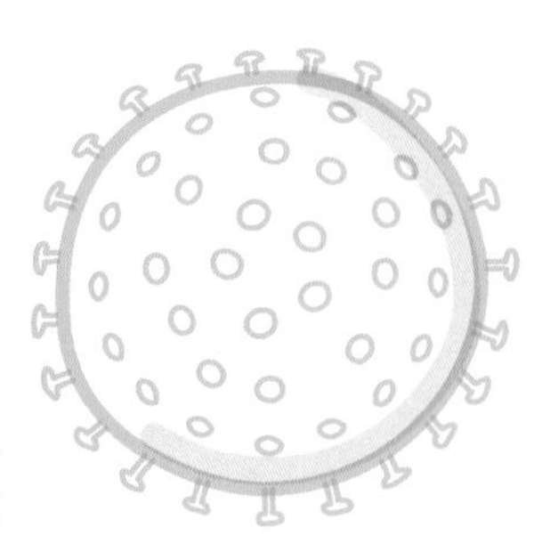

ACE-2受容体

伝染病の蔓延を防ぐ

伝染病の蔓延を抑える方法はたくさんある。

社会的距離（ソーシャル・ディスタンス）　2020年のCOVID-19のパンデミックの際、人々は他人との接触を減らすよう求められた。学校は閉鎖され、人々は家に留まり、公共の場では距離を保った。

隔離　感染した人を離し、他の人に感染させないようにすることもある。

衛生　感染症のなかには、汚染された手で顔などに触れることで感染するものがある。定期的な手洗いと良好な衛生管理は、これを防ぐのに役立つ。

ベクター駆除　マラリアはカによって広がるが、カは殺虫剤で殺すことができる。蚊帳はカに刺されるのを防ぎ、抗マラリア薬も病気の制御に役立つ。

避妊　コンドームは、体液だけでなく、HIV、クラミジアなどの性感染症の蔓延を防ぐことができる。

ワクチン　ワクチンを打つことで、病原体を認識して破壊するように免疫系を訓練する。伝染病の予防接種を受けることにより、自分が感染したり、病気を広めたりすることを防ぐことができる。

十分な人数がワクチン接種を受けると、病気が流行する機会が非常に少なくなり、予防接種を受けていない人々でさえも恩恵を受けるようになる。これを**集団免疫**と呼ぶ。病原体は十分な宿主を見つけられず、最終的には死に絶える。

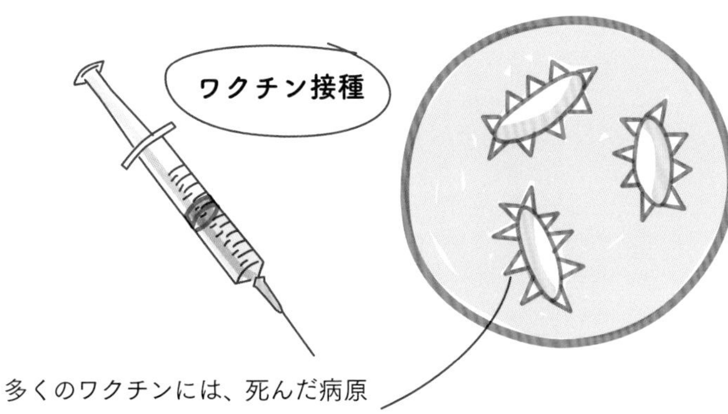

多くのワクチンには、死んだ病原体や不活性化した病原体が含まれる。それらが病気を引き起こすことはない。それらの表面には、**抗原**というタンパク質がある。

ワクチン接種により、白血球が**抗体**という特殊なタンパク質を生成する。このタンパク質は抗原に結合し、他の細胞によってその病原体を破壊してもらえるように目印をつける。

もし病気に遭遇しても、免疫系はすでに準備万端である。抗原がすぐに認識され、病原体は拡散する前に破壊される。

非感染性疾患

感染しない病気を「非感染性疾患」という。ヒトからヒトへ感染することはない。アルツハイマー病、糖尿病、ガンなどの非感染性疾患により、毎年4100万人が死亡している。これは、全世界の死亡者数の70%を占める。あらゆる年齢層、あらゆる国の人々が罹るが、非感染性疾患により30〜69歳で亡くなった人のうち85%は低・中所得国の人である。

非感染性疾患の上位4つ（下図）だけで、これらの疾患による早期死亡の80%以上を占める。

非感染性疾患は、さまざまな要因によって引き起こされる。複数の要因が相互作用している場合が多いため、原因の解明は困難である。

非感染性疾患の原因

欠陥遺伝子が受け継がれたときに発生する病気の例として、鎌状赤血球症がある。赤血球が異常な形をしており、体中に酸素を運ぶのに苦労するため、貧血や息切れの原因となる。

DNAの損傷は遺伝しないが、生きている間に発生する可能性がある。たとえば、皮膚ガンは、紫外線（UV）が皮膚細胞内のDNAに損傷を与えることで発生する。細胞は後天的に受けたDNAの損傷の一部を修復できるが、この過程は必ずしも完璧なものではない。

ビタミンやミネラルの不足は病気を引き起こすことがある。たとえば、ビタミンDが不足すると骨障害である骨軟化症、ビタミンCが不足すると壊血病になってしまうことがある。

環境やライフスタイルが病気を引き起こすこともある。たとえば、喫煙によって引き起こされる肺ガンや、過度の飲酒によって引き起こされる肝臓病などである。

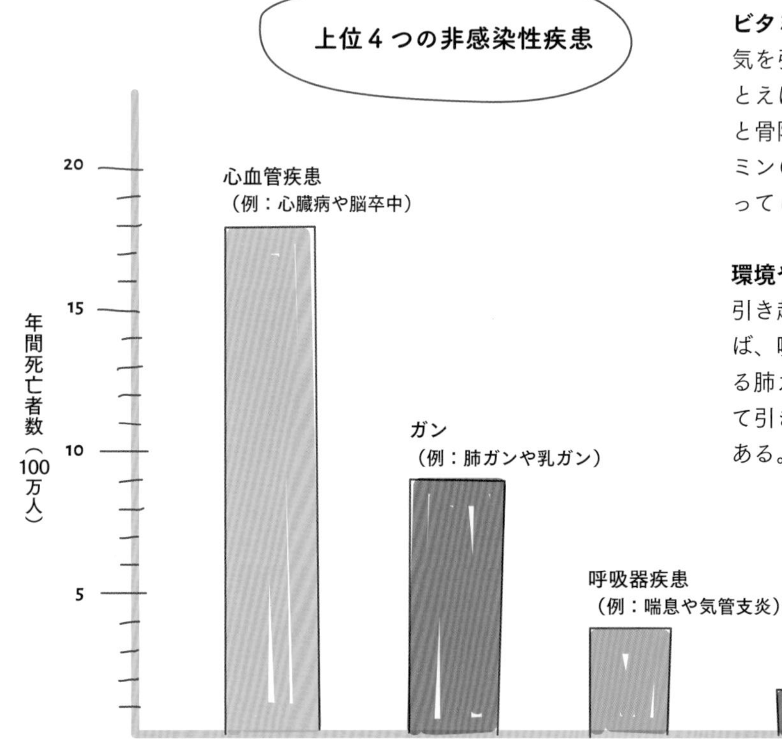

心血管疾患

心臓や血管に影響を与える病気を**心血管疾患**という。心血管疾患は世界的な死因の第1位である。たとえば、心臓に血液を供給する冠動脈が狭くなると、**冠動脈心疾患**になる。これは、心臓発作の原因となる。

冠動脈疾患

血液は健康な動脈に沿って正常に流れている。

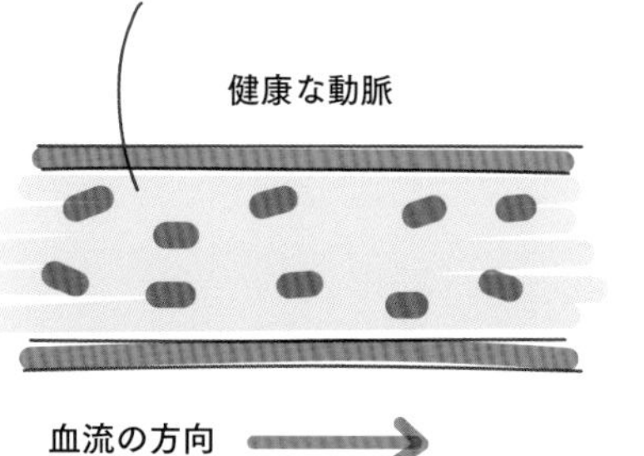

LDLコレステロールなどの脂質が動脈の内側に蓄積する。すると、血管が狭くなるため、血流が制限される。これは、過体重や肥満の人、および／またはコレステロール値が高い人に起こりやすい現象である。

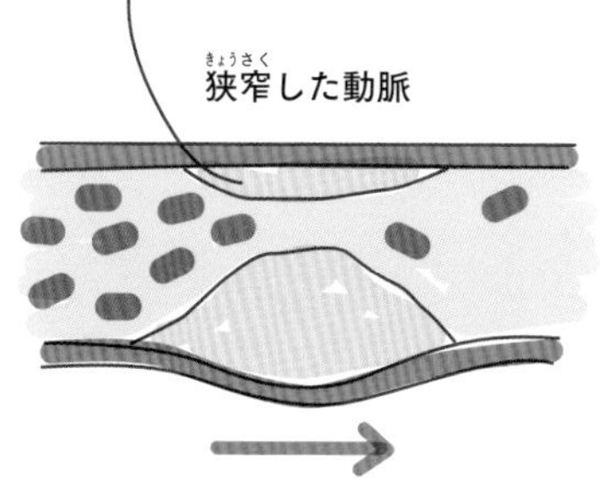

外科医がステントと呼ばれる小さなチューブを動脈内に設置する。すると、動脈の直径を広げたままにしておくことができる。これによって血流が維持され、心臓の拍動を保つことができる。

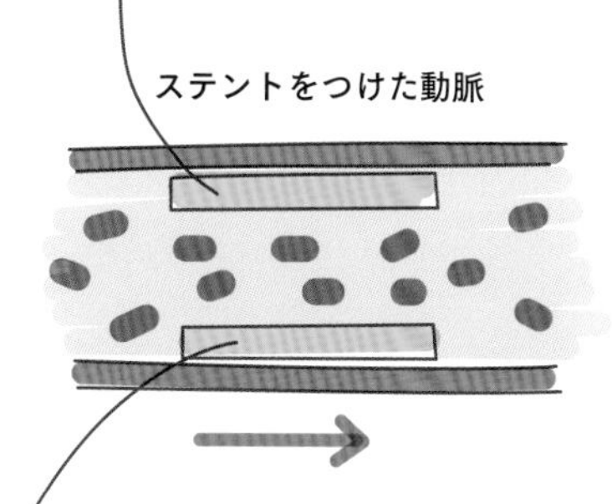

心血管疾患への対処

非外科的介入

ライフスタイルへの介入　健康的でバランスの取れた食事をとること、健康的な体重を維持すること、タバコを吸わないこと、体を動かすことはすべて、冠動脈疾患の発症リスクを下げる。

薬物療法　たとえば、スタチンを服用すると、血中コレステロール値が低下し、動脈の閉塞を防ぐのに有用である。

外科的介入

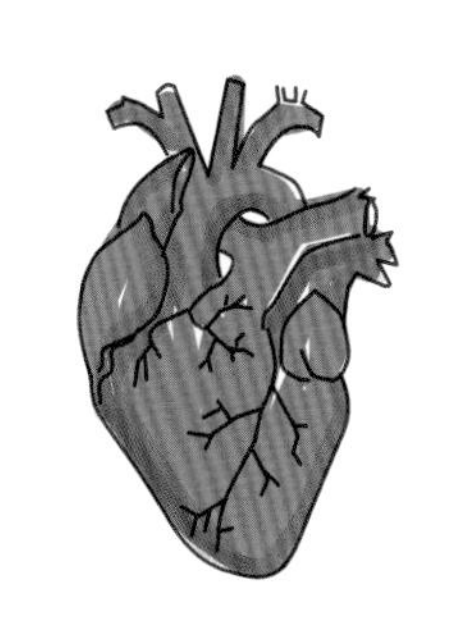

ステント　血流を維持するのに役立つ。

心臓移植　損傷または機能不全の心臓を、脳死したドナーの健康な心臓と交換する。これは、重度の心不全患者限定で行われる。

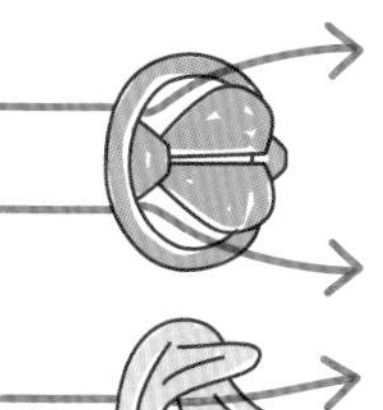

弁の置換　機械的な弁（人工的なもの）を使う場合と、生物学的な弁（ウシやブタのもの）の場合がある。欠陥のある弁を交換することで、血液が心臓を正しい方向に流れるようにすることができる。

ガン

ガンは、体内の細胞が無秩序に分裂し始めると発生する。これが腫瘍の原因となる。ガンには200以上の種類がある。ガンには、肺などの器官、神経組織、および免疫系などのシステムに影響を及ぼす可能性がある。ガンは種類によって挙動が異なり、必要な治療も異なる。

ガンは世界第２位の死因である。死亡者の６人に１人はガンである。アメリカでは、女性の２人に１人、男性の３人に１人が一生涯のうちのどこかでガンを発症すると言われている。

ガンの種類

腫瘍には良性のものと悪性のものとがある。

良性腫瘍はゆっくりと成長し、通常はガン化することはない。良性腫瘍は、多くの場合、膜内で成長する。良性腫瘍は広がらず、通常危険なものではないが、大きくなって問題が生じた場合は、除去する必要がある。

悪性腫瘍は、急速に成長し、膜に包まれていないガン細胞である。悪性腫瘍は、血液やリンパ液を介して体内の他の場所に転移・拡散する可能性がある。最初にできる腫瘍を**原発性腫瘍**という。転移性腫瘍は**二次腫瘍**という。治療せずに放置すると、悪性腫瘍は非常に危険な状態になることがある。

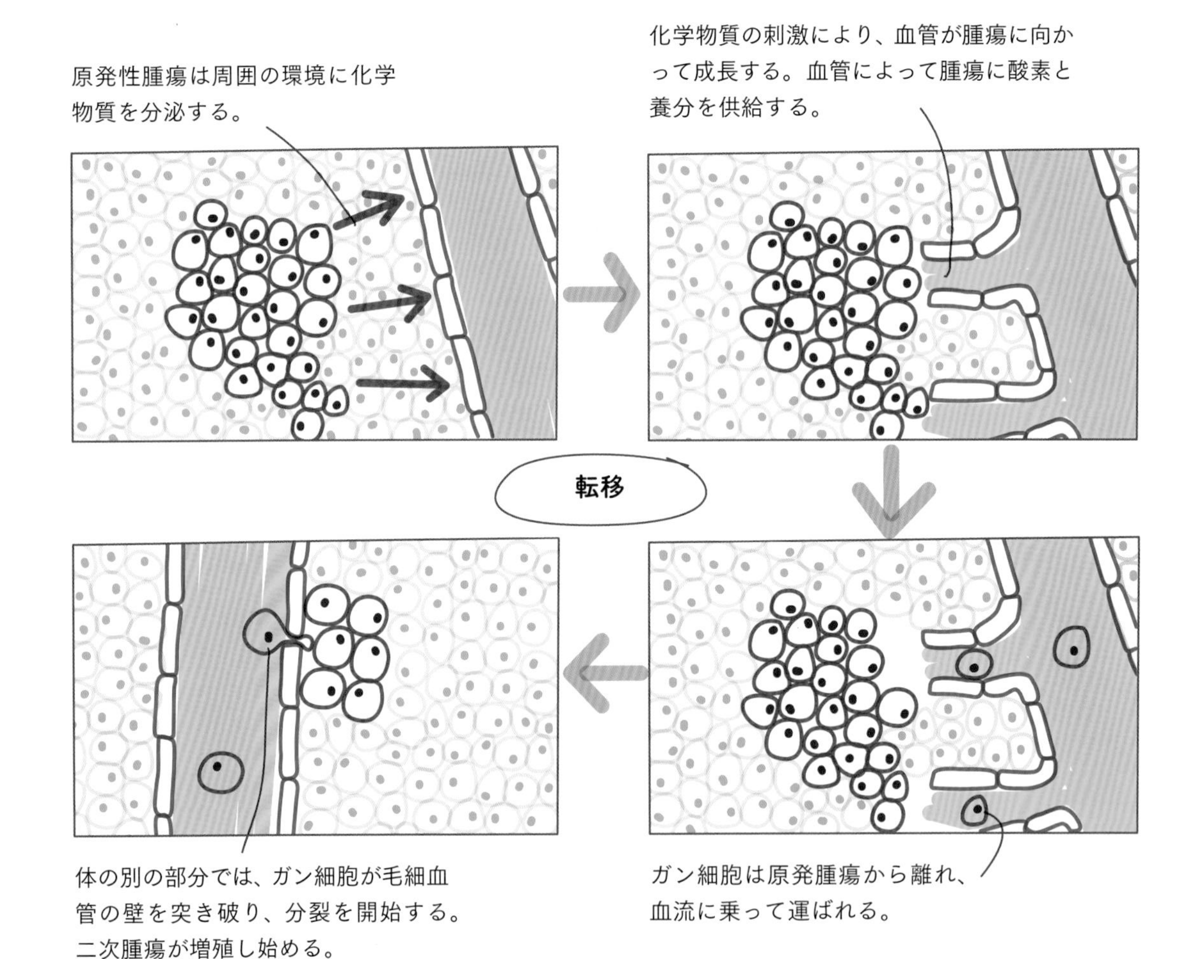

ガンの原因

多くのガンの原因はまだ十分に解明されていないが、科学者らは現在、遺伝と環境、両方の要因が重要であることを認識している。ガンの原因は複雑で多様である。多くの場合、複数の要因が関与している。

ライフスタイルによるもの　喫煙、肥満、過度のアルコール摂取は、ガンの発症リスクを高める可能性がある。

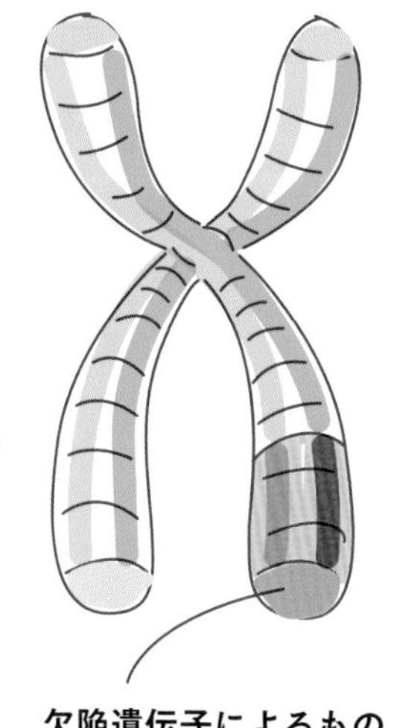

欠陥遺伝子によるもの　乳ガン患者のなかにはBRCA遺伝子に異常がある人がいる。

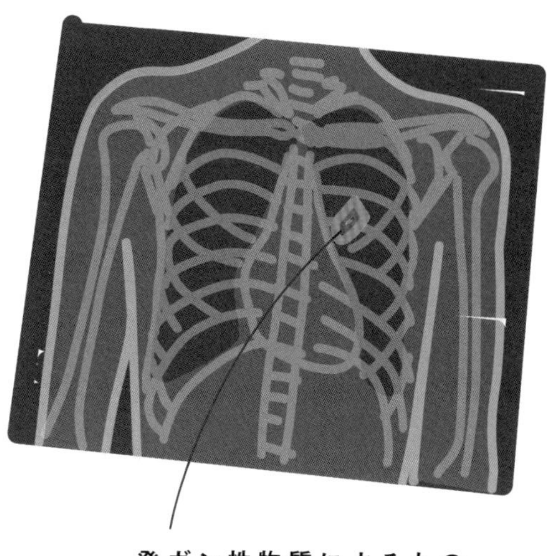

発ガン性物質によるもの　DNAに損傷を与える化学物質がある（例：アスベストは肺ガンを引き起こすことがある）。

電離放射線によるもの　DNAにも損傷を与える（例：太陽からの紫外線を浴びすぎると、皮膚ガンを引き起こす可能性がある）。

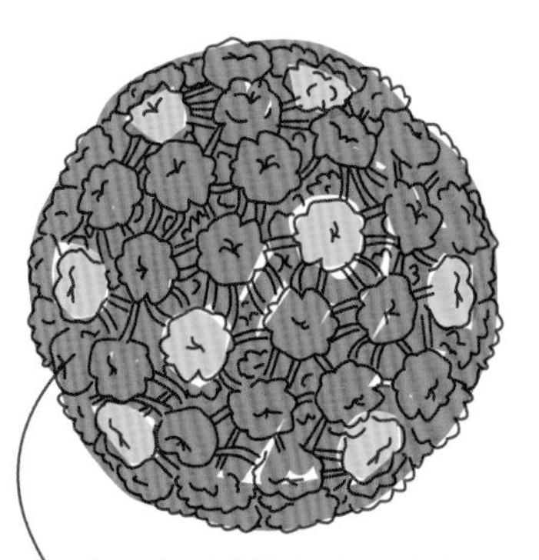

ウイルス感染によるもの　ヒトのガンの約15％は、ウイルス感染によって引き起こされる（例：ヒトパピローマウイルス（HPV）は子宮頸ガンを引き起こす可能性があるため、現在、多くの10代の若者がこのワクチン接種を受けている）。

ガン治療

ガンの治療にはさまざまな方法がある。同じガンは2つとない。そのため、医師は各個人に最適な治療法を選ぶ。一般的な治療法には以下のようなものがある。

外科手術　ガン組織は手術で取り除くことができる。

化学療法　化学物質を血液に注入することで、ガン細胞の分裂を止める。しかし、これによって健康な細胞も損傷してしまうため、副作用がある。これが、ガン患者がときどき髪を失う理由である。ただし、健康な細胞は元に戻るため、このような副作用は一時的なものである。

放射線療法　X線などの電離放射線を集束して照射し、ガン細胞を破壊する。化学療法と同様に、放射線療法も正常な細胞に影響を与える。これによって、治療部位に副作用が起きることがあるが、通常は一時的なものである。

薬と病気

薬は病気の治療によく使われる。たとえば抗生物質は感染を引き起こす細菌を殺す。しかし、薬のなかには鎮痛剤のように、症状を和らげられるものの、病気を根本的に治すわけではないものがある。

薬の発見

現在使用されている薬の多くは、もともと植物、動物、微生物から発見されたものだが、現在、科学者らは化学とコンピューター・モデリングを組み合わせることによって新薬を探している。

動物由来の薬

ジコノチドというイモガイ（海に生息する巻貝）から発見された毒素は、重度の慢性的な痛みを持つ人々に使われる。モルヒネの1,000倍の鎮痛効果がある。

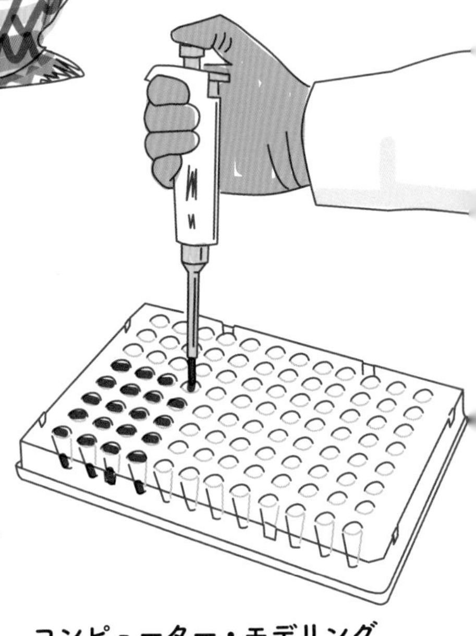

植物由来の薬

中世の人々は、頭痛を治すためにビーバーの尾を噛んでいた。ビーバーは、アスピリンに似た化合物を含むヤナギの木を食べるためだった。1897年、ドイツの化学者フェリックス・ホフマンは、アセチルサリチル酸、つまり「アスピリン」を初めて合成した。現在、世界で最も広く使われている医薬品の1つである。

微生物由来の薬

1928年、スコットランドの科学者アレクサンダー・フレミングは、細菌を殺すことができるカビを発見した。そのカビが放出する物質に、彼はペニシリンと名づけた。10年後、科学者らはペニシリンを抽出し、それがヒトの細菌感染を治せることを示した。現在では、ペニシリンにはさまざまな種類があることが判明し、さまざまな感染症の治療に使われている。

コンピューター・モデリング由来の薬

コンピューター・モデリングを使って、薬をより良くするために分子構造を微調整する。そして、合成分子に関する莫大なリストのなかからどれが最も効果があるのかをテストする。有望な分子はさらに開発される。

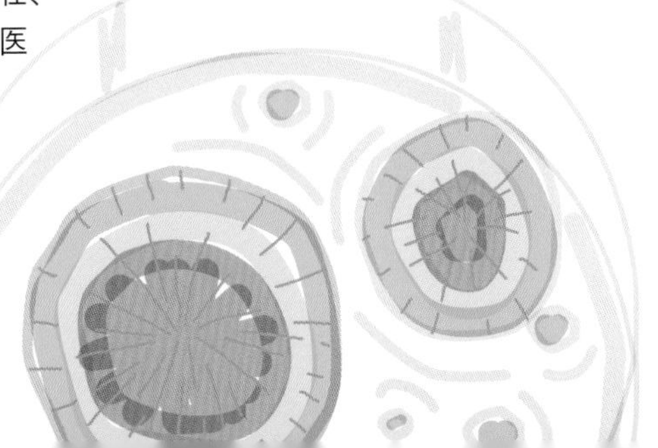

医薬品開発

医薬品開発には費用と手間がかかる。次の3つの主なステージを踏む必要がある。

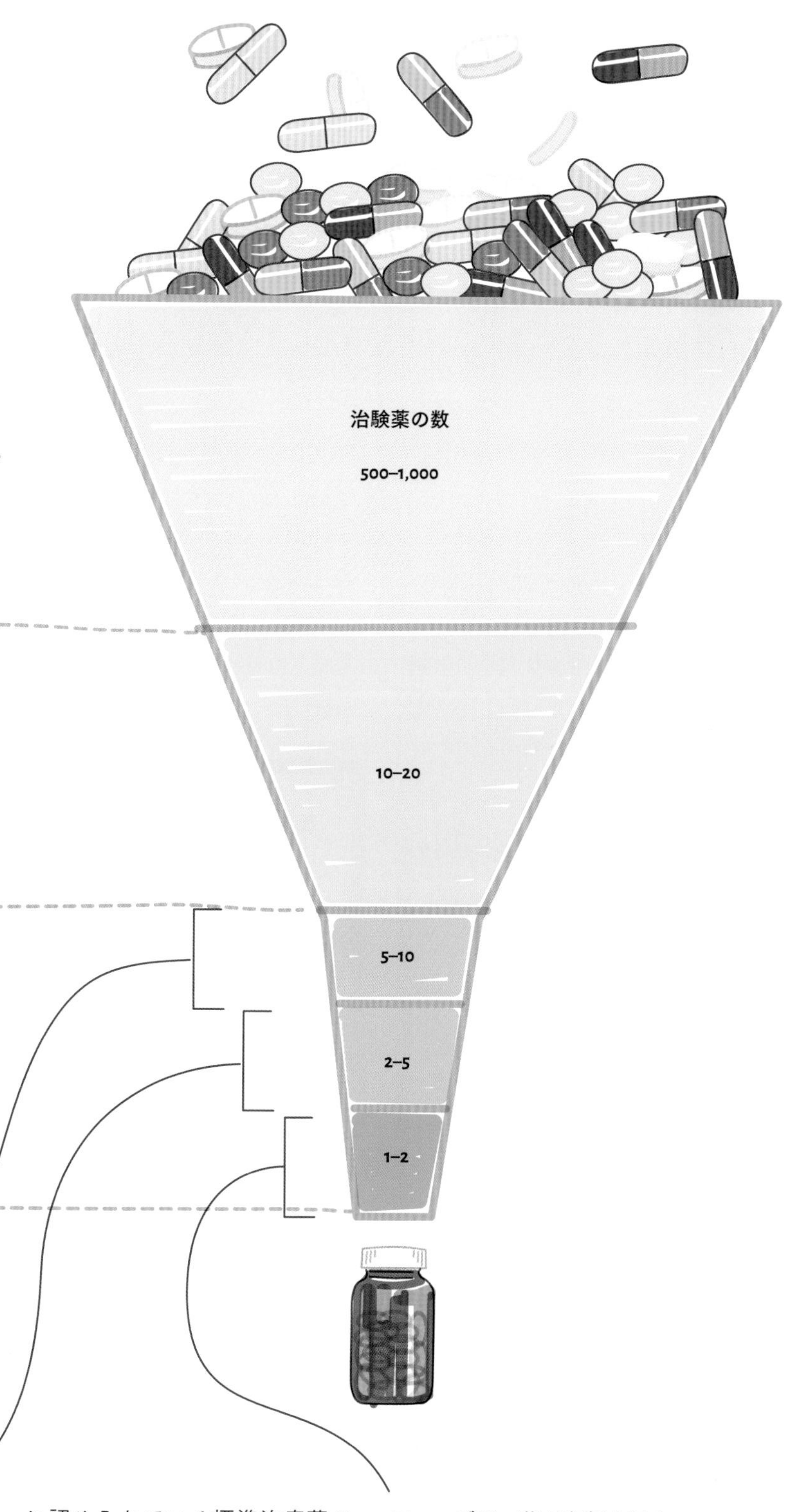

ステージ1　臨床試験の前に、培養細胞やコンピューター・モデリングによって薬剤をテストする。効果がなかったり、毒性があったりするため、大部分の薬はこの段階で振り落とされる。

ステージ2　最も有望な薬の候補は、ラットやマウスなどの実験動物でテストする。有効性や毒性を評価し、副作用があれば指摘する。

ステージ3　動物実験で良好な結果が得られた薬は、ヒトの臨床試験でテストできる。臨床試験には3つのフェーズがある。

フェーズI　健康なボランティア少数を対象にテストし、安全性を確認する。この際、さまざまな用量を試し、副作用をモニターする。

フェーズII　薬が効くかどうかを確認するために、より多くの病気の人でテストする。ほとんどのフェーズIIは**無作為化**されており、患者の半数に薬を投与し、残りの半数は対照群として**プラセボ**を投与する。プラセボは、薬を不活性化したもの、あるいは効果がすでに認められている標準治療薬のいずれかである。多くの場合、これらの研究は**二重盲検法**で行われる。つまり、研究者も患者も、研究が終了するまで誰が実験薬を投与されたかを知らない状態でテストするということである。

フェーズIII　薬が有望な場合、フェーズIIよりも多くの患者集団でテストする。効果が認められ、忍容性が良好ならば、その薬は広範囲の臨床使用で承認される可能性がある。

ライフスタイルと健康

病気は複雑である。病気には多くの要因があるが、ほとんどの病気は避けられないものではない。健康で病気にならないためにできることはたくさんある。

危険因子

危険因子は、ある病気を発症する可能性を高めるもののことを指す。修正不可能、つまり回避できない因子も一部あるが、それ以外は修正・変更可能なものである。

危険因子は主に非感染性疾患に当てはまるが、感染性疾患にも当てはまることがある。

たとえば、栄養失調の人は、免疫系がうまく機能せず、ウイルス感染のリスクが高まる可能性がある。

修正不可能な因子

欠陥遺伝子（例：嚢胞性線維症は、遺伝する単一の遺伝子の欠陥によって引き起こされる）。

性別（例：女性は男性よりも乳ガンを発症する可能性が高い）。

年齢（例：アルツハイマー病は主に高齢者に発生する）。

病気の出現には複数の危険因子が関わっている可能性がある。たとえば、喫煙、運動不足、偏った食生活、肥満、年齢、および関連する家族歴はすべて、心血管疾患に関連する危険因子である。

修正可能な因子：ライフスタイル

喫煙は、肺ガンや心血管疾患の危険因子である。

肥満は、糖尿病、心血管疾患、ガンの危険因子である。

飲酒は、依存症、肝臓病、および心血管疾患の危険因子である。

運動不足は、脳卒中、糖尿病、心血管疾患の危険因子である。

無防備なセックスは、性感染症（STD）発症の危険因子である。

修正可能な因子：環境

汚水は、下痢、コレラ、赤痢の危険因子である。

アスベストなどの**汚染物質**は、肺ガンや呼吸器疾患の危険因子である。

危険因子と病気の間に関連性や相関関係があるからといって、必ずしも危険因子が病気を引き起こすとは限らない。関連性が確認されると、科学者らはその要因を特定するためにさらなる研究を行う。

健康を保つ

健康を維持し、病気のリスクを軽減するためにできることはたくさんある。たとえば、定期的な運動、禁煙、アルコールの摂取制限、健康的な食事、健康的な体重の維持などが挙げられる。

ボディマス指数（BMI：Body Mass Index）は、ヒトの体重が正常範囲内にあるかどうかを測定するために使用される。

BMI	カテゴリー
30以上	肥満
25–30未満	太りすぎ
18.5-25未満	普通
18.5未満	低体重

$$\mathrm{BMI} = \frac{\text{体重（kg）}}{[\text{身長（m）}]^2}$$

したがって、体重が40 kgで身長が1.5 mの場合、BMIは40÷2.25 = 17.7。このヒトのBMIはやや低めである。

〔訳注：各カテゴリのＢＭＩ基準は国や機関によって異なるが、本書ではＷＨＯの基準による〕

栄養

体に必要な全栄養素を確実に得るためには、健康的な食生活が大切である。

脂質（油脂）　バター、油、ナッツに多く含まれる。保温性があり、貯蔵可能なエネルギー源として有用である。

ビタミン　果物、野菜、乳製品に多く含まれる。細胞が正常に機能するために少量必要である。

食物繊維　野菜、小麦ブラン、ナッツに多く含まれる。食べ物が腸内を移動するのを助ける。

炭水化物　シリアル、ジャガイモ、パスタ、パン、米に多く含まれ、エネルギー源となる。

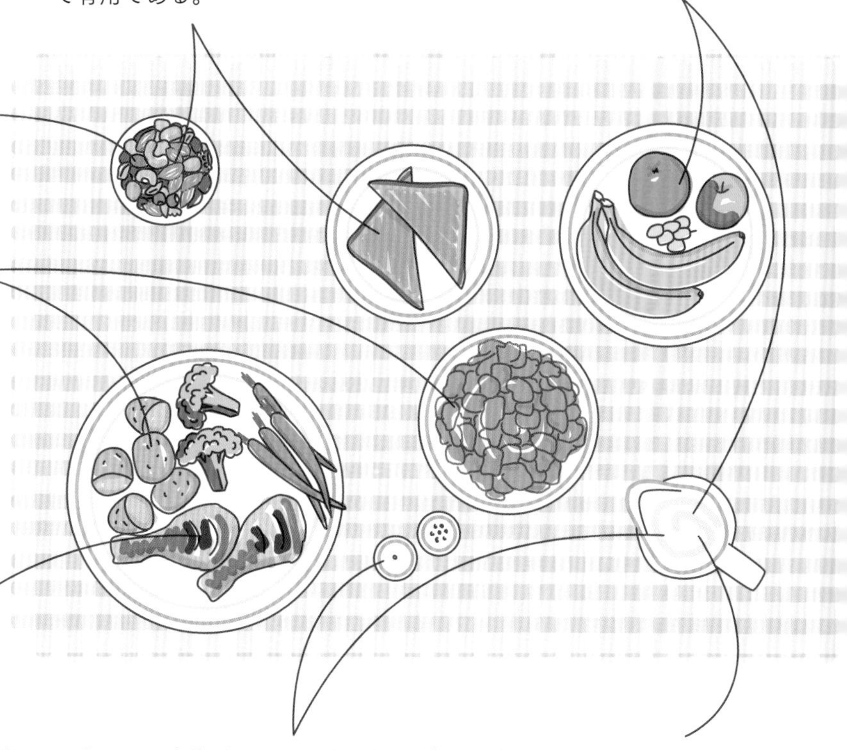

タンパク質　肉、魚、卵、豆、乳製品に含まれる。体の成長や修復に使われる。

ミネラル　食塩（ナトリウム）、牛乳（カルシウム）、レバー（鉄）に多く含まれている。細胞が正常に機能するために少量必要である。

水分　水、フルーツジュース、牛乳に含まれ、体液を維持し、細胞を健康に保つために必要である。

まとめ

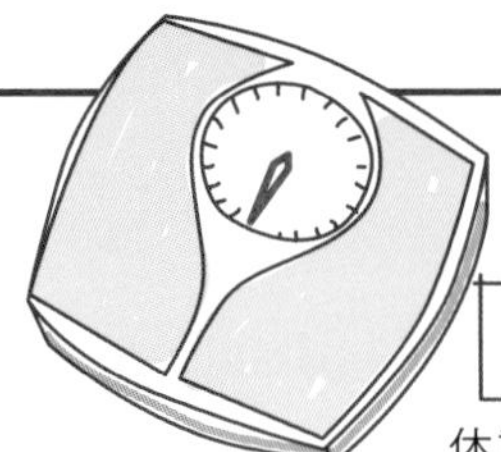

ボディマス指数

体重が正常範囲内にあるかどうかを測定するために使う。

$$\mathrm{BMI} = \frac{体重}{[身長]^2}$$

健康格差

回避可能な健康格差。地理、収入、年齢、性別、学歴などが影響する。

栄養

炭水化物、タンパク質、ビタミン、ミネラルなどのバランスの取れた食事をとろう。

ヒトの健康と病気

危険因子

肥満や喫煙を含む。相互に影響し合っている。病気の可能性を高める。必ずしも病気を引き起こすとは限らない。

薬

開発

非臨床試験、動物試験を経て、大規模な臨床試験を行う。ヒトのテストは無作為化され、二重盲検法で行う。

発見

歴史的に植物、微生物、動物から。コンピューター・モデリングによるものがますます増加している。

健康維持

健康的な選択

個人のライフスタイルは健康に大きな影響を与える（例：運動、禁煙）。

感染症はヒトからヒトへ、または動物とヒトの間で広がる（例：COVID-19、マラリア）。

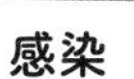

感染

空気感染、接触（直接および間接）、水、ベクター。

伝染病

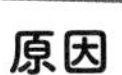

原因

細菌、菌、原生生物、およびウイルス。

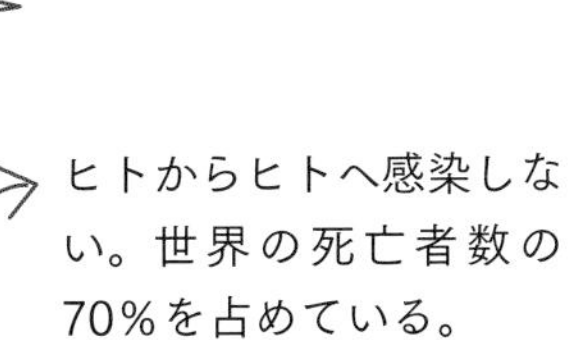

治療と予防

投薬、衛生、社会的距離、隔離、ベクターのコントロール、ワクチン。

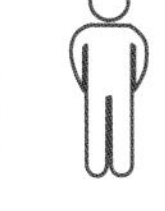

非感染性疾患

ヒトからヒトへ感染しない。世界の死亡者数の70％を占めている。

原因

欠陥遺伝子、DNA損傷、栄養不足、環境やライフスタイルによる。

ガン

腫瘍は良性または悪性の場合がある。原因には、欠陥遺伝子、発ガン性物質、電離放射線、ウイルス感染などがある。治療には、外科手術、化学療法、放射線療法がある。

心血管疾患

心臓や血管に影響を与える。冠動脈疾患。投薬と手術で治る。ライフスタイルを改善することは予防につながる。

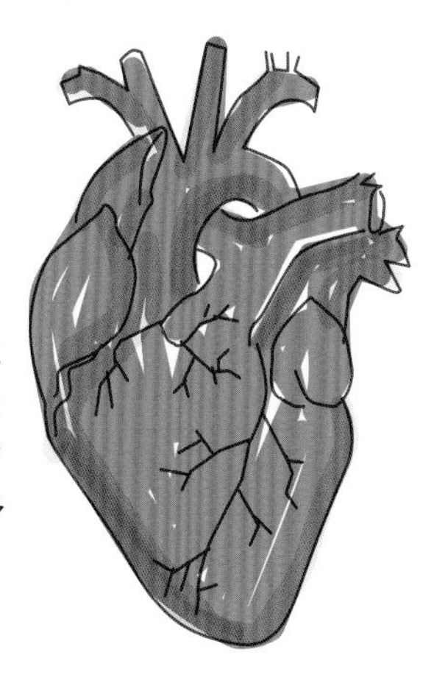

Chapter

10

生態学

生物は孤独に生きているわけではない。生物同士、非生物的環境とも相互作用している。生態学は、このような生態系に関する学問である。すべての生物がどのように相互につながっているのか、生態系が一部の変わるだけで、どれほど他の部分に大きな影響を与える可能性があるかを教えてくれる。生物は、競争がはびこる複雑な食物網の中に存在するが、適応という特殊な機能により、生物は生き残り、繁殖することができる。また、窒素や炭素などの重要な化学物質は、地球規模で循環し、生物を存続させている。これらの関係や循環のしくみについて、いくつか掘り下げてみよう。

生態系

すべての生物は生態系に属している。「生態系」は、生物群集とそれらが存在する非生物的環境で構成される。サンゴ礁、砂漠、都市、大草原など、さまざまな種類の生態系がある。

生物群集は、２つ以上の生物の個体群で構成される。**個体群**とは、１つの地理的領域に生息する、特定の種の全個体のことである。

生態系とは、２つ以上の異なる個体群とその環境の間の相互作用である。

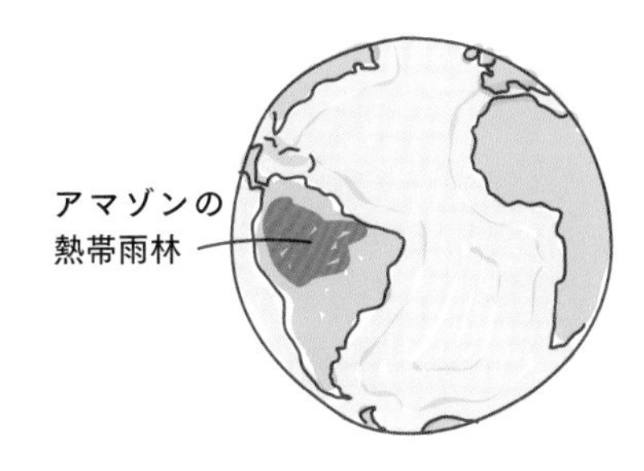

生態系はロシアのマトリョーシカ人形のようなもので、その中にはより小さな生態系が入り込んでいる。

森には木が含まれる。それぞれの木は、それ自体が生態系である。日光、水、養分などの非生物的環境に依存し、鳥や昆虫など、そこに生息する生物と相互作用する。

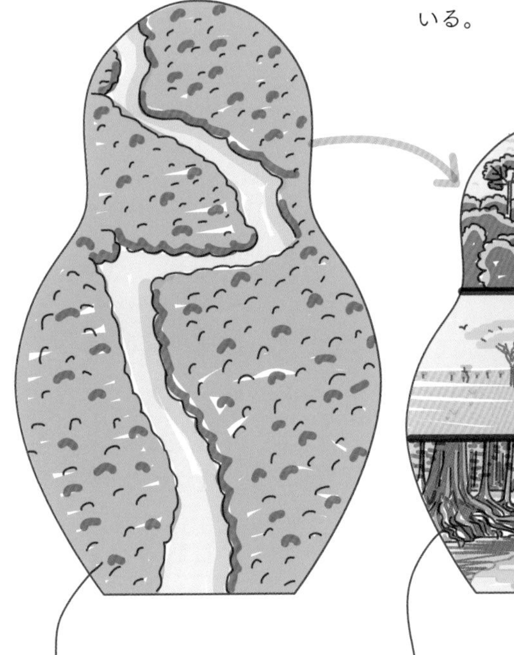

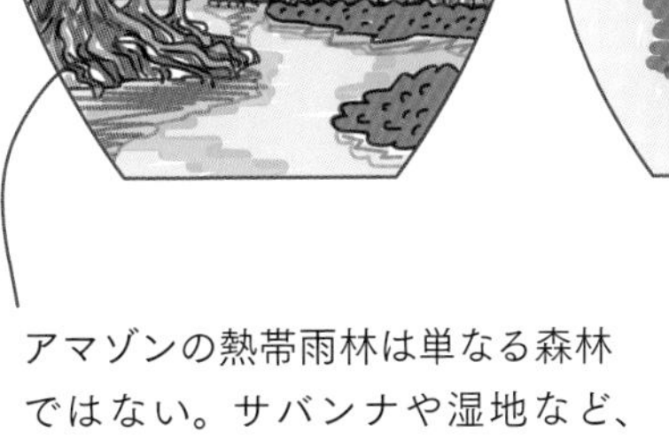

アマゾンの熱帯雨林の面積は約550万km²あり、世界最大。生態系の１つである。

アマゾンの熱帯雨林は単なる森林ではない。サバンナや湿地など、さまざまな生息地が含まれる。これらもまた、生態系とみなされる。

ハキリアリは葉を噛み砕いて巣に持ち帰る。そのアリ一匹一匹がそれぞれの生態系を構成している。暖かさや食べ物といった非生物的環境に依存し、相互作用する生物とかかわりあっている（例：アリを食べる鳥や爬虫類、そしてアリの腸内細菌）。

生物間相互作用

すべての生物はつながっており、生態系に住むすべての生物は互いに依存している。これを「生物間相互作用」という。つまり、生態系の一部に小さな変化があるだけでも、他の部分に大きな影響を及ぼす可能性があることを意味する。

植物は動物に依存している。動物は種子や花粉の運び手として機能する。こうした動物は糞便を介して植物に養分を提供し、その動物が死んで分解されれば、地面を肥やすことにつながり、植物の成長を助ける。

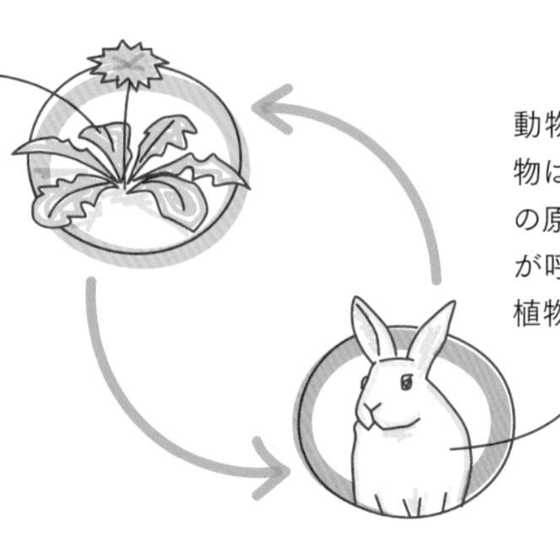

動物は植物に依存している。植物は、動物に食べ物、棲み処、巣の原材料を提供する。また、動物が呼吸するために必要な酸素は植物が作っている。

食物連鎖

食物連鎖は、生物がどのように食べ物を獲得し、養分やエネルギーがどのように生物から生物へと渡されるかを表している。

たとえば、ラッコはウニやコンブと単純な食物連鎖の関係にある。食物連鎖は生産者と消費者で成り立っている。

コンブはウニに食べられる

ウニはラッコに食べられる

コンブは**生産者**である。生産者は、食物連鎖の最下部にいる植物である。太陽からのエネルギーを使い、光合成を行い、水と二酸化炭素をグルコースに変換する。これによって植物の成長を促進し、食物連鎖の上位にいる生物に養分を提供する。

ウニは消費者である。**消費者**とは、他のものを食べる生物のことである。ここでは、ウニが**一次消費者**である。

ラッコは別の消費者である。ウニを食べているので、**二次消費者**である。

他の動物を狩って食べる動物を**捕食者**という。狩られて食べられる動物は**被食者**という。

食物網

実際には、鎖が一本だけというような単純なことはない。むしろ食物連鎖は互いにつながって、より複雑な網を形成している。**食物網**は、さまざまな構成要素がすべて相互に関連している様子を示している。

食物網のどの部分が変化しても、他の領域の変化につながる。ラッコ、ウニ、コンブは食物連鎖を形成しているが、これはさらに大きな食物網のほんの一部にすぎない。

この図では、ラッコは食物網の頂点にいるため、**頂点捕食者**である。

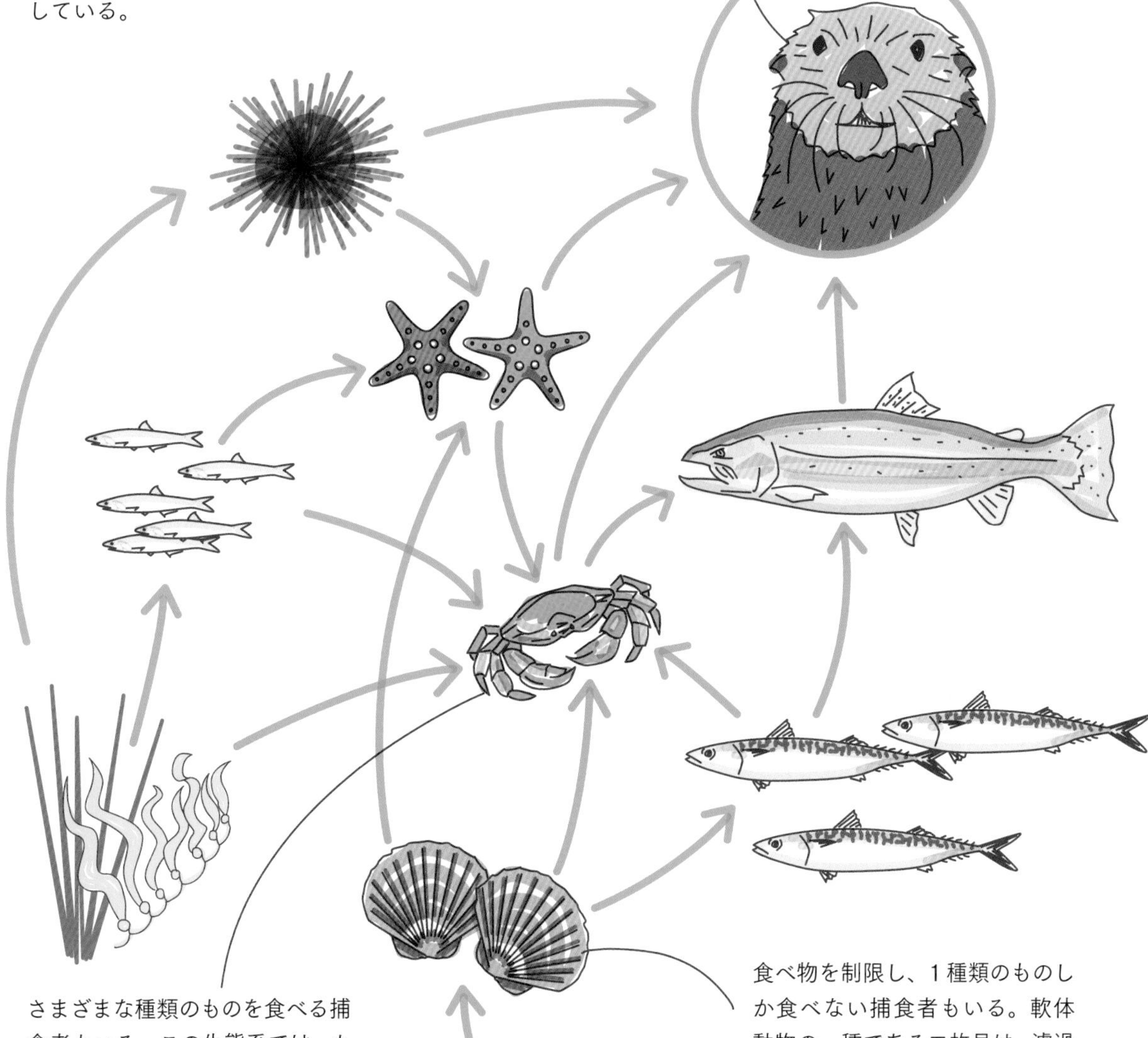

さまざまな種類のものを食べる捕食者もいる。この生態系では、カニは小魚、二枚貝、植物を食べる。これは、1つの食べ物が減少した場合に別のものを食べることができるという点で有効な戦略である。これはまた、食物網の上位に影響を与える可能性がある（例：カニがより多くの二枚貝を食べると、ヒトデが食べ物の確保に苦労するので、ヒトデの数が減少する可能性がある）。

食べ物を制限し、1種類のものしか食べない捕食者もいる。軟体動物の一種である二枚貝は、濾過摂食を行い、プランクトンだけを食べる。それゆえ、プランクトンが不足すると二枚貝が飢えてしまう可能性があり、これは危険な戦略といえる。二枚貝の数が減少すると、それらを食べ物とするカニや小魚も食べ物の確保に苦労する可能性があり、これが食物網の上位にまで影響を与える可能性がある。

生物に対する環境の影響

生物はさまざまな環境で生き、そこで経験する条件による影響を受けている。「生物的要因」と「非生物的要因」の変化は、個々の生物と生物群集に大きな影響を与える。

生物的要因

食べ物 生物はエネルギーを得るために食べ物を必要とする。食べ物が十分にあれば、生物は成長し、繁殖することができる。食べ物が不足すると、生存と繁殖が危うくなる。図の池の魚が元気でいられるのは、食べられる虫や幼虫がたくさんいるからである。

病原体 生物は、病原体やそれが媒介する病気の影響を受けやすい。これまで特定の病原体に遭遇したことがない集団は、その病原体に対する免疫を持たず、その影響は致命的となりかねない。近所に池があるならば、他の場所からそこへオタマジャクシを持ち込むことは決して良い考えではない。オタマジャクシが病気を媒介する可能性があるのだ。

捕食者 新しい捕食者がその環境に入ると、生態系を根本から変える可能性がある。近所に飼いネコが引っ越してきたら、図の池の魚は根絶やしにされるかもしれない。

競争 食べ物や棲み処などの資源をめぐって競争が起こることがある（例：図の池のスイレンは、養分と生育地を求めて競争している）。

非生物的要因

水　動物や植物が生き残るためには水が必要である。サボテンやラクダのようにわずかな水で生きられるように適応した生物もいれば、魚やスイレンのように水の多い環境での生活に適応した生物もいる。

光　動物も植物も光に応答する。植物は光合成に光を必要とするため、洞窟や海底などの暗い環境ではうまく育たない。明るい光の中で育つ植物もいれば、暗い光の中で育つ植物もいる。光の強さは動物にも影響する（例：カエルは春になって日が長くなると産卵する）。

土のpHとミネラル含有量　どんな種類の植物が成長するかは、土のpHの影響を受ける。図の庭の土は塩基性なので、ラベンダーがよく育つ。ミネラルも重要である。植物は、タンパク質を作るのに硝酸塩を、クロロフィルを作るのにマグネシウムが必要である。

温度　植物は低温ではうまく育たない（例：寒い北極では、植物は発育が悪く、小さくなってしまう。それゆえ、寒冷地では草食動物の数も限られる。その結果、肉食動物も生き残ることができなくなる）。図の池の植物も、気温が低い冬の間、成長が制限される。

気体濃度　植物は光合成のために二酸化炭素を必要とし、動物は好気呼吸のために酸素を必要とする（例：魚は水中の酸素濃度に非常に敏感である）。

風　植物は風の強さや方向の影響を受ける。風の強い場所で生育できるように進化してきた植物は、それに対応できる便利な機能を獲得しただろう。図の庭に生えている植物には、蒸散による水分損失を減らせるように小さく細い葉がついている。

適応

生物は、生き残るために役立つ機能を発達させてきた。これを「適応」という。適応によって、生物は地球上における多種多様な生態系で生きていくことができる。

適応の種類

適応には主に３種類ある。

- **構造面**　生物の大きさ、形、色などの物理的特徴。
- **行動面**　生き残るための行動（例：交配、移動、餌探し）。
- **機能面**　生き残るための体の内部機能（例：代謝の変化や新規分子を作る能力）。

動物の適応：ホッキョクグマ

ホッキョクグマは極寒の北極圏に生息する。彼らには適応の結果身につけた多くの特別な能力がある。

ホッキョクグマは水中で最大３分間息を止めることができる。これは、水中で獲物に忍び寄るのに役立つ（機能面）。

ホッキョクグマは雪の中に穴を掘って出産し、子グマを育てる（行動面）。

ホッキョクグマは８か月以上食べ物を食べなくても生きていける（機能面）。これにより、妊娠中や授乳中に巣穴に留まることができる。

植物の適応：ブロメリア

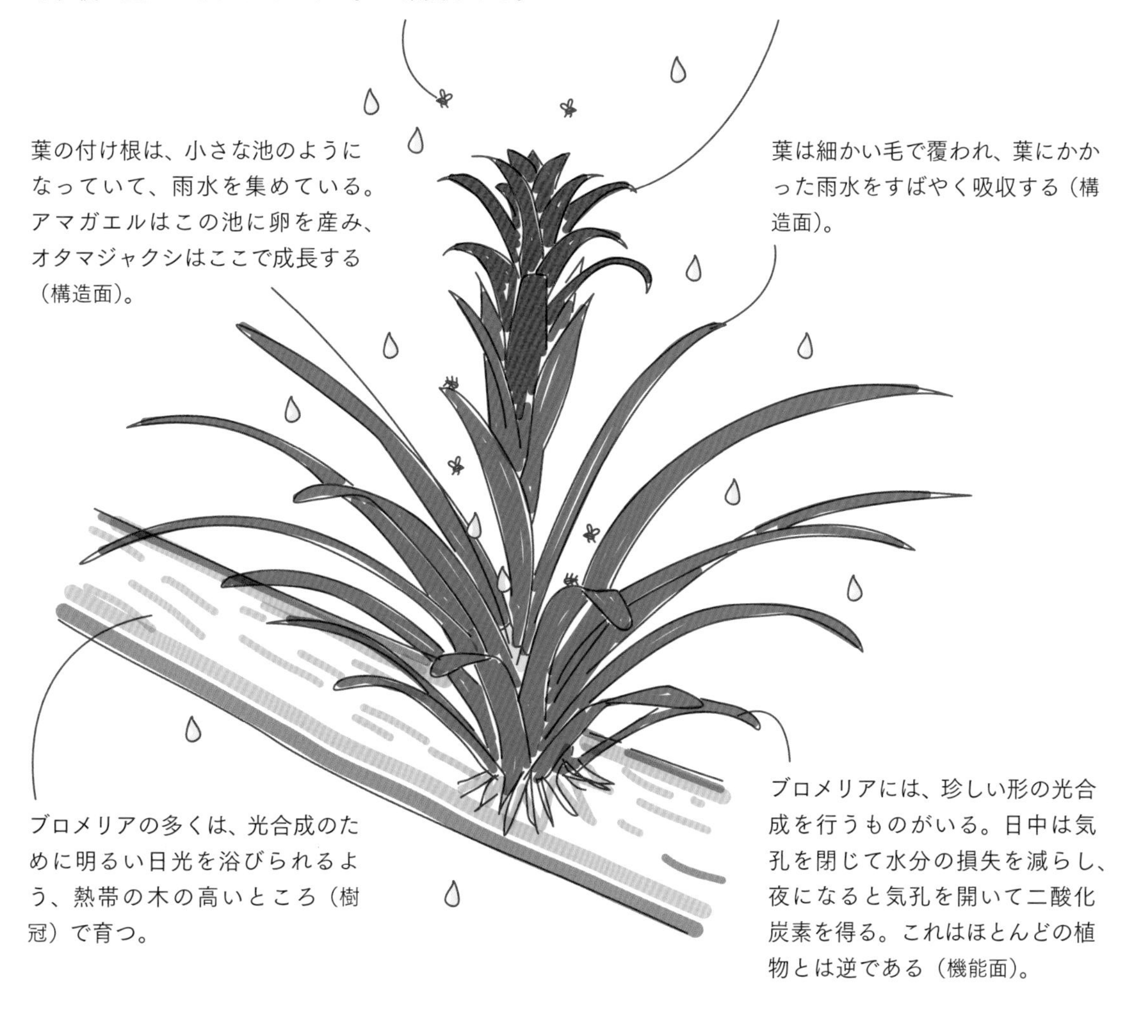

極限環境への適応

極端な環境で生き残る生物を**極限環境生物**という。極限環境生物はしばしば並外れた適応をしている。

- ショートホーンスカルピンという南極の魚は、氷のように冷たい海中でも生きていけるように、不凍タンパク質を作る。
- 死海などの非常に塩分の多い環境にいる細菌もいる。それらの細胞は浸透圧によって水を失わないように適応した。
- カンガルーネズミは、太陽を避け、できるだけ多くの水分を再吸収することで、超高濃度の尿を作り、暑い砂漠で水を飲まずに生きられる。

競争

種同士、さまざまな方法で相互作用している。多くの場合、資源をめぐって互いに競争する。異なる種同士が競争することを「種間競争」といい、同じ種同士が競争することを「種内競争」という。生物間相互作用は互いに有益な場合もあれば、一方的な場合もある。

植物における競争

植物は光、水、生育地、養分をめぐって競争する。たとえば、大きく背の高い植物は、水やミネラルなどの資源を大量に使う。そのため、小さな植物が日陰で成長することが難しくなる。動物とは異なり、植物は互いに戦ったり逃げたりすることができないため、競争を助けるためにさまざまな適応を進化させてきた。

成長　光合成を効率良く行うため、表面積の大きな葉を持つ植物がいる。図のフジウツギのように、葉は小さいが、長く伸びていく植物もいる。これにより植物が光を浴びやすくなっている。

開花　異なる時期に開花することで互いの競争を回避する植物がいる。たとえば、ヒナギクは夜が短くなり、光合成に利用できる日光が多くなる晩春から夏にかけて開花する。タバコは、ガなどの夜行性昆虫に花粉を運んでもらえるよう、夜に開花するように進化した。

種子散布　風や他の動物によって遠くまで運ばれる特殊な種子を持つ植物がいる（例：タンポポの軽くてふわふわした冠毛のついた果実は風に乗って運ばれる）。

アレロパシー　一部の植物は、有毒な化学物質を土に放出することにより、自分の縄張りを守っている植物もいる。たとえば、イラクサは、草食動物に食べられないようにギ酸を含む刺細胞を進化させた。

動物における競争

動物は縄張り、食べ物、水、仲間をめぐって競争する。鳥が自分の縄張りを守るために鳴くように、比較的平和的な競争がある。一方、対立的で暴力的な競争もある。たとえば、ある種のミーアキャットは、縄張りを守るために別のグループの個体を殺すことがある。

異性をめぐる競争

異性に近づくために戦う動物がいる（例：オスのアカシカは角を突き合わせて戦う。勝者がメスに近づくことができる）。

より平和的な解決方法をとる動物もいる。オスのマナキンは、メスの気をひくために複雑なダンスや表現を行う。最も優れたダンサーがメスに近づくことができる。

食べ物をめぐる競争

これは非常に一般的である（例：アフリカの平原でライオンとブチハイエナが競い合っている。彼らはお互いに攻撃し合い、盗み合い、時にはお互いの子を殺し合う）。

１種類の食べ物しか食べない動物もいる（例：パンダは主に竹を食べる）。１種類しか食べないのは危険な戦略といえる。いざ食べ物が不足したときに生活が困難になる可能性があるからだ。

さまざまな食べ物を食べる動物もいる（例：コヨーテは、ハタネズミ、鳥、植物など幅広い種類の食べ物を食べる）。食べ物のバリエーションが多い動物は、食べ物が不足したときにも生き残る可能性が高まる。

縄張りをめぐる競争

縄張りには異性、食べ物、水などの重要な資源が含まれる。それらを精力的に防御する動物もいる（例：オスのゾウアザラシは、ビーチに自分だけのメスのハーレムを作り、そのビーチを守る。これをうまくやれば、彼はすべてのメスと交尾できる）。

寄生と共生

寄生は生物間相互作用の一種である。**寄生生物**は、別の生物（宿主）の体内や体表面に棲みつく。寄生生物は**宿主**から必要なものを受け取るが、宿主はこの相互作用から何の利益も得られない。たとえば、シラミ、カ、ノミ、チスイコウモリはすべて寄生生物である。

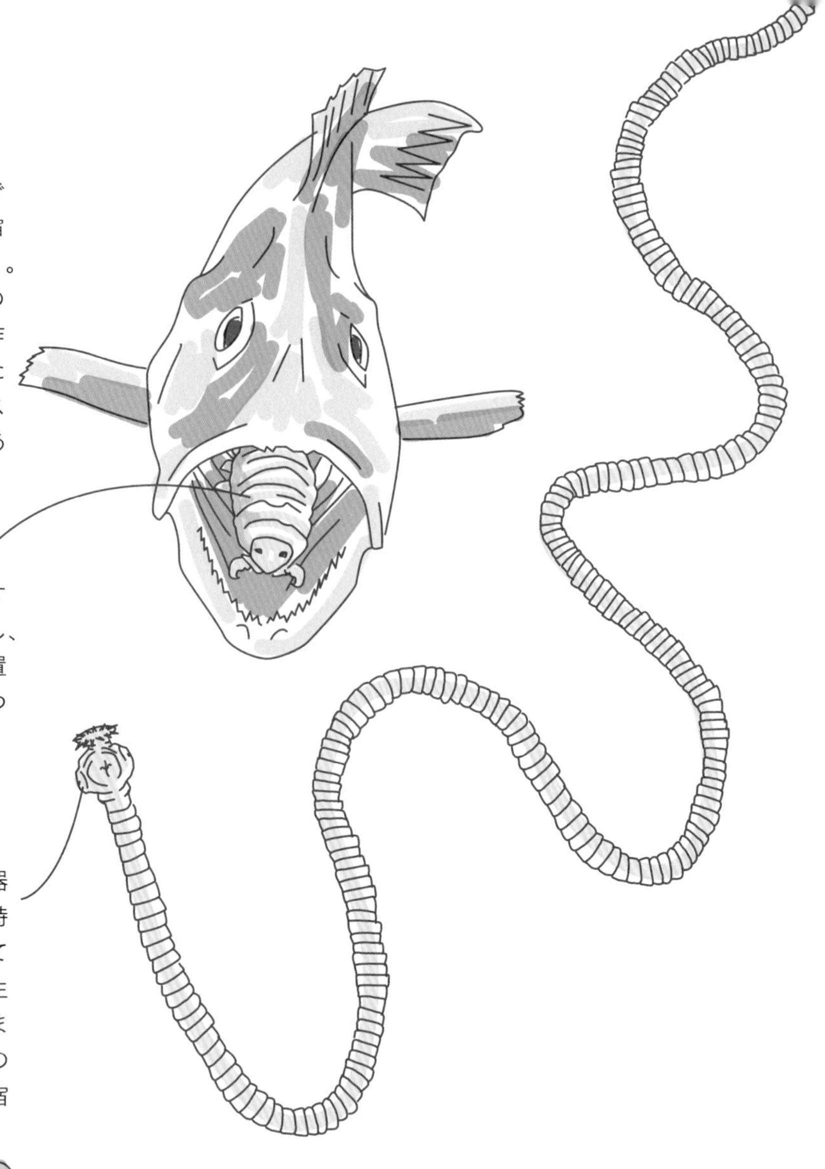

ウオノエは、エラから魚に侵入する。舌に付着して血管を切断し、舌を脱落させる。その後、舌に置き換わって魚の口の中に棲みつき、宿主の血を吸い続ける。

サナダムシは脊椎動物の消化器系に棲む。自分の消化器系を持たないので、必要な養分はすべて宿主から吸収する。ヒトに寄生するサナダムシは、長さ15 mまで成長することができる。宿主の糞便中に放出された卵は、他の宿主に感染することがある。

両方の種が、緊密な関係で利益を得ることもある。これを**相利共生**という。

ミツバチは花を訪れ、蜜の形で食べ物を手に入れる。このとき、花粉がミツバチに付くので、ミツバチはその花粉を他の植物へと運ぶことになる。ミツバチは花の咲く植物の繁殖に役立っている。

ヒカリキンメダイの眼の下には、発光細菌でいっぱいの特殊な器官がある。細菌は魚から栄養をもらい、魚はその光で獲物を引き寄せたり、仲間に合図を送ったりする。

キーストーン種

生物のなかには、環境に特に大きな影響を与えるものがいる。それらを「キーストーン種」という。キーストーン種は他の種が繁栄するための機会を生み出すので重要である。「生物多様性」とは特定の地に生息するさまざまな種の多様性のことだが、キーストーン種はこの生物多様性を高める。キーストーン種が生態系から消えると、その生態系は消滅するか、根本から変わる。オオカミ、ゾウ、ラッコはすべてキーストーン種である。

イエローストーン国立公園のオオカミ

自然保護活動家は、キーストーン種の価値を認識している。イエローストーン国立公園のオオカミは、たった1種のキーストーン種を導入するだけで、多様性が高まることを示している。

オオカミの絶滅

オオカミの復活

20世紀初頭、オオカミはイエローストーン国立公園からいなくなった。

1995年、イエローストーン国立公園にオオカミが再導入された。オオカミは今日もそこに生息している。

ヘラジカの数が爆発的に増加した。

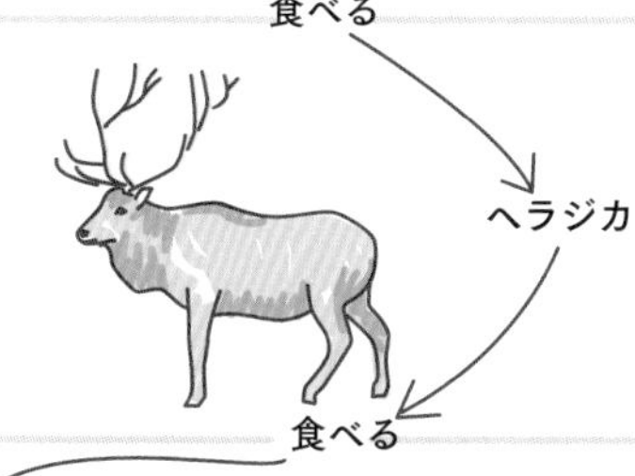

ヘラジカの数が減少した。草食動物は、オオカミとの接触を避けるため、谷や峡谷から離れた。

木々は食い荒らされた。

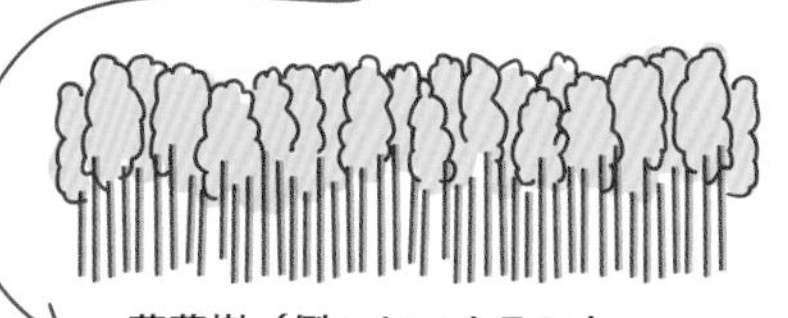

ヤマナラシとヤナギが再生し始めた。

ビーバーの数が減少し、ビーバーのダムも少なくなった。

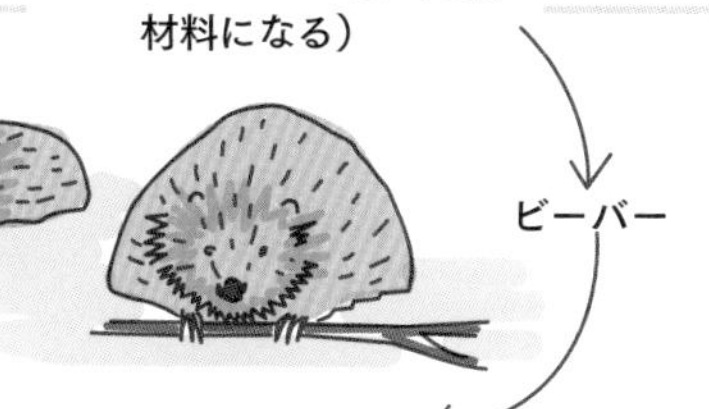

ダムの建築材料の供給が増えたことで、ビーバーの数が戻ってきた。

魚類、両生類、爬虫類の数が減った。

魚類、両生類、爬虫類の数が増えた。

生物多様性の減少

生物多様性の増加

元素の地球規模の循環

すべての生物は、炭素、窒素、酸素、水素などの共通する元素でできている。これらの資源には限りがあり、生物と環境の間で常に循環している。炭素、水、窒素は別々のしくみで循環する。

炭素循環

炭素循環は、炭素を循環させる地球規模のプロセスである。炭素は大気から生物、地球へと流れ込み、再び大気に戻る。

植物の光合成　炭素はグルコースになって植物体内に入る。

動物の呼吸　炭素は二酸化炭素として動物体外へと出ていく。

植物の呼吸　炭素は二酸化炭素として外へと出ていく。

摂食　植物内の炭素は、植物が食べられることで動物に移される。

植物の死と腐敗

腐敗

死と腐敗は、地球規模の循環プロセスの重要な要素である。生物が死ぬと、炭素や窒素などの有用な化学物質が分解されて生物体外へと出ていく。ウジ、菌、細菌などの生物がこのプロセスを担当する。こうした生物は**分解者**として知られる。

燃焼　化石燃料が燃焼され、二酸化炭素とエネルギーが放出される。すなわち、炭素は二酸化炭素として化石燃料の外へと出ていく。

化石燃料中の炭素化合物

化石燃料の生産　何百万年もかけて、植物や動物の死骸が石炭や石油に変換される。これらの化石燃料は炭素を多く含む。

微生物の呼吸　炭素は二酸化炭素として、微生物の体外へと出ていく。

動物の死と腐敗

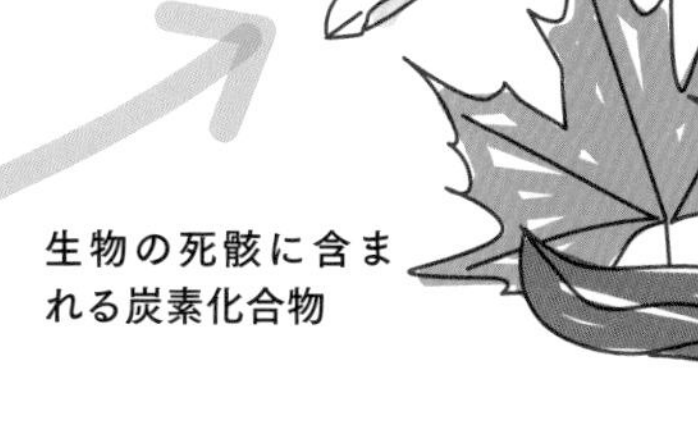

生物の死骸に含まれる炭素化合物

腐敗速度

生物はさまざまな速度で分解・腐敗する。たとえば、涼しく暗い洞窟の中であれば、死体は何世紀にもわたって残る可能性がある。しかし、ライオンの赤ちゃんの死体を暑いアフリカの平原にさらしておくと、数週間以内に骨になる。このように腐敗速度は、温度、水、酸素など、さまざまな要因に影響される。

温度

分解者は、酵素を使い、大きな分子を小さな分子に分解する。温度が高いと酵素活性が高まり、分解も速くなる。ただし、高温すぎると、酵素は正確な3D構造を失い、基質に結合できなくなる。すると、分解は減速あるいは停止することになる。極めて低温の場合も腐敗が遅れる。

水

湿気の多い環境では、腐敗がより速く進む。これは、分解者が食べ物を消化するためにも、自身の乾燥を防ぐためにも水を必要とするためである。

酸素

ほとんどの分解者は好気呼吸する。つまり、分解プロセスの促進に酸素が必要なのである。それゆえ、分解は酸素が豊富な環境の方が速く進む。

水循環

水循環は、水を循環させる地球規模のプロセスである。水は、陸生の動植物に真水を提供した後、世界中の川や海に流れ込み、大気へ移動する。

降水　風が雲を陸に吹き飛ばし、水滴が雨、雪、雹、みぞれなどの形で地上へ移動する。

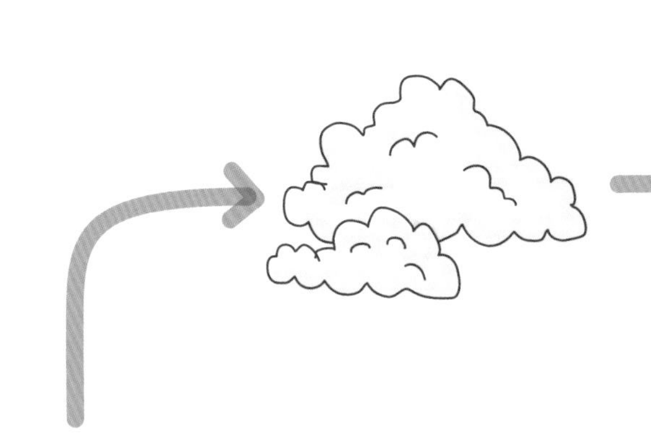

凝結　湿った空気が上昇すると、冷却されて凝縮し、雲を形成する液体の水滴になる。

蒸散と呼吸　植物は蒸散によって地面から水を吸い上げる。植物の葉から水が蒸発するにつれて、より多くの水が根に引き込まれ、植物に上る。また、植物が呼吸することで水蒸気は大気へ移動する。

水蒸気

流出　一部の水は小川や河川に流れ込み、海へ移動する。

蒸発　太陽が地球の表面を温める。すると、水は液体から気体に変わり、空気中へ移動する。

海

呼吸　動物が呼吸するとき、水蒸気は大気へ移動する。また、尿、糞便、汗（哺乳類のみ）によっても水は動物対外へと移動する。

浅層貯留　土の浅い層に一部の水が残り、植物に利用される。

深層貯留　水は土や岩の隙間から地中へとしみ込み、一部は**帯水層**と呼ばれる地下水の溜まりやすい地層に蓄えられる。

窒素循環

窒素循環は、窒素を循環させる地球規模のプロセスである。窒素は、生物がタンパク質やDNAを作るのに必要なので重要な役割を担っている。窒素ガスは地球の大気の80％を占めているが、生物は窒素ガスのままでは利用することができない。大気中の窒素を生物が使える別の形に変換し、生物や非生物的環境を通じて窒素分子を再利用している。

脱窒　硝酸塩が窒素ガスに変換される。これは脱窒細菌によって行われる。脱窒細菌は嫌気性なので酸素を必要としない。脱窒細菌は水浸しの土の中でも生息できるのである。

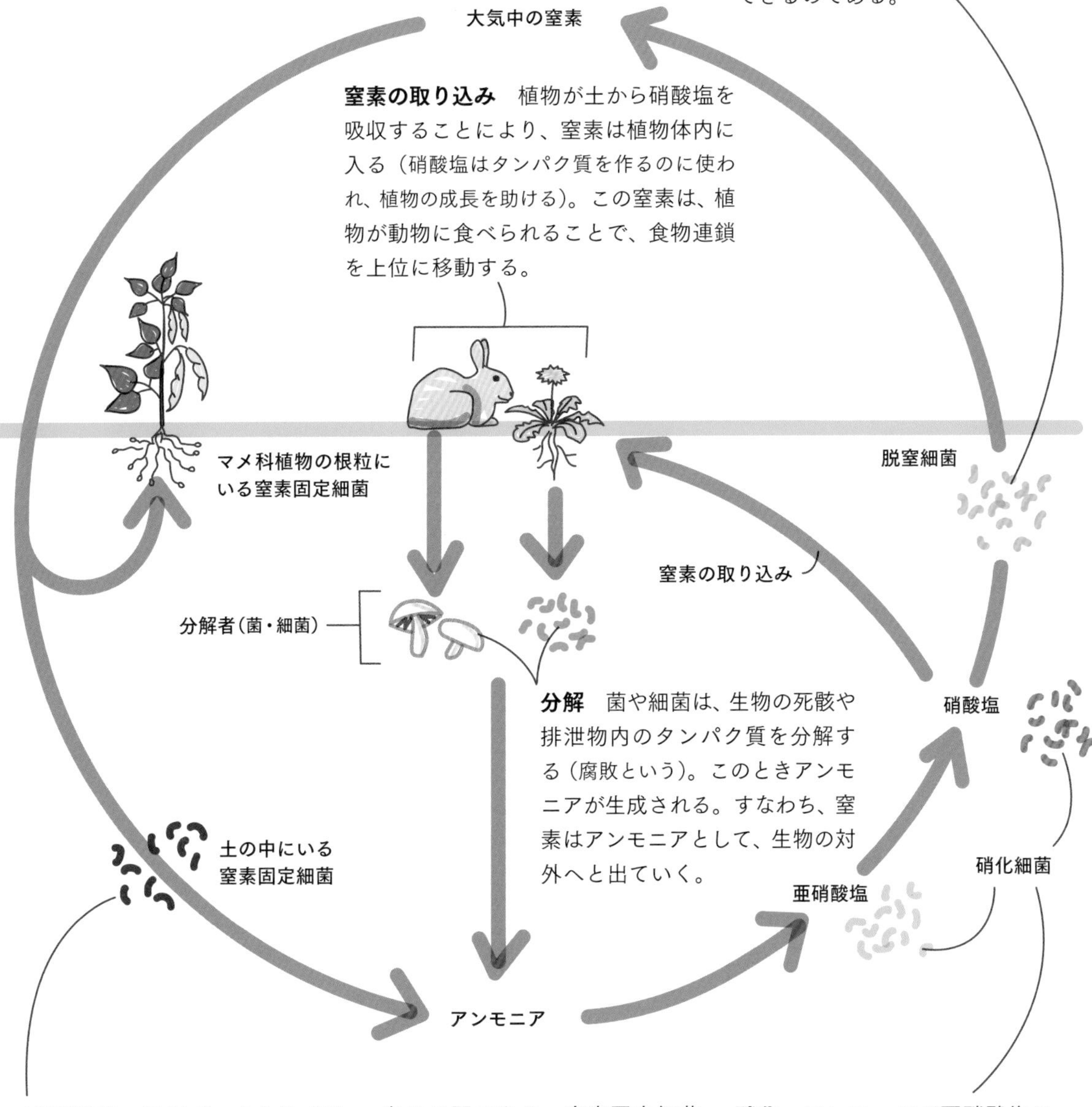

窒素固定　窒素ガスを生物が利用できる形に変換する。これは、窒素固定細菌によって行われる。窒素固定細菌は好気性なので酸素が必要である。窒素固定細菌は、エンドウ、インゲン、クローバーなどのマメ科植物の土や根に生息する。

硝化　アンモニアが亜硝酸塩に、さらに硝酸塩に変換される。これは、硝化細菌によって行われる。硝化細菌は好気性なので酸素が必要である。

まとめ

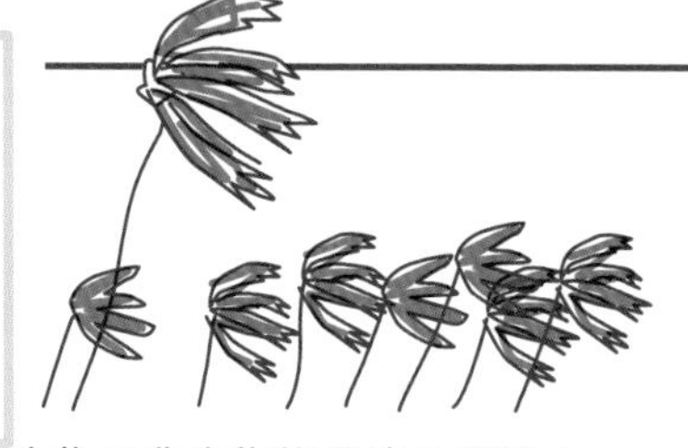

生物は他の生物の影響を受けている（例：競争、食べ物、病原体、捕食者）。

生物的

生物は非生物的環境の影響も受けている（例：水、光、気体濃度、pH、ミネラル、温度、風）。

非生物的

生物とその周囲にある非生物的環境からなるまとまり。

生物に対する非生物的環境の影響

生態学

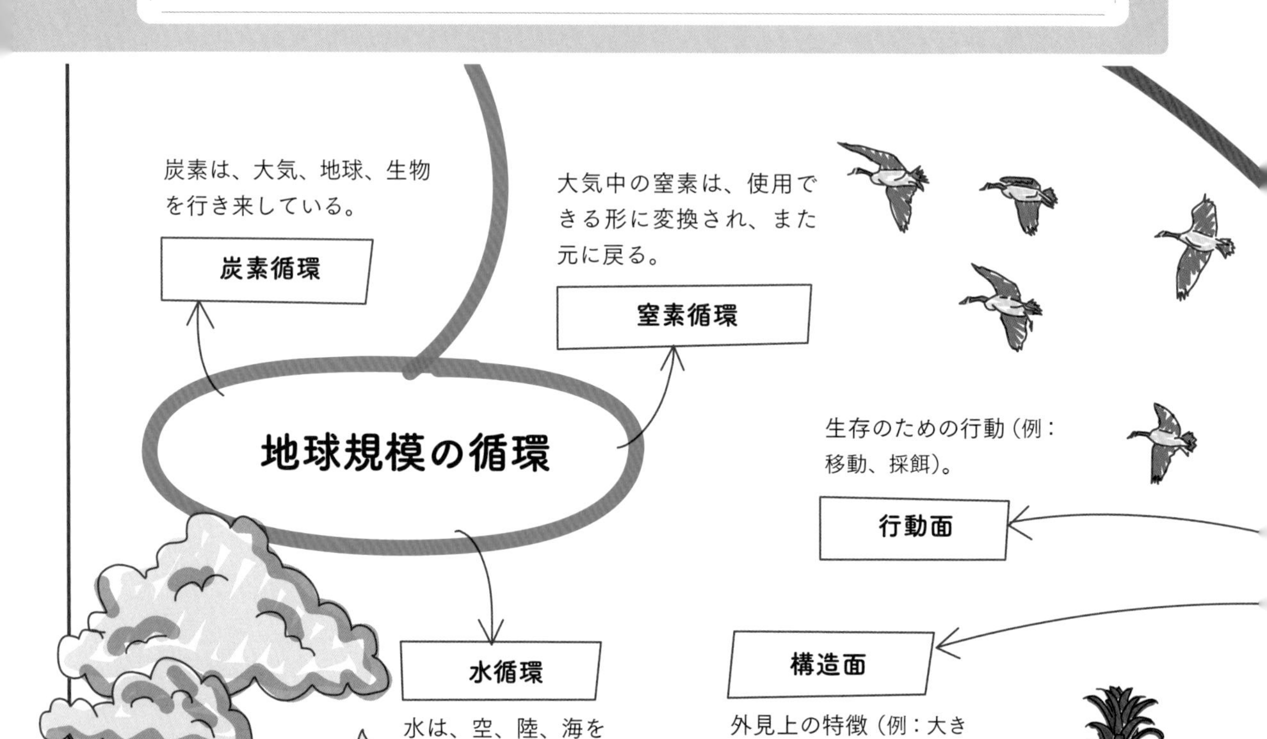

炭素は、大気、地球、生物を行き来している。

炭素循環

大気中の窒素は、使用できる形に変換され、また元に戻る。

窒素循環

地球規模の循環

水循環

水は、空、陸、海を行き来している。

生存のための行動（例：移動、採餌）。

行動面

構造面

外見上の特徴（例：大きさ、形、色）。

生態系

生物群集

２種類以上の生物の個体群。生態系の構成要素。

個体群

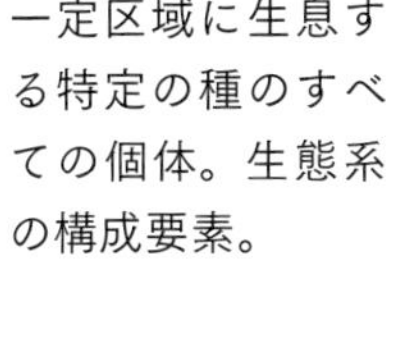

一定区域に生息する特定の種のすべての個体。生態系の構成要素。

生物間相互作用

食物連鎖

生物がどのようにして食べ物を獲得するか、あるいは「誰が誰を食べるか」を示す。

食物網

食物連鎖がどのように相互作用し、網を作っているかを示す。

生産者と消費者

生産者は、食物連鎖の最下部にいる植物。消費者は、他のものを食べる生物。

競争

種間でも種内でも起こる。

相利共生

２つの種の間における互いに有益な共生関係。

捕食者と被食者

捕食者は、被食者を狩り、食べる。

キーストーン種

少ない個体数でも生態系に大きな影響を与える存在。他の生物に資源を提供することで、生物多様性を高めている。

寄生

寄生生物は、宿主と呼ばれる他の生物を食べる。宿主には何のメリットもない。

適応

極限環境生物

極限環境への適応（例：不凍タンパク質）。

機能面

体内プロセス（例：生化学反応や代謝の変化）。

Chapter

11

21世紀の生物学

現在の地球は、数百年前とは全く異なる姿になった。森林は破壊され、元素の地球規模の循環は中断され、大量の二酸化炭素が大気中に排出され、広大な土地が農業用に再利用されている。その代償は大きいものである。現在、地球は温暖化し、生物種は絶滅に追いやられ、ヒトが生存のために依存している生態系はますます危険にさらされている。本章では、これらの問題を探り、地球を救うための解決策を考えていこう。

人新世

じんしんせい

私たちの惑星には80億人以上の人々が住み、その数は増え続けている。人間活動は、地球を見違えるほどに変えた。科学者らは、現在の地質時代が新しい名前をつけるのに値するほど異なっていると考えている。そして、「ヒトの時代」を意味する「人新世」と名づけたいようである。

1万年前には、農場も都市もなかった。現在、世界の凍っていない土地の3分の2がヒトの利用に充てられている。

私たちが土地を管理する方法は、深刻な影響を及ぼしている。地球上の成熟した熱帯雨林の半分（約800万 km^2）が破壊された。

熱帯雨林は酸素を作り、蒸散によって大気に水を放出することで、世界の水循環の維持に役立っている。

熱帯雨林は**炭素の吸収源**でもある。つまり、大気中の二酸化炭素を吸収する。現在の人間活動は、この資源を危険にさらすことにつながっている。

森林伐採や生息地の破壊は、どちらも生物多様性を失わせる大きな要因である。植物は姿を消し、動物は生息地を失いつつある。これにより、生き残った動物がヒトに近づき、さまざまな事故につながっている。

科学者らは、動物の病気が種を飛び越えてヒトに感染する可能性を高めることも懸念している。

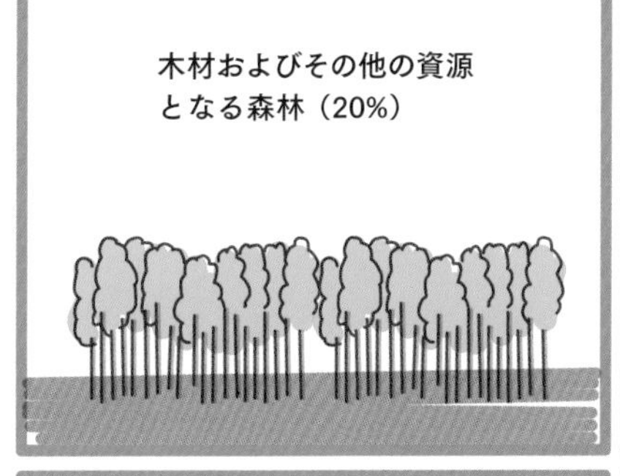

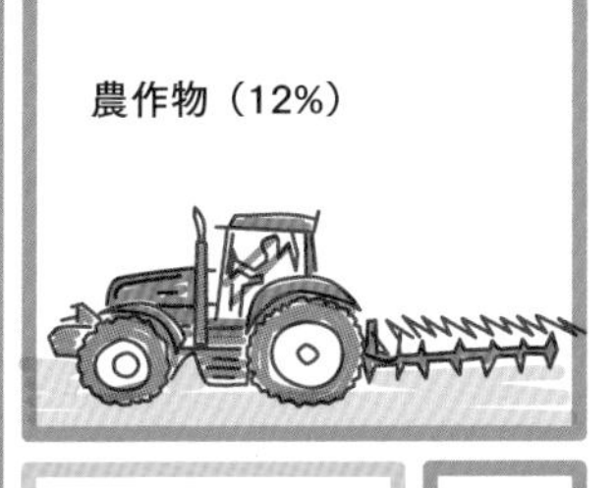

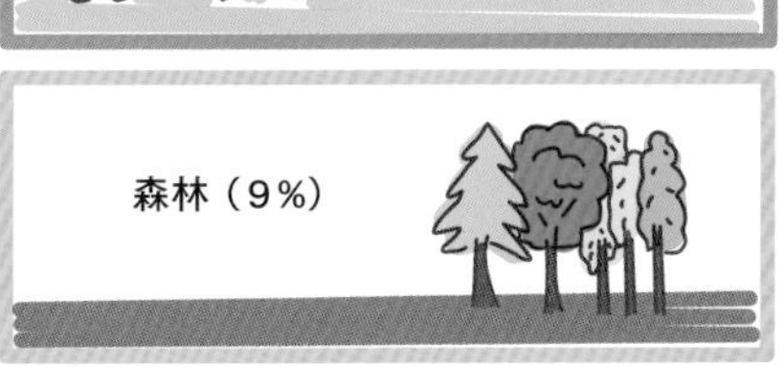

人工林（2%）

農場（2%）

都市・インフラ（1%）

その他の土地（12%）

世界の土地利用

ヒトの土地利用

自然の土地

惑星限界

科学者らは、気候変動や生物多様性の損失など、９つの重要な環境プロセスを強調している。地球を健全で住みやすい状態に保つには、これらのプロセスを特定の境界線または「セーフゾーン」内に保つ必要がある。しかし、現在、これらの境界線のうち４つが破られている。私たちが地球で生きられる状態を保つには、世界規模の協力が必要である。

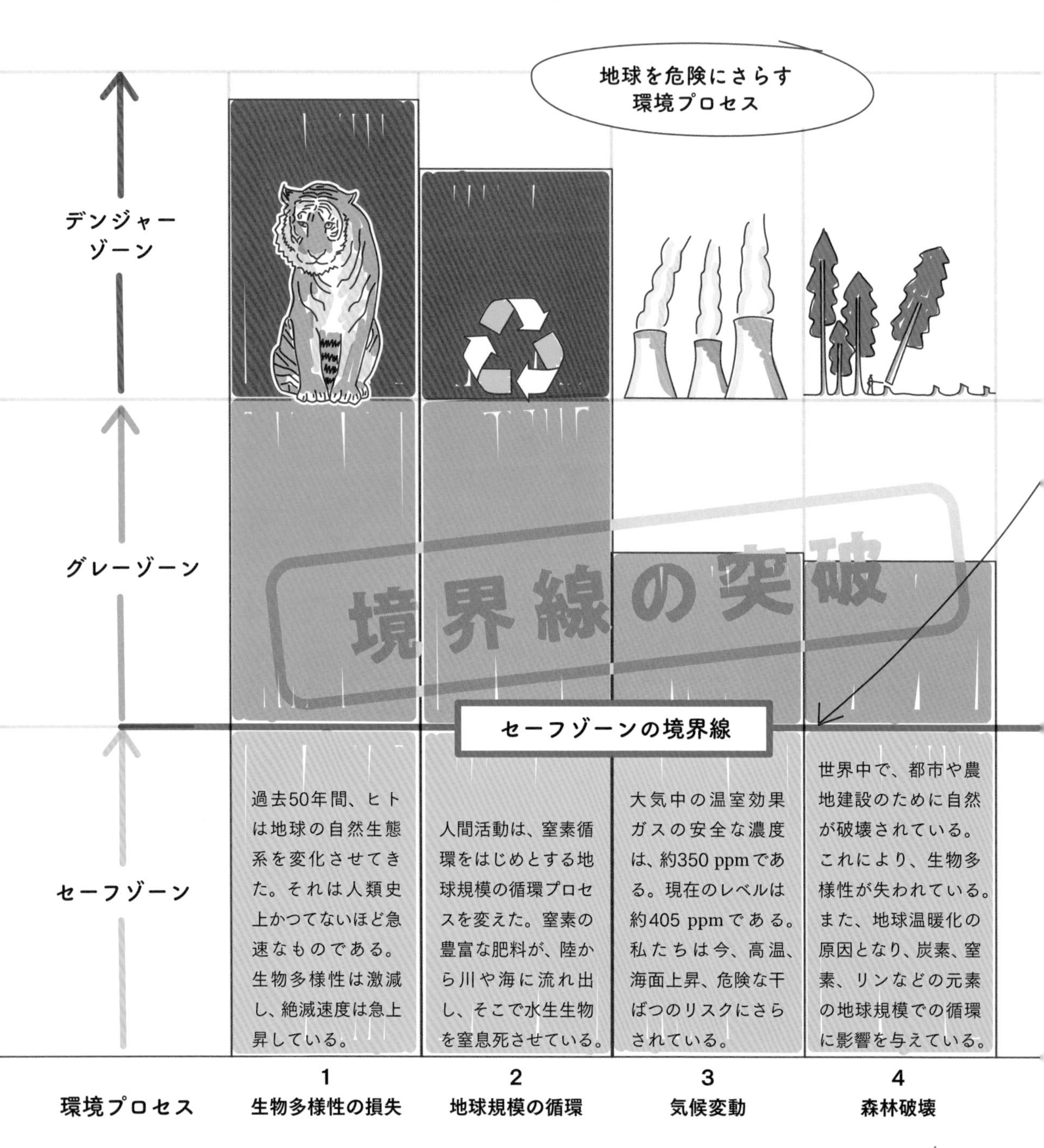

これらの境界線を理解することは重要である。限界を知ることは、危険な活動を抑制し、将来の変化に備え、資源に優先順位をつけることができる。

これらのプロセスはすべて相互に関連しているため、特定のプロセスが変化すると、その他のプロセスにも影響が及ぶ可能性がある。たとえば、気候変動は海洋の酸性化につながっている。これは海洋生物を危険にさらし、生物多様性の損失につながる。

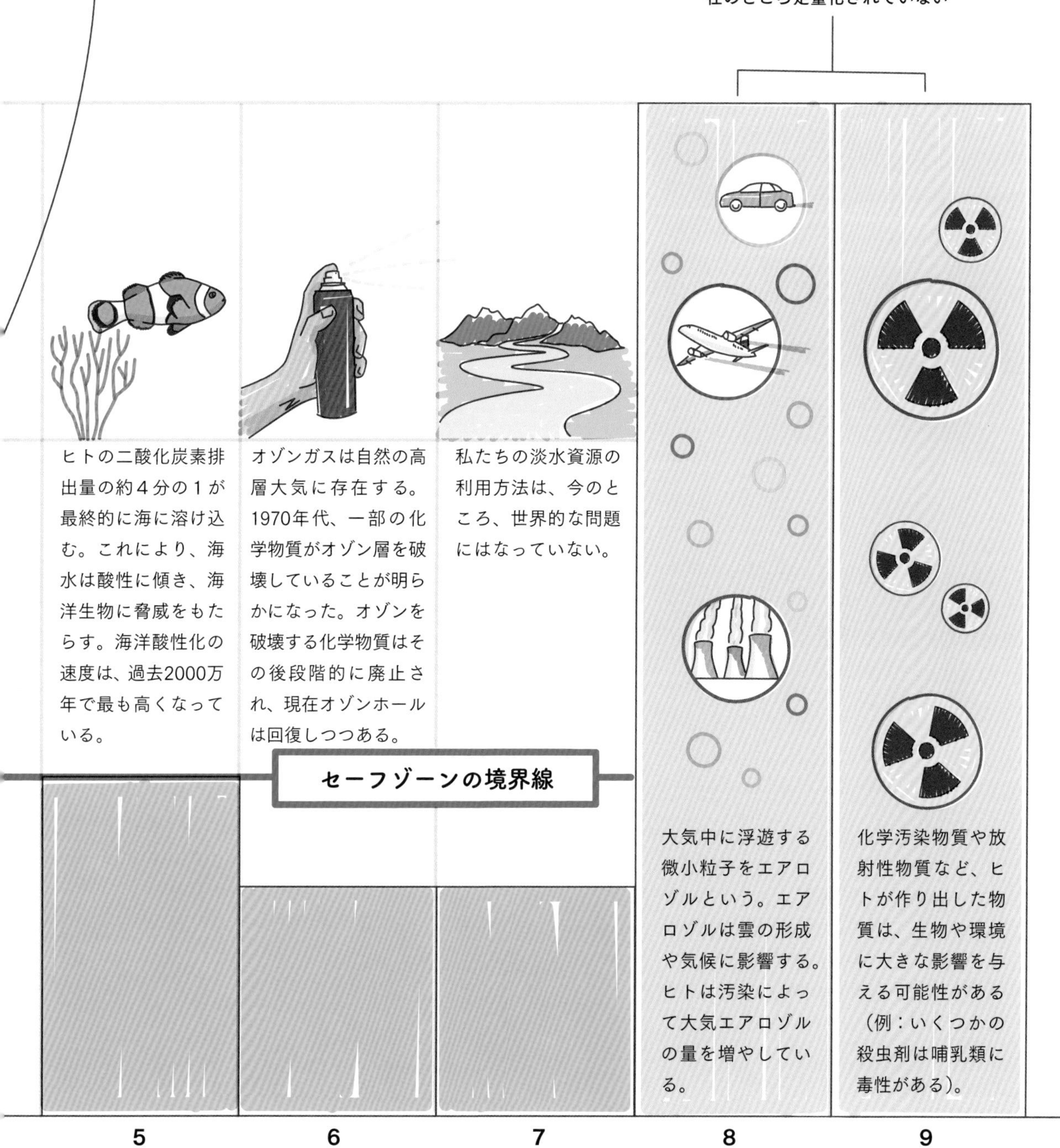

温室効果

「温室効果」は、温室のガラスが熱を閉じ込めるように、地球の大気中の気体が太陽からの熱を閉じ込める効果のことである。数百年間、これはプラスに働いた。なぜなら、温室効果が地球を暖め、生物の繁栄条件を整えてくれたからである。しかし現在、人間活動がこの自然の温室効果を変えつつある。二酸化炭素やその他の温室効果ガスを大気中に送り込み、地球の大気はますます多くの熱を閉じ込めることになった。これは地球温暖化につながっている。

1 太陽

2 赤外線

3 太陽光の反射

4 赤外線の反射

5 閉じ込められた赤外線

宇宙

地球の大気圏の外側を宇宙という。宇宙には気体がなく真空である。太陽から地球の大気圏の最上部までの距離は、約1億5000万kmである。

大気

地球を取り囲むガスの層を大気という。大気の厚さはおよそ480 kmである。

産業革命前の世界

産業革命以前は、大気中の温室効果ガスの濃度は比較的安定していた。多少の気温変動はあったものの、全体としてかなり安定していた。

地球

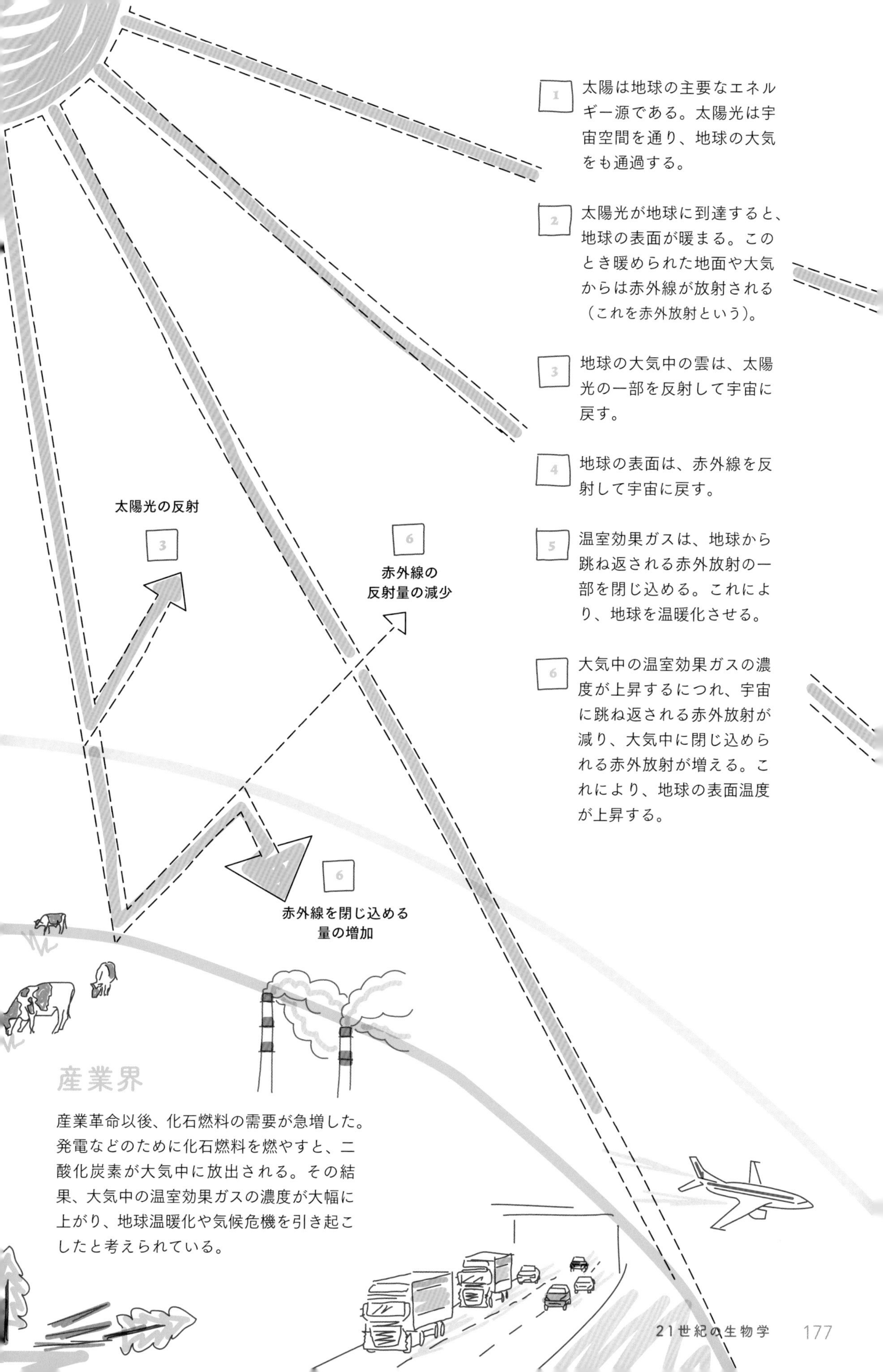

産業界

産業革命以後、化石燃料の需要が急増した。発電などのために化石燃料を燃やすと、二酸化炭素が大気中に放出される。その結果、大気中の温室効果ガスの濃度が大幅に上がり、地球温暖化や気候危機を引き起こしたと考えられている。

気候変動

過去200年間で、大気中の二酸化炭素濃度は3分の1まで増加した。これにより炭素循環が乱れ、温室効果が高まり、気候変動が引き起こされている。

温室効果ガスの発生源

地球の大気中の主な温室効果ガスは、二酸化炭素、メタン、一酸化窒素、およびオゾンである。これらは、火山活動などの自然現象、さまざまな人為的プロセスによって作られる。

 電気や熱（25%）

 農業や土地利用（20%）

 産業（18%）

 輸送（14%）

 その他のエネルギー（10%）

 食品廃棄物（7%）

 建物（6%）

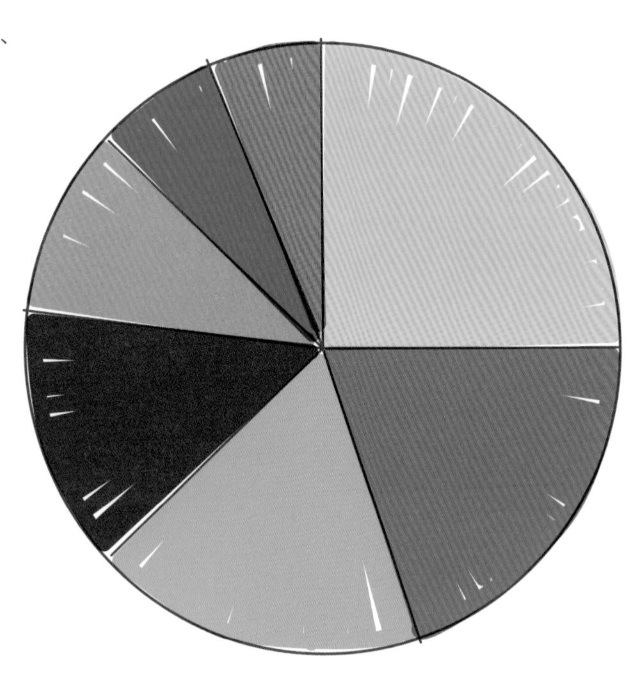

気候変動の証拠

温度計の測定値　1980～2019年のどの10年間も、1850～1979年のどの10年間より暑かった。なかでも、2015～2018年の4年間が最も暑かった。

氷河の融解と海面上昇　1900年代初頭から氷河は急速に解けている。特に陸上の氷河の融解が海面上昇の一因だとする見解がある。過去100年間で、世界の平均海面は約19 cm上昇した。

氷床コア　ここには数十万年前の気温が記録されている。氷床コアの化学分析により、近年の急速な温暖化が確認されている。

季節の異変　たとえば、春が早く訪れ、冬が暖かくなっている地域もある。

海洋酸性化　海洋は、より多くの二酸化炭素を吸収するため、酸性化が進んでいる。地表水の酸性化は、産業革命の開始以来、約30%増加した。

気候変動の影響

世界は現在、産業革命前よりも約1℃暖かく、地球の気温は上昇し続けている。このような小さな温度変化は、環境に多大な影響を与える可能性がある。

紛争　天候の変化と限られた資源により、生活が困難になるヒトが増え、紛争がより一般的になる可能性がある。スーダンのダルフール地方での2007年の紛争は、最初の気候変動による紛争といわれている。

食料や水　干ばつと作物の不作により、多くの地域で水や食料が不足する。

海面上昇　海面は2100年までに2m以上上昇する可能性がある。

氷の融解　北極の氷は1979年以降、長期的に減少している。

農業　一部の地域では作物の栽培が容易になるが、多くの地域で砂漠化が進むため、結果的に作物の収穫量が減少する。

異常気象　熱波、干ばつ、洪水の増加。より激しい熱帯暴風雨。

環境への影響

ヒトへの影響

病気　ヒトや病原体が地球上を移動することで、病気のパターンが変化する（例：今よりもさらに2億8000万人も多くのヒトがマラリアのリスクにさらされる可能性がある）。

山火事　頻度の増加。

生態系　急激な変化が起こっている（例：世界の気温が3℃以上上昇すると、世界のサンゴ礁のほとんどが消失する）。

移住　気候変動は、2050年までに2億1600万人以上の避難と移住につながる可能性がある。

生物多様性の損失　地球の平均気温が産業革命前の水準から2℃上回ると、全生物種の5％が絶滅する可能性がある。

洪水　炭素排出量が大幅に削減されない限り、少なくとも年に1回は3億人が洪水に見舞われると予想されている。

気候変動への対処

気候変動を最小限にとどめるための方法はたくさんある。これらには、地球規模、政治的、社会的、および個人のレベルでの活動が含まれる。

地球工学プロジェクト　これらは、地球の気候システムを変えることを目的としている。1つの選択肢は、人工の木を作り、大気中の二酸化炭素を吸収する方法である。もう1つの選択肢は、大きな鏡を使い、太陽エネルギーをより多く反射して宇宙に戻すことである。これらの方法には議論の余地があり、現在もまだ開発中である。

代替エネルギー　太陽光、風力、潮力などのクリーンエネルギーは、化石燃料に取って代わりつつある。現在、電気自動車が増加し、多くの国がガソリン車とディーゼル車の販売を段階的に減らしている。

二酸化炭素回収　これは開発中の技術である。発電所の排ガスから二酸化炭素を回収し、地下に安全に貯留する。これにより、二酸化炭素が大気中に蓄積するのを防ぐことができる。

食料生産　世界の700億もの家畜のほとんどは、農場で集中的に飼育されている。農場は大量の温室効果ガスを大気中に放出するため、より小規模でより持続可能な農業への移行が提唱されている。

適応戦略　気候変動の悪影響を直接軽減するのではなく、制限しようとするものである（例：耐暑性の新しい作物品種を植える農家もいる）。

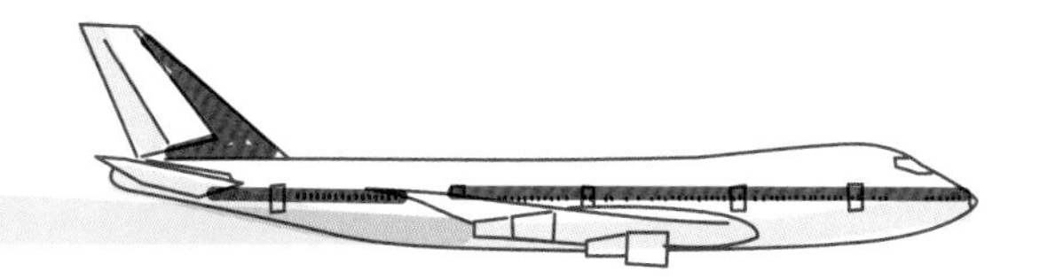

カーボンオフセット・スキーム
環境プロジェクトに投資することで、排出される二酸化炭素を相殺しようとする制度。たとえば、飛行機移動の際に排出される二酸化炭素を、植林事業にお金を払うことで相殺しようとする。

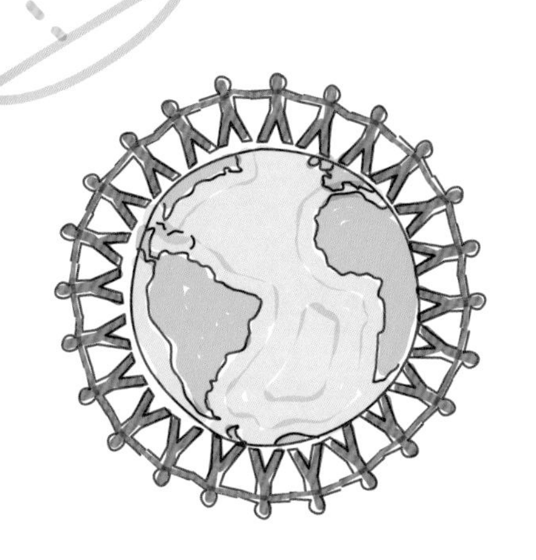

国際協定　2016年、約200か国が、地球温暖化抑制を目的とした国際協定「パリ協定」に署名した。今日、多くの国がこの目標に向けて順調に前進している一方で、この条約から距離を置く国も出てきている。

木を植える　これは、気候変動に取り組むための最も簡単で安価な方法の1つである。木は二酸化炭素を吸収し、成長するにつれて二酸化炭素を閉じ込める。現在、多くの国が積極的に植林計画を立てている。

ライフスタイルの選択

地球を救うために、あなたにできることはたくさんある。

肉の摂取量を減らす　可能であれば、肉は牧草地で飼育された放し飼いの有機畜産物を選ぼう。地元産の旬の食材を買うことで、食品輸送に伴う飛行距離と二酸化炭素排出量を削減できる。

無駄を省く　世界で生産される食料の3分の1が廃棄される一方、多くの人々が飢えに苦しんでいる。これには大きな環境コストがかかっている。食料の無駄遣いをやめれば、食料システムからの温室効果ガス排出量全体の約11％を削減できる。

移動方法を見直す　短い距離は徒歩や自転車に乗ろう。長時間の移動には公共交通機関やカーシェアリングを使おう。飛行機移動を減らし、可能な限りバスや電車に乗るようにしよう。

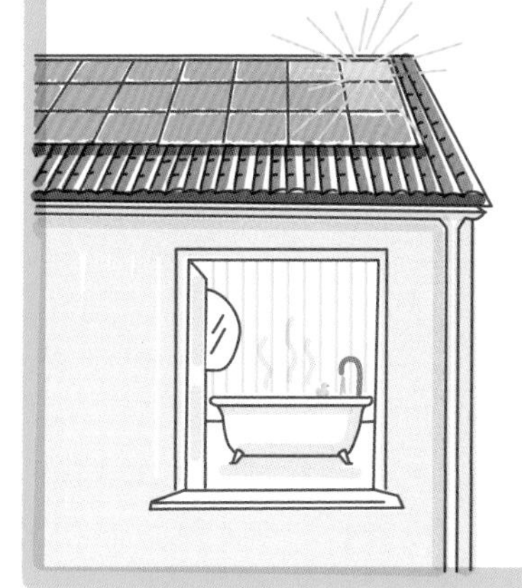

設定温度を見直す　家の照明や給湯に使われるエネルギーを多く使いすぎてしまうことがある。だから、設定温度を下げよう。また、再生可能エネルギーで家を暖めよう。

生物多様性の損失と絶滅

生物多様性の損失・絶滅・自然破壊は、気候変動と同様、ヒトにとって大きな脅威である。生物種は常に絶滅しているが、絶滅の速度が急上昇し、非常に短期間で多数の種が消滅する場合がある。このような現象を「大量絶滅」という。地球に生物が誕生してから５回の大量絶滅があったが、科学者らは、現在６回目の時期を迎えていると考えている。

絶滅速度は、ヒトが誕生する前の時代に比べると1,000倍にもなっている。ここから人間活動が現在の絶滅危機を引き起こしていることがわかる。

絶滅の危機に瀕している生物種

人間活動によって100万種の動植物が絶滅の危機に瀕している。その多くは数十年以内に姿を消す可能性がある。

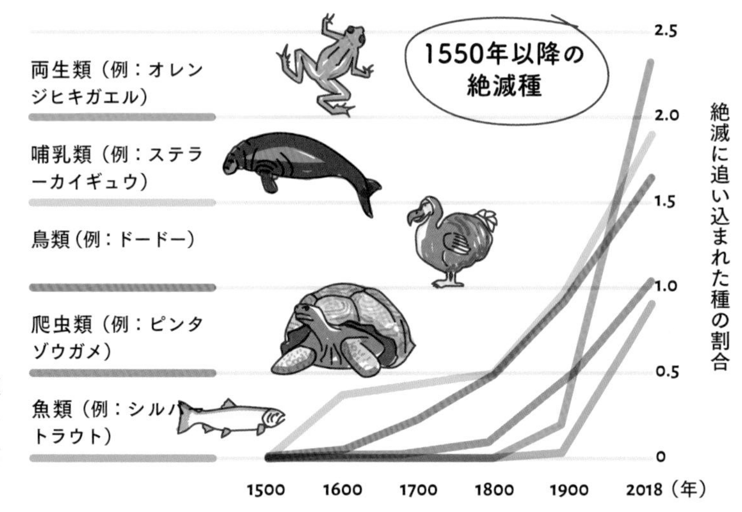

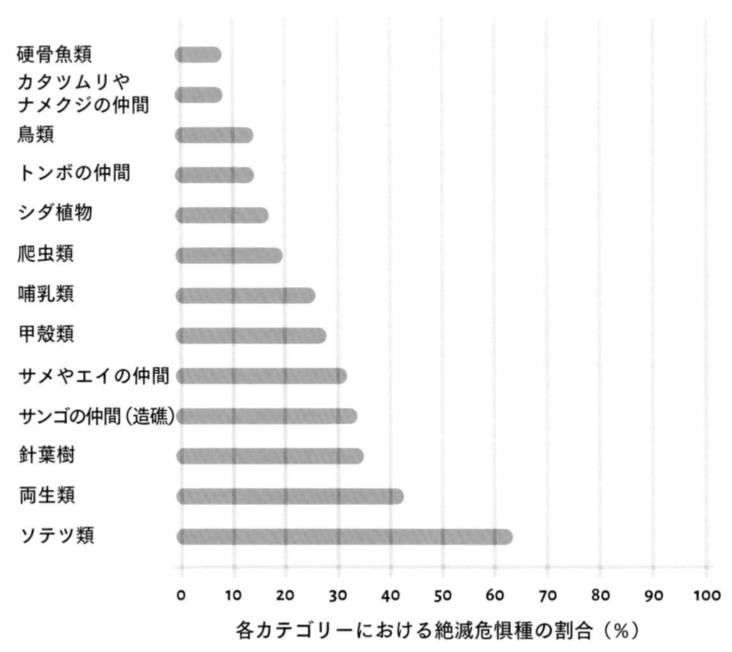

左のグラフは、両生類の40％以上、サンゴ礁を形成するサンゴのおよそ33％、哺乳類の４分の１以上が絶滅の危機に瀕していることを示している。また、無脊椎動物の個体数も急速に減少している。

地球の生物多様性は非常に重要である。自然がヒトに提供する多くのサービスはかけがえのないものである。自然は私たちに食料、エネルギー、医薬品、及びその原料を提供してくれる。きれいな空気、新鮮な水、そして物を育てる土を私たちに与えてくれる。水を供給し、気候を調節し、受粉や害虫駆除を行ってくれる。生物多様性が低下すると、これらのサービスが失われるリスクがある。ヒトは自然の一部である。私たちはそれなしでは生きられないのだ。

生物多様性の危機

生物多様性は生物種が絶滅することで失われるが、生物の個体数が減少することによっても失われる。過去50年間で、哺乳類、鳥類、魚類、爬虫類の個体数は約60％減少した。自然界は５つの主要な危機に直面している。

生息地破壊　タパヌリオランウータンは、2017年に固有の種として認識されたばかりである。スマトラ島のジャングルに生息しているが、現在は800頭しか残ってない。伐採、金の採掘、大きな新しいダム計画によって絶滅の危機に瀕している。

乱獲　センザンコウは鱗に覆われている。アジアではセンザンコウの肉が食べられ、うろこは伝統的に薬として使われる。しかし、密猟者によって違法に連れ去られ、現在、センザンコウは世界で最も密売される哺乳類となった。

汚染　毎年800万トン以上のプラスチックが海に流れ着いており、ウミドリ、ウミガメ、その他海洋哺乳類がそれを食べたり絡まったりする危険がある。世界のウミガメの半数以上がプラスチックを食べていて、プラスチックが原因で毎年１億匹以上の海洋生物が死んでいると推定されている。

気候変動　ブランブルケイメロミスは、オーストラリアの１つの島に生息する小さなげっ歯類だった。水温が高くなり海水体積が膨張したことで海面が上昇し、島は洪水を繰り返した。ブランブルケイメロミスは2019年に絶滅したが、これは気候変動によって引き起こされた最初の哺乳類の絶滅とされる。

外来種　非在来種、つまり「外来種」が新たに生態系に導入されると、そこに生息する在来種と競合し、生態系を破壊することがある。カカポは、ニュージーランドの絶滅危惧種のオウムである。ネズミ、オコジョなどの外来種が、カカポの卵を食べ、生息地を破壊し始めたことにより、カカポの数が激減した。

生態系と生物多様性の維持

世界人口の増加に伴い、ヒトはより多くの廃棄物を出し、より多くの資源を使うようになった。そのため、周辺環境や生態系に負荷をかけている。生態系を守り、生物多様性を高めるには、さまざまな方法がある。

繁殖計画　希少種や絶滅危惧種の数を増やすことを目的としている（例：1987年、カリフォルニア・コンドルはほぼ絶滅してしまった。そのため、安全に繁殖できるよう、残ったすべてをヒトの飼育下に置いた。その後、多くのカリフォルニア・コンドルが放たれ、現在では数百羽が野生に生息している）。

再野生化　これはシンプルな方法で、土地や資源を自然に返し、繁栄できるようにすることである（例：ガラパゴス諸島では、かつて絶滅寸前だったゾウガメを再野生化した結果、現在では1,500匹以上生息するまでに戻った）。

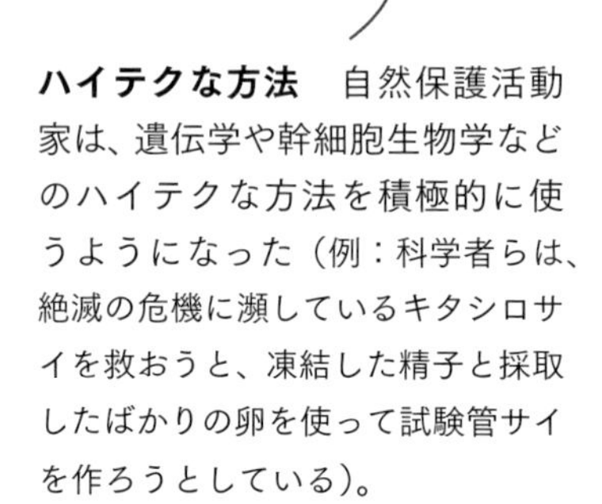

ハイテクな方法　自然保護活動家は、遺伝学や幹細胞生物学などのハイテクな方法を積極的に使うようになった（例：科学者らは、絶滅の危機に瀕しているキタシロサイを救おうと、凍結した精子と採取したばかりの卵を使って試験管サイを作ろうとしている）。

生息地の保護　国立公園や自然保護区などの保護区は、生態系の保全・回復に役立つ。海域も保護可能で、その数は1万3,000以上ある。保護海域は世界の海の２％を占めている。これらの半分は漁業が禁止された「禁漁」区域である。これにより、天然の魚資源が回復する。

野生生物の違法取引の終結　野生生物の違法取引は、野生生物にとって大きな脅威である（例：象牙の国際取引は禁止されているが、毎年２万頭のアフリカゾウが牙採取のために殺されている）。各国政府は新しい法律を作り、逮捕された犯罪者を起訴しようとしている。自然保護官らは動物を保護するために懸命に働き、人々に野生生物取引による製品を購入しないよう、キャンペーンを行っている。

地球規模の変化　地球規模で、各国が結束して気候変動に立ち向かい、汚染を減らし、生息地破壊を止め、廃棄物を減らす必要がある。

外来種対応　外来種は、毒、罠、監視、探知犬などでコントロールされている。ニュージーランドでは、外来種によって年間2500万羽の鳥が食べらている。そのため、政府は2050年までに国内の外来脊椎動物の捕食者をすべて排除することを目的としたプログラム（Predator Free 2050）を始めた。

野生生物を助ける

野生生物を助けるために、あなたにできることはたくさんある。

- 野生の花を植え、屋外空間を再野生化しよう。花が咲けばミツバチや蝶などの花粉を運んでくれるベクターを引きつけられる。

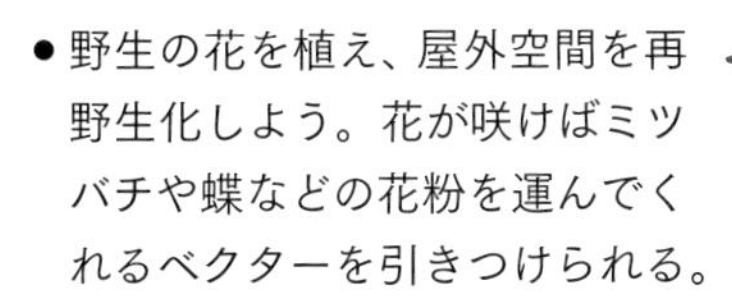

- 庭の手入れはほどほどに。生い茂った花壇、落ち葉、乱雑な隅っこは、あらゆる種類の生物の生息地になる。

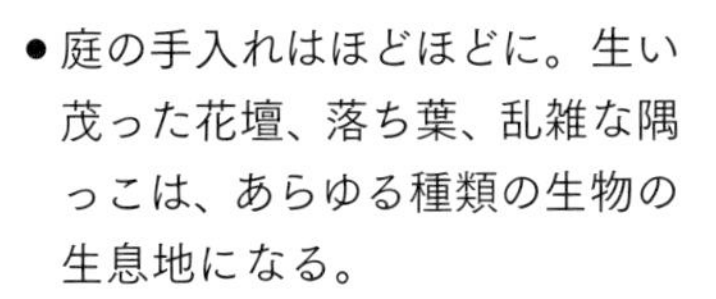

- スペースがあれば池を作ろう。たくさんの昆虫や、その他無脊椎動物が集まってくるだろう。

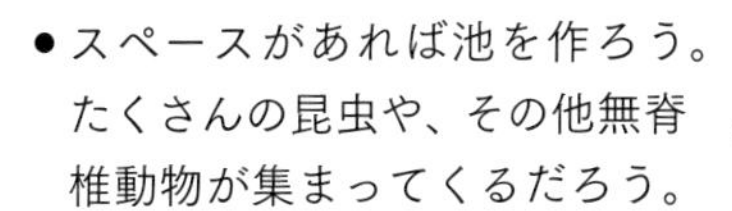

- 野生生物と自然空間を保護する慈善団体や組織の活動を支援しよう。

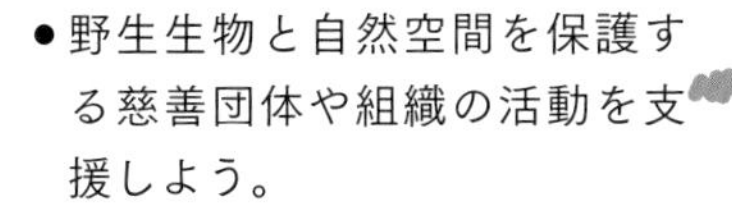

まとめ

人新世

人口過剰
地球上の人口増加に見合うだけの十分な資源がない。

自然生息地の破壊
森林破壊と生息地の喪失。生物多様性の損失を引き起こす。気候変動を悪化させる。

人新世は、新しい地質時代として提案されている。人間活動が地球規模の変化を引き起こしている。

ヒトの生息地が優勢
ヒトは、地球の凍っていない土地の3分の2を農業や都市などに利用している。

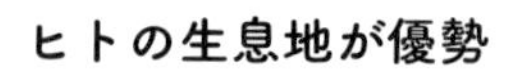

21世紀の生物学

生物多様性の損失

原因
自然界は多くの危機に直面している（例：外来種、気候変動、生息地破壊）。

生物多様性の管理
多様な保全戦略が必要（例：生息地の保護、繁殖プログラム、野生生物の違法取引の撲滅、再野生化）。

種の減少・損失
絶滅速度は高まっている。個体数は減少し、何百万もの種が危険にさらされている。

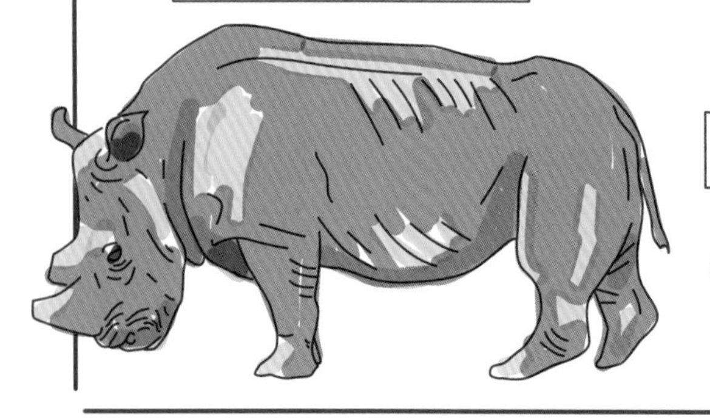

波紋
ヒトが依存している重要な生態系サービスの喪失（例：受粉、食料生産）。

過去200年間で、大気中の二酸化炭素濃度は3分の1増加した。

温室効果ガス

大気中のガスが太陽の熱を閉じ込めることで起こる。地球を生物の生息しやすい環境に保つ一方、地球温暖化の一因となる。

温室効果

多くの要因が気候変動を引き起こしている（例：化石燃料の燃焼、農業、食品廃棄物）。

要因

証拠

複数の情報源から気候変動の実態を確認している（例：気温の記録、季節の異変、海洋酸性化）。

気候変動

対処法

気候変動を抑えるには、大きな行動変化が必要（例：代替エネルギー源、植林、二酸化炭素回収、ライフスタイルの選択）。

ヒトへの影響

広く警戒すべきこと（例：人々の移住、避難、病気、紛争）。

環境への影響

広く警戒すべきこと（例：海面上昇、異常気象、山火事の増加、生物多様性の損失）。

地球規模の循環

人間活動は、地球規模の循環プロセスに影響を与える。窒素の豊富な肥料が水に流れ込むと、水生生物を窒息死させる。

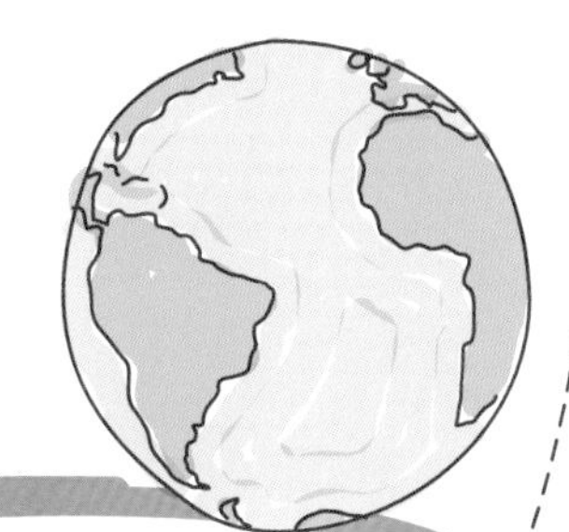

広範囲にわたる森林の喪失。地球温暖化の一因。元素の地球規模の循環プロセスに影響を与える。

森林破壊

惑星限界

地球が生存し続けるために、環境プロセスはセーフゾーンにとどまる必要がある。すでに4つのセーフゾーンが破られている。

索 引

ぬ・ね

の

は

ひ

ふ

へ

ほ

ま・み

む・め

も

や・ゆ・よ

ら

り

る・れ・ろ・わ

著者

ヘレン・ピルチャー Dr. Helen Pilcher

ロンドンの精神医学研究所で細胞生物学の博士号を取得。英国王立協会の「社会における科学」プログラムを運営。その後、サイエンスライターとなり、定期的に学校やフェスティバルで科学に関する講演を行っている。これまでの著書に『Life Changing：ヒトが生命進化を加速する』(化学同人)、『Bring Back the King: The New Science of De-extinction』『Mind Maps Biology』などがある。Nature、New Scientist、Science Focusにも寄稿している。

訳者

日高 翼（ひだか・つばさ）

大阪教育大学理数情報教育系特任講師。博士（教育学)。専門は理科教育学。大阪府立高等学校教諭、帝塚山大学講師を経て現職。2018年に日本生物教育学会論文賞を受賞。人体生理学やウイルスなどを中心に諸外国の理科カリキュラムやその歴史に関する研究を行っている。近年は附属学校園との連携による先端生物学教育やSTEAM教育にも取り組んでいる。著書は『授業づくりのための中等理科教育法』(共著、ミネルヴァ書房）や『歴史を変えた100の大発見　生物』(共訳、丸善出版）など多数。

「科学のキホン」シリーズ②

イラストでわかるやさしい生物学

2023年5月30日　第1版第1刷発行

著　者　ヘレン・ピルチャー
訳　者　日高翼
発行者　矢部敬一
発行所　株式会社 創元社
https://www.sogensha.co.jp/
本　　社　〒541-0047　大阪市中央区淡路町4-3-6
TEL 06-6231-9010（代）　FAX 06-6233-3111
東京支店　〒101-0051　東京都千代田区神田神保町1-2 田辺ビル
TEL 03-6811-0662

編集協力　岡崎純子
装丁組版　文図案室
印刷所　図書印刷株式会社

ISBN978-4-422-40076-1 C0345